重庆市高等教育教学改革重点项目
"科技伦理治理教育教学改革研究"（编号：222028）研究成果

西南大学中央高校基本科研业务费创新团队项目
"脆弱性视域的中国传统德性与当代伦理重构"（编号：SWU1709111）研究成果

重庆市应用伦理学研究生导师团队研究成果

国家出版基金项目
NATIONAL PUBLICATION FOUNDATION

当代中国社会道德理论与实践研究丛书·第二辑
主编 吴付来

祛弱权伦理体系

任丑 著

Ethical System for the Right of Mitigating Human Vulnerability

中国人民大学出版社
·北京·

总　序

党的十八大以来，党和国家高度重视思想道德建设，高度重视哲学社会科学繁荣发展，要求哲学社会科学工作者立时代潮头、发思想先声，积极为党和人民述学立论、建言献策。加强伦理学基础理论研究，推动思想道德建设，培育社会主义核心价值观是伦理学者不可推卸的责任。为此，中国人民大学出版社于2015年7月着手启动了"当代中国社会道德理论与实践研究丛书"第一辑，于2017年获得国家出版基金资助，10种图书于2019年3月出齐，产生了良好的社会反响。

第一辑立项实施以来，党和国家更加强调加快构建中国特色哲学社会科学，强调树立反映现实、观照现实的学风，加强全社会的思想道德建设的要求也更加迫切。为了进一步推动伦理学研究，激发人们形成善良的道德意愿、道德情感，培育道德责任感，提高道德判断和选择能力尤其是自觉践行能力，我们启动了"当代中国社会道德理论与实践研究丛书"第二辑的遴选出版工作。第二辑的基本思路是，在梳理新中国伦理学发展历程的基础上，从经济伦理、法伦理、生命伦理、政治伦理以及思想道德建设等领域，对当代中国社会最关切的伦理道德的理论与实践问题进行深入的研究和探讨，旨在发现新时代伦理道德领域出现的新问题，回应新挑战，推动国内伦理学的研究和社会道德的进步。

首先，本丛书以原创学术研究为根基，致力于推动伦理学的研究和发展，推动哲学社会科学的发展，建构中国自主的知识体系。2022年习近平总书记在中国人民大学考察时强调，"加快构建中国特色哲学社会科学，归根结底是建构中国自主的知识体系。要以中国为观照、以时代为观照，立足中国实际，解决中国问题，不断推动中华优秀传统文化创造性转化、创新性发展，不断推进知识创新、理论创新、方法创新，使中国特色哲学社会科学真正屹立于世界学术之林"。伦理学作为与人类道德生活、道德活动、道德发展密切相关的哲学二级学科，需要跟上时代的步伐，更好地发挥作用。人类社会每一次重大跃进，人类文明每一次重大发展，都离不开哲学社会科学的知识变革和思想引导所产生的影响。当代中国的社会主义道德实践也必定离不开伦理学的思想引导作用，本丛书的出版必将推进伦理学的研究和发展，推动中国自主的知识体系的建构。

其次，本丛书致力于倡导反映现实、观照现实的学术风气。2019年3月习近平总书记在参加全国政协第十三届二次会议文化艺术界、社会科学界委员联组会时指出，学术研究应该反映现实、观照现实，应该有利于解决现实问题、回答现实课题。"哲学社会科学研究要立足中国特色社会主义伟大实践，提出具有自主性、独创性的理论观点，构建中国特色学科体系、学术体系、话语体系。"本丛书正是将理论与实践相结合，分析当前中国社会的道德状况和主要问题，力图用马克思主义理论指导下的伦理学基本原理解决社会现实的道德建设问题。本丛书的集中推出必将有利于倡导反映现实、观照现实的学术风气。

再次，本丛书的出版有利于加强社会主义道德建设。党和国家历来重视道德建设。2019年习近平总书记在纪念五四运动100周年大会上的讲话中指出："人无德不立，品德是为人之本。止于至善，是中华民族始终不变的人格追求。我们要建设的社会主义现代化强国，不仅要在物质上强，更要在精神上强。精神上强，才是更持久、更深沉、更有力量的。"党的二十大报告也强调，要"实施公民道德建设工程，弘扬中华传统美德，加强家庭家教家风建设，加强和改进未成年人思想道德建设，推动明大德、守公德、严私德，提高人民道德水准和文明素养"。本丛书以道德实践和道德建设中的鲜活素材推动道德理论的发展，又以道德理论的成果指导道德实践和道德建设，有利于加强社会主义道德建设，能够为有关决策提供学理支持。

最后，本丛书致力于弘扬社会主义核心价值观，助推实现中华民族伟大复兴的中国梦。2014年5月习近平总书记与北京大学师生座谈时指出："核心价值观，其实就是一种德，既是个人的德，也是一种大德，就是国家的德、社会的德。"道德建设是培育社会主义核心价值观的重要实践载体，本丛书关注当代中国伦理道德的理论研究和实践方式的创新，积极探索道德建设的新形式、新途径、新方法，有利于弘扬社会主义核心价值观，为实现中华民族伟大复兴的中国梦提供强大精神力量和有力道德支撑。

本丛书是在加强社会主义道德建设、推动哲学社会科学发展、建构中国自主的知识体系的宏观背景下编撰的，对于推动中国伦理学发展，倡导反映现实、观照现实的学术风气，加强社会主义道德建设，弘扬社会主义核心价值观，实现中华民族伟大复兴的中国梦具有重要意义。

本丛书得到了中国人民大学伦理学与道德建设研究中心的学术支持，得到了国家出版基金的资助，中国人民大学出版社人文出版分社的编辑为本丛书的出版付出了艰辛的努力，在此一并致谢。书中难免存在疏漏，恳请学界同仁批评指正。期待本丛书作者和编辑的辛勤努力能够得到广大读者的认可与回应。

吴付来

2023年2月8日

目 录

引言 ………………………………………………………………… 1

第一部分　理论篇

第一章　祛弱权之确证 ………………………………………… 7
第一节　脆弱性之普遍性 …………………………………… 11
一、非人境遇之脆弱性 …………………………………… 11
二、同类境遇之脆弱性 …………………………………… 12
三、自我本身之脆弱性 …………………………………… 13
第二节　祛弱权何以可能 …………………………………… 15
一、脆弱性之善恶可能性 ………………………………… 15
二、坚韧性之善恶可能性 ………………………………… 17
三、祛弱权之人权资格 …………………………………… 19
第三节　何为祛弱权 ………………………………………… 20
一、消极意义的祛弱权 …………………………………… 21
二、积极意义的祛弱权 …………………………………… 22
三、主动意义的祛弱权 …………………………………… 23

第二章　祛弱权之自律原则 …………………………………… 26
第一节　知情同意 …………………………………………… 27
一、知情同意的确立 ……………………………………… 28
二、知情同意的价值 ……………………………………… 29

三、知情同意的瓶颈 ································ 30
　第二节　个体自律 ···································· 31
　　　一、弱者个体自律 ································ 33
　　　二、强者个体自律 ································ 34
　第三节　程序自律 ···································· 36
　　　一、正义原则 ···································· 37
　　　二、民主管理机制 ································ 38
　　　三、责任追究机制 ································ 39

第三章　祛弱权之义利观 ·································· 41
　第一节　义利同一的分析判断 ···························· 44
　　　一、公私不分 ···································· 44
　　　二、以私代公 ···································· 46
　　　三、损公害私 ···································· 47
　第二节　义利对立的综合判断 ···························· 50
　　　一、确立义的神圣地位 ···························· 51
　　　二、遮蔽利的正当诉求 ···························· 52
　　　三、义利俱灭的必然归宿 ·························· 54
　第三节　义利之辨困境的反思 ···························· 59
　　　一、义利之辨寂灭的根源是丛林法则 ················ 61
　　　二、义利之辨寂灭的后果是对自由法则的遮蔽 ········ 62
　　　三、义利之辨具有追求自由法则的潜在可能性 ········ 63
　第四节　义利之辨的出路 ································ 65
　　　一、厘清义利边界 ································ 65
　　　二、探求普遍之利 ································ 66
　　　三、确定普遍之义 ································ 67
　　　四、义利的先天综合联结 ·························· 68

第二部分　应用篇

第四章　祛弱权之生育伦理 ································ 73
　第一节　生育权利 ···································· 74

  一、消极生育权利 …………………………………… 74
  二、积极生育权利 …………………………………… 76
 第二节 生育责任 ……………………………………………… 78
  一、人类实存律令赋予的责任 ……………………… 78
  二、生殖技术自身蕴含的责任 ……………………… 80
  三、生殖技术应用的责任 …………………………… 81

第五章 祛弱权之食物伦理 ……………………………………… 86
 第一节 食物伦理演进 ………………………………………… 87
  一、食物习俗与节制德性 …………………………… 87
  二、神圣食物法则与世俗食物伦理 ………………… 91
  三、食物伦理学的出场 ……………………………… 93
 第二节 食物伦理律令 ………………………………………… 100
  一、食物伦理第一律令 ……………………………… 102
  二、食物伦理第二律令 ……………………………… 109
  三、食物伦理第三律令 ……………………………… 118
 第三节 食物伦理冲突 ………………………………………… 134
  一、素食与非素食的伦理冲突 ……………………… 134
  二、自然食品与人工食品的伦理冲突 ……………… 137
  三、食品信息遮蔽与知情的伦理冲突 ……………… 140

第六章 祛弱权之身体伦理 ……………………………………… 145
 第一节 身体是否与伦理有关 ………………………………… 145
  一、规范主义理论 …………………………………… 146
  二、自然主义理论 …………………………………… 147
  三、功能主义理论 …………………………………… 150
 第二节 身体与伦理有何关系 ………………………………… 152
  一、身体之德性与恶性 ……………………………… 153
  二、医学逻各斯之伦理法则 ………………………… 155
  三、规约性概念 ……………………………………… 157
 第三节 健康关爱权 …………………………………………… 160
  一、形式的健康关爱权 ……………………………… 161
  二、质料的健康关爱权 ……………………………… 166

第七章　祛弱权之死亡伦理……173
第一节　滑坡论证……173
一、逻辑滑坡论证……174
二、实证滑坡论证……176
三、价值滑坡论证……178
第二节　死亡权……183
一、死亡与生命本质……185
二、死亡权与生命权……189
第三节　磐路论证……193
一、苦难……196
二、自律……197
三、伦理委员会……200
四、临终护理……202

第八章　祛弱权之人造生命伦理……206
第一节　生命伦理危机……206
一、人造生命的伦理冲击……207
二、古典生命目的论……209
三、生命之重生……216
四、何种生命伦理危机……221
第二节　伦理生命……223
一、伦理生命何以可能……224
二、何为伦理生命……228
第三节　后生命伦理……233
一、后生命伦理领地……234
二、后伦理学契机……240

第三部分　目的篇

第九章　祛弱权之发展论……251
第一节　发展的逻辑进程……252
一、自在发展……252

二、自觉发展……………………………………………… 253
　　三、可持续发展…………………………………………… 255
　第二节　发展的内在本质……………………………………… 256
　　一、何种发展……………………………………………… 257
　　二、谁之发展……………………………………………… 258
　第三节　发展的伦理诉求……………………………………… 263
　　一、发展的伦理法则……………………………………… 263
　　二、发展的伦理律令……………………………………… 267
　　三、发展的伦理义务……………………………………… 272

第十章　祛弱权之德性论………………………………………… 278
　第一节　德性现象论…………………………………………… 280
　　一、向善习性……………………………………………… 280
　　二、道德技能……………………………………………… 281
　　三、行动倾向……………………………………………… 281
　第二节　德性本原论…………………………………………… 282
　　一、德性的道德心理……………………………………… 283
　　二、德性的社会机制……………………………………… 284
　　三、德性的普遍法则……………………………………… 285
　第三节　应用德性论…………………………………………… 287
　　一、德性的问题视域……………………………………… 288
　　二、德性的理论性质……………………………………… 288
　　三、德性的实践特质……………………………………… 289
　第四节　祛弱权：德性的价值基准…………………………… 291
　　一、自然和德性的表面联系……………………………… 292
　　二、自然和德性的内在联系……………………………… 294
　　三、人权是德性的一……………………………………… 296
　　四、祛弱权是德性的价值基准…………………………… 298

第十一章　祛弱权之正义论……………………………………… 301
　第一节　祛弱权正义的古典基础……………………………… 302
　　一、两种平等……………………………………………… 302
　　二、双重困境……………………………………………… 304

第二节 祛弱权正义的当代基础……306
一、平等优先的正义论……307
二、权利优先的正义论……311
三、祛弱权的出场……313
第三节 祛弱权为价值基准之正义……314
一、祛弱权优先原则……315
二、特殊权利的合道德原则……316
三、化解权利冲突的商谈原则……317
四、德法统一的实践原则……318

结语……321

参考文献……325
后记……340

引　言

　　人类历史的车轮滚滚向前，飞速驶入 2024 年 5 月。当此时也，国际形势动荡不安，粮食、经济、能源陷入危机，多地民生陷入困境，人道主义灾难时有发生。在此多灾多难的国际境遇中，祛弱权伦理理念及其实践日益迫切、越发重要。

　　祛弱权伦理体系是指以祛弱权为价值基准的各种伦理问题的伦理体系。祛弱权伦理的基本使命在于，从探索伦理实践中具有权利冲突性质的重大现实问题入手，提炼总结以祛弱权为价值基准的伦理学的总体架构，从祛弱权的全新视角反思、审视伦理视域中的重大现实问题，为相关问题的解答方案提供一种新的尝试、新的方法，为伦理相关领域的法律法规的订立与完善提供新的哲学论证和法理依据，为伦理学的研究开启一个全新的面向。

　　根本说来，伦理学直面的各种价值冲突均体现为权利之间的颉颃。然而，在当下的伦理学领域中，应当以何种权利作为价值基准并未达成共识，甚至引发了激烈的学术争论和现实矛盾。结果，伦理相对主义几乎成为伦理学自身发展的瓶颈。祛弱权伦理体系正是伦理学试图突破自身瓶颈的学术尝试。总体上看，伦理学的基本范围涵纳伦理基础、应用问题和目的问题。因此，理论篇、应用篇、目的篇构成祛弱权伦理体系的基本层面。

　　一、理论篇

　　祛弱权是人人享有其脆弱性不受侵害并得到尊重、帮助和扶持的正当诉求。理论篇主要涉及三个层面。(1) 祛弱权的确证。没有任何一个人始终处在坚韧性状态，每一个人都不可避免地时刻处在脆弱性状态，人人都是脆弱性的并非全知全能全善的有限的理性存在者。从这个意义上讲，祛除普遍的脆弱性的价值诉求在道德实践中就转化为具有规范性意义的作为人权的祛弱权。就是说，描述性的脆弱性自身的价值决定了每个作为个体的人都内在地需要他者或某一主管对脆弱性的肯定、尊重、帮助和扶持或者通过某种方式得以保障，这种要求或主张为所有人平等享有，不受当事人的国家归属、社会地位、行为能力与努力程度的限制，它就是作为人权的祛弱权。婴儿、重病人等尚没有或者丧失了行为能力的主体不因无能力表达要求权利而丧失祛弱权。相反，正因为他们处在非同一般的极度脆弱性状态而无条件地享有祛弱权。对于主体来讲，这是一种绝对优先的基本权利。其实质是出自人性并合乎人性的道德法则——因为人性应当是坚韧性扬弃脆弱性的过程。(2) 祛弱权的自律原则。个体自律的基础是坚韧性，程序自律的基础则是脆弱性。程序自律构建民主管理和责任追究相结合的自律运行机制。以祛弱权为价值基准，融个体自律和程序自律为一体的自律原则，开启平等对话的民主商谈路径，彰显了祛弱权伦理的实践特质。(3) 祛弱权的义利观。如果说义利之辨的分析命题和综合命题的基础是坚韧性，那么义利之辨的先天综合命题则是脆弱性，正确的义利观应当是以祛弱权为价值基准的伦理观。

二、应用篇

考察祛弱权、自律原则和义利观等伦理理论之后，我们进入祛弱权伦理具体问题的反思，这也是祛弱权理论在各个领域的具体应用或具体实践。

大致来说，在人类自然生命延续和终止的历史进程中，生育、食物、身体与伦理之间的关系是人类自然生命延续的基本伦理关系，死亡与伦理之间的关系则是人类自然生命终止的基本伦理关系。是故，祛弱权的自然生命伦理问题集中在生育伦理、食物伦理、身体伦理和死亡伦理四个基本层面。如果说生育权、食物权、健康关爱权是祛弱权在人类生存境遇中的具体化，那么死亡权则是人类死亡境遇中祛弱权的终极形式或终极诉求。

不过，生而脆弱却又孜孜追求祛弱权的人类同时也是坚韧性的自由存在，人类的坚韧性总是试图不断地超越否定自己的脆弱性。一旦人类试图运用生物科学技术干预或谋划自然生命的孕育和生产过程，甚至不能遏制自己充当造物主的内在冲动，就可能出现祛弱权的极端危机——人造生命的伦理困境。这就是祛弱权之人造生命伦理的问题。

据此，应用篇主要包括两大领域：(1) 祛弱权之自然生命伦理（生育伦理、食物伦理、身体伦理、死亡伦理）；(2) 祛弱权之人造生命伦理。

当下伦理学主要以自然物或自然人为研究对象，人造生命引发的伦理问题则渴求把人造生命也作为伦理学的研究对象。已有伦理学主要是奠定在自然生成的研究对象基础上的"自然"伦理学，而奠定在人工建造的研究对象（人造生命）基础上的"人工"伦理学也是祛弱权伦理学研究的领域。就此看来，祛弱权伦理学有望在突破有机和无机、人工和自然、必然和自由等界限的基础上，突破已有伦理学的藩篱，为伦理学注入全新的要素和价值观念，担负起催生新型伦理学的历史使命。

三、目的篇

祛弱权伦理的目的是历史、个体、制度诸层面的目的系统。(1) 祛弱权之发展论研究人类生生不息之历史目的。发展是关乎人类命运的大事，它直接关涉每个人，间接涉及人类赖以生存的地球乃至宇宙。如果说脆弱性是发展的必要性规定，坚韧性是发展的可能性规定，那么祛弱权则是发展的伦理价值根据。祛弱权伦理的最终目的是在维系祛弱权价值基准的基础上，促进人类的繁荣发展。(2) 祛弱权之德性论研究发展之个体目的。祛弱权德性论就是以祛弱权为价值基准的德性论。祛弱权伦理并不排斥或否定德性论，而是要求把握德性论和祛弱权的内在关系。其目的是个体德性的尊严和价值。(3) 祛弱权之正义论研究发展之制度目的。正义是人类追寻的善的目的之一。正义的价值基准是祛弱权，而不是弱肉强食的丛林法则。这一本质精神体现在人类追寻正义的行为和力量之中。

祛弱权伦理的目的是追求人类自由精神的彰显，这也是祛弱权伦理学的本质所在。

总之，祛弱权伦理体系是以祛弱权为价值基准的伦理系统，它是理论（祛弱权、自律原则、义利观）、应用（生育伦理、食物伦理、身体伦理、死亡伦理、人造生命伦理）和目的（发展论、德性论、正义论）相统一的伦理系统，也是试图超越既有伦理视域、接受批判且无限敞开的伦理体系。

第一部分　理论篇

祛弱权是人人享有其脆弱性不受侵害并得到尊重、帮助和扶持的正当诉求。理论篇主要涉及三个层面。

（1）祛弱权的确证。没有任何一个人始终处在坚韧性状态，每一个人都不可避免地时刻处在脆弱性状态，人人都是脆弱性的并非全知全能全善的有限的理性存在者。从这个意义上讲，祛除普遍的脆弱性的价值诉求在道德实践中就转化为具有规范性意义的作为人权的祛弱权。就是说，描述性的脆弱性自身的价值决定了每个作为个体的人都内在地需要他者或某一主管对脆弱性的肯定、尊重、帮助和扶持或者通过某种方式得以保障，这种要求或主张为所有人平等享有，不受当事人的国家归属、社会地位、行为能力与努力程度的限制，它就是作为人权的祛弱权。婴儿、重病人等尚没有或者丧失了行为能力的主体不因无能力表达要求权利而丧失祛弱权。相反，正因为他们处在非同一般的极度脆弱性状态而无条件地享有祛弱权。对于主体来讲，这是一种绝对优先的基本权利。其实质是出自人性并合乎人性的道德法则——因为人性应当是坚韧性扬弃脆弱性的过程。

（2）祛弱权的自律原则。个体自律的基础是坚韧性，程序自律的基础则是脆弱性。程序自律构建民主管理和责任追究相结合的自律运行机制。以祛弱权为价值基准，融个体自律和程序自律为一体的自律原则，开启平等对话的民主商谈路径，彰显了祛弱权伦理的实践特质。

（3）祛弱权的义利观。如果说义利之辨的分析命题和综合命题的基础是坚韧性，那么义利之辨的先天综合命题则是脆弱性，正确的义利观应当是以祛弱权为价值基准的伦理观。

第一章 祛弱权之确证

一般而言，人类社会主要推崇人类生活的乐观状态，相应地，伦理学主要推崇人的坚韧性而贬低人的脆弱性。关于脆弱性的伦理思考，正如玛莎·努斯鲍姆（Martha C. Nussbaum）在《善的脆弱性》的修订版序言中所说："即使脆弱性和运气对人类具有持久的重要性，但直到本书出版之前，当代道德哲学对它们的讨论却极其罕见。"①

建立在坚韧性基础上的理论形态主要是乐观主义伦理学，典型的如柏拉图（Plato）以来的优生伦理学，亚里士多德（Aristotle）的幸福德性论，边沁（Jeremy Bentham）、密尔（John Stuart Mill）等古典功利主义的最大多数人的最大幸福原则，康德（Immanuel Kant）等古典义务论的德性和幸福一致的至善，达尔文主义的进化论伦理学等。尤其是尼采（Friedrich Nietzsche）的超人哲学过度夸大人类的坚韧性而蔑视人类的脆弱性，其推崇的必然是丛林法则而不是伦理法则，希特勒（Adolf Hitler）等法西斯分子给人类带来的道德灾难和人权灾难就是铁证。② 麦金太尔（Alasdair MacIntyre）通过考察西方道德哲学史也指出，脆弱和不幸本应当置于理论思考的中心，遗憾的是，"自柏拉图一直到摩尔以来，人们通

---

① Martha C. Nussbaum. The Fragility of Goodness: Luck and Ethics in Greek Tragedy and Philosophy. Cambridge: Cambridge University Press, 2001: Preface.
② Richard Weikart. From Darwin to Hitler: Evolutionary Ethics, Eugenics, and Racism in Germany. New York: Palgrave Macmillan, 2004: 71-103.

常只是偶然性地才思考人的脆弱性和痛苦,只有极个别的例外"①。乐观主义伦理学在乐观地夸大人的坚韧性的同时,却有意无意地遮蔽了人的脆弱性。

不可否认,人类对坚韧性的否定方面即脆弱性的思考也源远流长。苏格拉底(Socrates)的"自知其无知",契约论伦理学家[如霍布斯(Thomas Hobbes)、洛克(John Locke)、卢梭(Jean-Jacques Rousseau)等]的国家起源论在一定程度上也是基于人的脆弱性。不过,脆弱性在坚韧性的遮蔽之下并未成为传统伦理学的主流。以坚韧性(理性、自由和无限性等)为基础的传统伦理学所追求的目主要是乐观性的美满和完善,即使探讨脆弱性也只是为了贬低它以便提高坚韧性的地位,如基督教道德哲学把身体的脆弱性作为罪恶之源以便为基督教伦理学作论证,或者主要是在把人分为弱者和强者的前提下关注强者,如尼采的超人道德哲学等。这和关注普遍脆弱性并基于此提出人权视域的祛弱权相去甚远。

二战以来,深重的苦难和上帝救赎希望的破灭激起了人们对自身不幸和脆弱性的深度反省,人们在反思传统乐观主义伦理学贬低脆弱性并基于此夸大、追求人的无限性和完满性的基础上,已经明确地意识到脆弱性在伦理学中的基础地位,这是以脆弱性同时进入当代德性论、功利论和义务论为典型标志的。当代英国功利主义哲学家波普尔(Kaul R. Popper)批判谋求幸福的种种方式都只是理想的、非现实的,认为苦难一直伴随着我们,处于痛苦或灾难之中的任何人都应该得到救助,应该以"最小痛苦原则"(尽力消除和预防痛苦、灾难、非正义等脆弱性)取代古典功利主义的最大多数人的最大幸福原则。② 如果说波普尔主要从消极的功利角度关注个体的脆弱性,麦金太尔的德性论则把思路集中到人类的各种地方性共同体,认为它们在某种程度上就是以人的生命的脆弱性和无能性为境遇的,因而它们在一定程度上是靠着依赖性的德性和独立性的德性共同起作

---

① Alasdair MacIntyre. Dependent Rational Animals: Why Human Beings Need the Virtues. Chicago: Carus Publishing Company, 1999: 1.

② Karl R. Popper. The Open Society and Its Enemies: Vol. I. New Jersey: Princeton University Press, 1977: 237-239, 284-285.

用才能维持下去的。① 当代义务论者罗尔斯（John Rawls）批判功利论，把麦金太尔式的个体德性提升为社会制度的德性，明确提出公正是"社会制度的首要德性"，并把公正奠定在最少受惠者的基础上。② 在一定程度上，这些重要的理论成果已经把脆弱性引入了应用伦理学领域。

上述对脆弱性的理论研究和近年来新的天灾人祸和伦理问题（如恐怖事件、金融危机、环境危机、克隆人、人兽嵌合体等问题）一起，从理论和现实两个层面把人类的脆弱性暴露无遗，彻底摧毁了柏拉图以来的乌托邦式的空想或超人的狂妄，脆弱性不可阻挡地走向前台，深入到伦理学各个领域，尤其是和脆弱性直接相关的生命伦理学领域。

如今，在欧美乃至在世界范围内的生命伦理学研究中，对脆弱性的关注和反思，业已形成了一股强劲的理论思潮。美国生命伦理学家卡拉汉（Daniel Callahan）说："迄今为止，欧洲生命伦理学和生命法学认为其基本任务就是战胜人类的脆弱性，解除人类的威胁"，"现代斗争已经成为一场降低人类脆弱性的战斗"。③ 其中，丹麦著名生命伦理学家鲁德道弗（Jacob Dahl Rendtorff）教授、哥本哈根生命伦理学与法学中心执行主任凯姆（Peter Kemp）教授等一批欧洲学者对脆弱性原则的追求和阐释特别引人注目。他们以自由为线索，把自主原则、脆弱性原则、完整性原则、尊严原则作为生命伦理学和生命法学的基本原则，并广泛深入地探讨了其内涵和应用问题。他们不但把脆弱性原则作为一个重要的生命伦理学原则，甚至还明确断言："深刻的脆弱性是伦理学的基础。"④

对此，智利大学的克奥拓（Michael H. Kottow）却不以为然。他特别撰文批评说，脆弱性和完整性不能作为生命伦理学的道德原则，因为它

---

① Alasdair MacIntyre. Dependent Rational Animals: Why Human Beings Need the Virtues. Chicago: Carus Publishing Company, 1999: 1.

② John Rawls. A Theory of Justice. Beijing: China Social Sciences Publishing House, 1999: 3, 302 – 303.

③ Jacob Dahl Rendtorff, Peter Kemp. Basic Ethical Principles in European Bioethics and Biolaw: Vol. I. Guissona (Catalunya-Spain): Impremta Barnola, 2000: 46.

④ Jacob Dahl Rendtorff, Peter Kemp. Basic Ethical Principles in European Bioethics and Biolaw: Vol. I. Guissona (Catalunya-Spain): Impremta Barnola, 2000: 49.

们只是"对人之为人的特性的描述，它们自身不具有规范性"。不过，他也肯定脆弱性是人类的基本特性，认为它"足以激发生命伦理学从社会公正的角度要求尊重和保护人权"。①

克奥拓的批评有一定道理：描述性的脆弱性本身的确并不等于规范性的伦理要求。他的批评引出了人权和脆弱性的关系问题：描述性的脆弱性可否转变为规范性的伦理要求的祛弱权？

克奥拓的批评的理论根据源自英国著名分析哲学家黑尔（Richard M. Hare）。黑尔在《道德语言》中主张，伦理学的主体内容是道德判断。道德判断具有可普遍化的规定性和描述性的双重意义，因为只有道德判断具有普遍的规定特性或命令力量时才能达到其调节行为的功能。② 他沿袭休谟（David Hume）与摩尔（George Edward Moore）等区分事实与价值，以及价值判断不同于，而且不可还原为事实判断的观点。他认为，价值判断是规定性的，具有规范、约束和指导行为的功能；事实判断作为对事物的描述，不具有规定性，事实描述本身在逻辑上不蕴含价值判断，因此单纯从事实判断推不出价值判断。但是，描述性的东西一般是评价性东西的基础，即对事物的真理性认识是对它作价值判断的基础。③ 道德哲学的任务就是证明普遍化和规定性是如何一致的。④ 我们认为黑尔的观点是有道理的。

现在的任务是，从描述性的脆弱性推出规范性的脆弱性，并把规范性的脆弱性提升为祛弱权。需要解决的主要问题是，脆弱性是否具有普遍性？从描述性的脆弱性能否推出价值范畴的规范性的祛弱权？如果能，祛弱权能否作为伦理学的基础？回答了这些问题，也就回答了祛弱权伦理何以可能的问题。

---

① Michael H. Kottow. Vulnerability：What Kind of Principle Is It？. Medicine，Health Care and Philosophy，2004，7（3）：281-287.

② Richard Mervyn Hare. The Language of Morals. Oxford：Oxford University Press，1964：311.

③ Richard Mervyn Hare. The Language of Morals. Oxford：Oxford University Press，1964：111.

④ Richard Mervyn Hare. Freedom and Reason. Oxford：Oxford University Press，1977：4，16-18.

第一节 脆弱性之普遍性

每个人都是无可争议的脆弱性存在,脆弱性在人的状况的有限性或界限的意义上具有普遍一致性,这主要体现在三个基本层面:非人境遇的脆弱性、同类境遇的脆弱性以及自我本身的脆弱性。

一、非人境遇之脆弱性

每个人相对于时间、空间以及非同类存在物如动物植物等都具有脆弱性,甚至可以说,"我们对外界的依赖丝毫也不少于对我们自身的依赖;在疑难情况下,我们宁肯舍弃我们自己自然体的一部分(如毛发或指甲,甚至肢体或器官),也不能舍弃外部自然界的某些部分(如氧气、水、食物)"①。

从进化论的角度看,人类是生物学上的一个极为年轻的种类。赫胥黎(T. H. Huxley)认为,人类大约在不到50万年前产生,直到新石器时代革命后,即1万年前左右,才成为一个占统治地位的种类。人的自然体并非必然如今天的样式,也可以是其他模样。所有占统治地位的种类在其历程开始时都是不完善的,需要经过改造和进化,直到把它的全部可能性发挥殆尽,取得种系发展可能达到的完满结果。② 不过,种系发生学上的新构造越根本越彻底,其包含的弱点和不足的可能性就越大。据拜尔茨(Kurt Bayertz)说,意大利解剖学家皮特·莫斯卡蒂曾从比较解剖学的角度证明了直立行走在力学上的缺陷,他证明了人直立行走是违反自然且迫不得已的。人的内部构造和所有四条腿的动物本没有区别,理性和模仿诱使人偏离最初的动物结构直立起来,于是其内脏和胎儿处于下垂和半翻转的状态,这成为畸形和疾病如动脉瘤、心悸、胸部狭窄、胸膜积水等的

---

① 库尔特·拜尔茨. 基因伦理学. 马怀琪,译. 北京:华夏出版社,2000:211.
② 库尔特·拜尔茨. 基因伦理学. 马怀琪,译. 北京:华夏出版社,2000:217-218.

原因。雷姆也认为虽然能保存下来的种类都是理想的，但造化过于匆忙，给我们的机体带来了四条腿的祖先没有的缺陷，他们的骨盆无须承担内脏的负担，人则必须承担，故而韧带发达，导致分娩困难，致使人类陷入无数的病痛之中。① 更何况，今人仅仅处在一个新的阶段，有待更长更久更完善的改进和进化。面对无限的时空和无穷的非人自然，每个人每时每地都处于脆弱性的不完善的状况之中。这种非人境遇综合造成的人类的脆弱性，甚至是人类不可逃匿的宿命。不过，我们的当下使命不是抱怨为何没有被造成另外一种理想的样式，更不是无视自身的脆弱性而肆意夸大自身的坚韧性，而应当是勇敢地直面自身的脆弱性，把祛除脆弱性（dispelling fragility）上升为普遍人权。

二、同类境遇之脆弱性

霍布斯曾描述过人对人是豺狼的自然状态，这种状态实际上暗示了任何人在面对他人时都有一种相对的脆弱性。其实，国家制度等形成的最初目的正是祛除个体面对他者的脆弱性。

在每个人的生命历程中，疾病是一种具有普遍性的根本的脆弱性。患者相对于健康者，尤其相对于掌握了医学技术和知识的医务人员来讲，是高度脆弱性的存在者。伽达默尔（Hans-Georg Gadamer）在《健康之遮蔽》一书中认为，健康是一种在世方式，疾病是对在世方式的扰乱，它表达了我们基本的脆弱性，"医学是对人类存在的脆弱性的一种补偿"②。医务人员相对于其他领域和专业如教育、行政、管理等方面的人员也同样是脆弱者。任何强者包括科学家、国家元首、经济大亨、体育冠军等在其他领域相对于其他人或团体都可能是脆弱者。如果尼采的超人是人的话，也必然是相对于他者的弱者。诚如雅斯贝斯（Karl Jaspers）所说："在今天，我们看不见英雄。……历史性的决定不再由孤立的个人作出，不再由那种能够抓住统治权并且孤立无援地为一个时代而奋斗的人作出。只有在个体

---

① 库尔特·拜尔茨. 基因伦理学. 马怀琪, 译. 北京: 华夏出版社, 2000: 218-222.

② Jacob Dahl Rendtorff, Peter Kemp. Basic Ethical Principles in European Bioethics and Biolaw: Vol. I. Guissona (Catalunya-Spain): Impremta Barnola, 2000: 51.

的个人命运中才有绝对的决定，但这种决定似乎也总是与当代庞大的机器的命运相联系。"① 由于自我满足的不可能性，绝大多数人由于害怕毁谤和反对而被迫去做取悦众人的事，"极少有人能够既不执拗又不软弱地去以自己的意愿行事，极少有人能够对于时下的种种谬见置若罔闻，极少有人能够在一旦决心形成之后即无倦无悔地坚持下去"②。相对于他者，每个人任何时候都是弱者——既有身体方面的脆弱性，又有精神和意志方面的脆弱性；但每个人并非任何时候都是强者。没有普遍性的坚韧，却有普遍性的脆弱。就是说，坚韧性体现着差异，脆弱性则体现着平等。

三、自我本身之脆弱性

人自身的脆弱性是自然实体（身体）的脆弱性和主体性的脆弱性的综合体。法国哲学家保罗·利科（Paul Ricoeur）认为，"人的存在的典型方式是身体的有限性和心灵或精神的欲求的无限性之间的脆弱的综合"③。这种脆弱性显示为人类主体的有限性及其世俗的性格，我们必须面对生活世界中作恶的长久的可能性或者面对不幸、破坏和死亡。鉴于此，拜尔茨说："我们和我们的身体处于一种双重关系之中。一方面，不容置疑，人的自然体是我之存在和我们主观的物质基础；没有它，就不可能有思想感觉或者希望，甚至不可能有最原始的人的生命的表现。另一方面，同样不容怀疑，从我们主观的角度来看，这个人的自然体又是外界的一部分。尽管他也是我们的主观的自然基础，可同时又是与之分离的；按照它的'本体'状态，与其说是我们主观的一部分，还不如说他是外部自然界的一部分。"④

---

① 卡尔·雅斯贝斯．时代的精神状况．王德峰，译．上海：上海译文出版社，2008：155.

② 卡尔·雅斯贝斯．时代的精神状况．王德峰，译．上海：上海译文出版社，2008：156.

③ Jacob Dahl Rendtorff, Peter Kemp. Basic Ethical Principles in European Bioethics and Biolaw: Vol. I. Guissona (Catalunya-Spain): Impremta Barnola, 2000：49.

④ 库尔特·拜尔茨．基因伦理学．马怀琪，译．北京：华夏出版社，2000：210-211.

我们作为个体，都是身体的实体的有限性和主体性的综合存在，但个体的实体是具有主体性的实体。不但实体是有限的脆弱的，而且实体的主体性也是有限的脆弱的。康德曾阐释了人的本性中趋恶的三种倾向："人的本性的脆弱"即人心在遵循以接受为准则方面的软弱无力；心灵的不纯正；人性的败坏如自欺、伪善、欺人等。① 其实，这都是主体性本身的脆弱性的体现。另外，人的自然实体（身体）是主体性的基础，它本身的规律迫使主体服从，主体对自身实体的依赖并不亚于对外部自然界的依赖。就身体而言，遗传基因和生理结构形成人的一种无可奈何的命运或宿命。人自婴儿起，就必须发挥其主体性去学会控制其自然实体、本能、欲望和疾病等。自然实体和主体性的对立、身体和精神的矛盾常常体现为心有余而力不足。"这种现象首先被看作是病态，它让我们最清楚、最痛苦不过地想到，有时候，我们的主观与我们的自然体相合之处是何等之少。"② 每一个人都具有这种普遍的脆弱性。

尽管脆弱性的程度会随着个体的差异和人生经历的不同而有所变化，但基本的脆弱性是普遍一致的，如生理结构、死亡、疾病、生理欲求、无能等不会随着人生境遇的差异而消失，任何人都不可能逃匿自身的这种基本脆弱性。在这个意义上，人是被抛入脆弱性之中的有限的自由存在，人生而平等（卢梭语）的实质就是人的脆弱性的平等。每一个人都是有限的脆弱的存在者，自我和他人都是处于特定境遇之中的脆弱性主体，不论其地位、身份、天赋、修养等有何不同，概莫能外。因此，普遍的脆弱性"或许能够成为多样化的社会中的道德陌生人之间的真正桥梁性理念"③。不过，诚如克奥拓所言，身体生理、理性认识、主体性和道德实践的不足以及缺陷等脆弱性，都只是描述性的，如果它不具有价值和规范意义，就不可能成为价值范畴的人权。同时，另外一个不可回避的问题也出现了：由于脆弱性不可能靠脆弱性自身得到克服，乐观主义伦理学有理由质疑，如果人类只有脆弱性，那么人们凭什么来保障其脆弱性不受侵害呢？

---

① 康德论上帝与宗教．李秋零，编译．北京：中国人民大学出版社，2004：305-315．
② 库尔特·拜尔茨．基因伦理学．马怀琪，译．北京：华夏出版社，2000：211．
③ Jacob Dahl Rendtorff, Peter Kemp. Basic Ethical Principles in European Bioethics and Biolaw：Vol. I. Guissona (Catalunya-Spain)：Impremta Barnola，2000：46.

第二节 祛弱权何以可能

传统乐观主义伦理学的功绩在于重视人的坚韧性（自由、理性、快乐、幸福等），其问题主要在于夸大坚韧性，忽视甚至贬低脆弱性。的确，人不仅是脆弱性的存在，而且也是坚韧性的存在。人主要靠坚韧性来保障脆弱性不受侵害。

我们认为，描述性的脆弱性或坚韧性不能形成规范性的权利的本真含义是：纯粹坚韧性或纯粹脆弱性都和价值无关，都不具备道德价值和规范性的要求。也就是说，只有相对于坚韧性的脆弱性或者相对于脆弱性的坚韧性才具有价值可能性。因此，只有集脆弱性和坚韧性于一身的矛盾统一体（人），才具有产生价值的可能性。换言之，人自身的脆弱性和坚韧性都潜藏着善的可能性和恶的可能性。

一、脆弱性之善恶可能性

脆弱性既潜藏着善的可能性，也潜藏着恶的可能性。脆弱性具有善的可能性在于它内在地赋予了人类生活世界意义和价值。为简明集中起见，我们以作为脆弱性标志的死亡或可朽作为考察对象。

尽管我们梦想不朽以及运用自己的能力完全掌握我们的身体存在而摆脱自然力的控制，但是我们总是被自身的身体条件限制而使梦幻成空。实际上，如果生命不朽成为现实，它不但会徒增烦恼、忧郁，而且必然导致朋友、家庭、工作甚至道德本身都不必要而且无用，生活乃至整个人生就会毫无意义。因此，"不朽不可能是高贵的"[①]。康德曾经把道德作为上帝和不朽的基础，实际上应当把作为道德权利的普遍人权作为人生的基础。上帝和不朽的价值仅仅在于，它们只能作为一个高悬的永远不可达到的理念，在与可朽以及其他世俗的有限的脆弱性的对比中衬托或对比出后

---

① Jacob Dahl Rendtorff, Peter Kemp. Basic Ethical Principles in European Bioethics and Biolaw：Vol. I. Guissona (Catalunya-Spain)：Impremta Barnola，2000：50.

者的价值和意义。

　　生命（生活）的所有的价值和意义都是以可朽（必死）为条件的。似乎矛盾的是，在生命科学领域，"一些生物医学科学家不把死亡、极限看作人类本性的根本，而宁可看作我们在未来可以战胜的偶然的生物学事件。但是，这样一来就出现了我们是否能够彻底消除所有脆弱性的问题，诸如来自我们自身的死亡、极限和心理痛苦等问题，以及这样一来会产生什么样的人的问题。因此，极为重要的是，我们必须认识到各种形式的脆弱性对好生活的贡献是如此丰富和重要"①。脆弱性和有限性使追求完美人生的价值和德性具有了可能性，"道德的美和崇高在于我们能够捐献自己的生命，不仅是为了好的理由而牺牲，也是为了把我们自己给予他人。如果没有脆弱性和可朽，所有德性如勇敢、韧性、伟大的心灵、献身正义等都是不可能的"②。脆弱性不应当仅仅被看作恶，它应当被看作需要尊重的生命礼物和人类种群的福音。生命意义的根基就在于我们是在不断产生和毁灭的并在宇宙中生活的世俗存在。脆弱性基于此使善和德性具有了可能性。

　　脆弱性使善具有可能性本身就意味着它使恶也具有了可能性。因为如果没有恶，也就没有必要（祛恶）求善。恶是善得以可能的必要条件，反之亦然。奥古斯丁（Aurelius Augustinus）在晚年所写的《教义手册》中，曾从宗教伦理的角度阐释了脆弱性与恶的关系。他把恶分为三类："物理的恶""认识的恶""伦理的恶"。"物理的恶"是由于自然万物（包括人）与上帝相比的不完善性所致，任何自然事物作为被创造物都"缺乏"创造者（上帝）本身所具有的完善性。"认识的恶"是由人的理性有限性（主体性）所决定的，人的理性不可能达到上帝那样的全知，从而难免会在认识过程中"缺乏"真理和确定性。"伦理的恶"则是由于意志选择了不应该选择的东西，放弃了不应该放弃的目标，主动背离崇高永恒者而趋向卑下世俗者所导致的善的缺乏。在这三种恶中，前二者都可以用受

---

① Jacob Dahl Rendtorff, Peter Kemp. Basic Ethical Principles in European Bioethics and Biolaw: Vol. I. Guissona (Catalunya-Spain): Impremta Barnola, 2000: 48.

② Jacob Dahl Rendtorff, Peter Kemp. Basic Ethical Principles in European Bioethics and Biolaw: Vol. I. Guissona (Catalunya-Spain): Impremta Barnola, 2000: 50.

造物本身的有限性来解释，属于一种必然性的缺憾；但是"伦理的恶"却与人的自由意志（主体性）有关，它可以恰当地称为"罪恶"。奥古斯丁说："事实上我们所谓恶，岂不就是缺乏善吗？在动物的身体中，所谓疾病和伤害，不过是指缺乏健康而已……同样，心灵中的罪恶，也无非是缺乏天然之善。"① 我们认为，如果祛除其上帝的神秘性，这三种恶其实就是人的脆弱性、有限性（描述性的）的较为完整的概括。如果说（对人来说的）"物理的恶"是自然实体即身体的脆弱性的话，"认识的恶""伦理的恶"则是主体的脆弱性。由于脆弱性使人易受侵害，这就使它潜在地具有恶的可能性。奥古斯丁的错误在于他把描述性的脆弱性和其价值（恶）简单地等同起来，因为脆弱性只是具有恶的可能性，其本身并不就是恶，更何况它还同时具有善的可能性，且其本身也并不等于善。

脆弱性潜藏着善恶的可能性，是相对于与之一体的坚韧性而言的，也就是说，坚韧性既潜藏着善的可能性，也潜藏着恶的可能性。

二、坚韧性之善恶可能性

坚韧性既潜藏着善的可能性，也潜藏着恶的可能性。1771年，康德对皮特·莫斯卡蒂反对进化论的观点进行了哲学批判，并肯定了坚韧性（主要是理性）的善的可能性。他说，人的进化固然带来了诸多问题，"但这其中包含着理性的起因，这种状态发展下去并在社会面前确定下来，人便接受了两条腿的姿势。这样一来，一方面，他有无限的胜出动物之处，但另一方面，他也只好暂且将就这些艰辛和麻烦，并因此把他的头颅骄傲地扬起在他旧日的同伴之上"②。我们同意康德的观点，即人直立行走等带来的脆弱性的代价赋予了人类独特的理性和自由等坚韧性。与脆弱性相应，坚韧性也体现在三个基本层面：非人境遇的坚韧性、同类境遇的坚韧性，以及集生理、心理和精神为一体的自我本身的坚韧性。坚韧性既有可能保障脆弱性（潜藏着善的可能性），也有可能践踏脆弱性（潜藏着恶的可能性）。

---

① 西方哲学原著选读：上卷. 北京大学哲学系外国哲学史教研室，编译. 北京：商务印书馆，1981：220.

② 库尔特·拜尔茨. 基因伦理学. 马怀琪，译. 北京：华夏出版社，2000：218-222.

一方面，坚韧性潜藏着善的可能性。如果说"物理的善"的可能性是自然实体即身体的坚韧性，"认识的善"的可能性指理性具有追求无限的可能性，使人具有祛除认识不足的可能性，"伦理的善"的可能性则是主体坚强的自由意志使人具有克服脆弱性的可能性。也就是说，个体的坚韧性使主体自身具有帮助扶持他者的能力，并构成整体的坚韧性如伦理实体、国家、法律制度等的基础。因此，个体的坚韧性使主体祛除其脆弱得以可能。因为如果主体自身丧失或缺乏足够的坚韧性，只靠外在的帮助，其脆弱性是难以根本克服的。不过，坚韧性的这三种善只是潜在的而非现实的。比如，生命科学本身就是人类坚韧性的产物，它使人具有有限地祛除脆弱性的可能性。不过，只有生命科学实现其作为治病救人、维持健康、保障人权、完善人生的目的和价值时，才会具体体现出坚韧性祛除脆弱性的善。

另一方面，坚韧性也潜藏着恶的可能性。坚韧性具有善的可能性，也同时意味着它有能力践踏和破坏脆弱性，即具有恶的可能性——具有"物理的恶"（利用身体控制他人身体或戕害自己的身体）、"认识的恶"（利用知识限制他者的知识、戕害自己或危害人类）和"伦理的恶"（自由地选择为恶）的可能性。这在医学领域特别突出。医学本身是人类坚韧性的产物，但作为纯粹实证科学的医学把各种器官、结构仅仅根据身体功能看作生理过程和因果性的机械装置，它把疾病仅仅规定为能够导致人体器官的生理过程的客观性错误或功能紊乱。这种观念植根于解剖学对尸体分析的基础上：解剖学易于把身体作为一个物件和有用的社会资源，"当身体作为科学和技术干预的客体时，它在医学科学领域中不再被看作一个完美的整体，而是常常被降格为一个仅仅由器官构成的集合体的客体"[①]。实证的医学生命科学没有把人的身体看作一个完整的有生命的存在，亦没有把克服人体的脆弱性以实现人体的完美健康作为目的，从而丧失了人性关怀和哲学思考而陷入片面的物理分析，背离了其本真的目的和价值。这样一来，生命科学就会成为践踏人权的可能途径之一。

既然人的脆弱性和坚韧性都同时具有善与恶的可能性，那么祛弱权何

---

① Jacob Dahl Rendtorff, Peter Kemp. Basic Ethical Principles in European Bioethics and Biolaw: Vol. I. Guissona (Catalunya-Spain)：Impremta Barnola，2000：42.

以具有人权资格?

三、祛弱权之人权资格

如上所述,描述性的脆弱性是相对于坚韧性而言的,它本身就潜藏着价值(善恶)的可能性。因此,从包含着价值的脆弱性推出作为价值的祛弱权并不存在逻辑问题。真正的问题在于,既然每个人都是坚韧性和脆弱性的矛盾体,他就同时具有侵害坚韧性、提升坚韧性、侵害脆弱性和祛除脆弱性四种(价值)可能性。何者具有普遍人权的资格,必须接受严格的伦理法则的检验。检验的标准是普遍性,因为人权是普遍性的道德权利,而且道德判断必须具有普遍的规定性(黑尔)。所谓道德普遍性,就是康德的普遍公式所要求的不自相矛盾。康德认为道德上的"绝对命令"的唯一原则就是实践理性本身,即理性的实践运用的逻辑一贯性。因此,"绝对命令"只有一条:"要只按照你同时也能够愿意它成为一条普遍法则的那个准则而行动。"①

在这里,"意愿"的(主观)"准则"能够成为一条(客观的)"普遍法则"的根据在于,意志是按照逻辑上的"不矛盾律"而维持自身的始终一贯的,违背了它就会陷入完全的自相矛盾和自我取消。我们据此检验如下:

(1)侵害坚韧性。必然导致无坚韧性可以侵害的自相矛盾。

(2)提升坚韧性。人类不平等的根源就在于其坚韧性,尤其在后天的环境和个人机遇以及个人努力造就自我的生活世界中,人的坚韧性呈现出千差万别的多样性,且使人的差异越来越大。如果把提升坚韧性普遍化,结果就会走向社会达尔文主义,以同时破坏坚韧性和脆弱性为终结,导致自相矛盾和自我取消。

值得重视的是,虽然提升坚韧性不具有普遍性,不可能成为人权,但可以成为(在人权优先条件下的)特殊权利。合道德的特殊权利必须以不破坏人权平等为基准,以保障提升人权平等的价值为目的。否则,特殊权利就会导致而且事实上已经导致了人权平等的破坏。《世界人权宣言》等

---

① 康德. 道德形而上学原理. 苗力田,译. 上海:上海人民出版社,2002:38-39.

正是对这种破坏的抗议和抵制的经典表述。

（3）侵害脆弱性。如果人们提出了侵害脆弱性的要求，这就会危害到每一个人，终将导致人权的全面丧失和人类的灭绝，这是违背人性的自相矛盾和自我取消。

（4）祛除脆弱性。如前所述，没有任何一个人始终处在坚韧性状态，每一个人都不可避免地时刻处在脆弱性状态，即每一个人都是脆弱性的有限的理性存在者。从这个意义上讲，祛除普遍的脆弱性的价值诉求在道德实践中就转化为具有规范性意义的作为人权的祛弱权。就是说，描述性的脆弱性自身的价值决定了每个作为个体的人都内在地需要他者或某一主管对脆弱性的肯定、尊重、帮助和扶持，或者通过某种方式得以保障，这种要求或主张为所有人平等享有，不受当事人的国家归属、社会地位、行为能力与努力程度的限制，它就是作为人权的祛弱权。婴儿、重病人等尚没有行为能力的主体或者丧失了行为能力的主体不因其无能力表达要求权利而丧失祛弱权。相反，正因为他们处在非同一般的极度脆弱性状态而无条件地享有祛弱权。对于主体来讲，这是一种绝对优先的基本权利。其实质是出自人性并合乎人性的道德法则——因为人性应当是坚韧性扬弃脆弱性的过程。可见，祛除脆弱性合乎理性的实践运用的逻辑一贯性，它有资格成为普遍有效的人权——祛弱权。

这就为全球生命伦理学的共识奠定了坚固的基础，同时也回应了克奥拓的批评，解决了鲁德道弗等人的描述性事实到规定性人权的过渡问题。至此，"祛弱权作为生命伦理学的基础何以可能"或者"生命伦理学达成共识是否可能"的问题也就迎刃而解了。在祛弱权这里，恩格尔哈特（H. Tristram Engelhardt）所谓的"共识的崩溃"也就彻底崩溃了。

第三节 何为祛弱权

要把握祛弱权是何种权利，就涉及人权内容的划分问题。1895年，德国公法学家耶利内克（Georg Jellinek）在其作为人权史上重要文献的《人权与公民权利宣言》的论著中，将人权区分为消极权利、积极权利和主动权利，为人权内容的完整划分奠定了经典性的基础。我们沿袭这种划分，从消极意义、积极意义和主动意义三个层面阐释祛弱权的要义。

一、消极意义的祛弱权

权利主体要求客体（医学专家等）不得侵害主体人之为人的人格完整性的防御权利。这项权利对客体的要求是禁止某些行为，如禁止破坏基因库的完整性，不得把人仅仅看作机器或各种器官的集合，不得破坏人格完整性等。客体相应的责任是：不侵害。

"Integrity"（完整性）这一术语源自拉丁文 integrare，它由词根 tegrare（碰，轻触）和否定性的前缀 in 构成。从字面上讲，"integrity"指禁止伤害、损毁或改变。[①] 人格的完整是生理和精神的完整的统一体。人格主体的经历、直觉、动机、理性等形成精神完整性的不可触动之领域，它不得被看作工具性而受到利用或损害。例如，不得为了控制别人，逼迫或诱导他明确表达出有利于此目的的动机或选择。与精神区域密切相关的是，由"身体"构成的生理区域。每个人的身体作为被创造的叙述的生命的一致性，作为生命历程的全体，不得亵渎；每个人的身体作为体验、产生和自我决定（自主）的人格领域，不得以引起痛苦的方式碰触或侵害。

值得重视的是，生理和精神的完整性密切相关，相互影响。斯多葛派所倡导的不受身体干扰的心灵的宁静的思想，割裂了精神和生理的辩证关系，过高地估计了人的坚韧性，遮蔽了人的脆弱性。事实上，如果生理完整性遭到亵渎或者损坏，人就极难具有生存下去的勇气，其精神完整性也必然受到损害。但这并不意味着对身体绝对不可干涉甚至禁止治病，只是要求以特别小心、谨慎、敬重和综合的方式对待身体，因为"对生理完整的敬重就是对人之生命的权利及其自我决定其身体的权利的尊重"[②]。为

[①] Jacob Dahl Rendtorff, Peter Kemp. Basic Ethical Principles in European Bioethics and Biolaw: Vol. I. Guissona (Catalunya-Spain): Imprempta Barnola, 2000: 42.

[②] Jacob Dahl Rendtorff, Peter Kemp. Basic Ethical Principles in European Bioethics and Biolaw: Vol. I. Guissona (Catalunya-Spain): Imprempta Barnola, 2000: 41.

了保障人之为人的人格完整性免于受到伤害、危险和威胁，2005年联合国教科文组织成员国全票通过的《世界生物伦理和人权宣言》第11条规定了"不歧视和不诋毁"的伦理原则，要求"不得以任何理由侵犯人的尊严、人权和基本自由，歧视和诋毁个人或群体"。也就是说，人格的一致性，不应当被控制或遭到破坏。

目前，极为重要的一个现实问题是，在关涉基因控制和保护基因结构的法律规范的明确表述中，保护人性心理和生理完整性的需求日益成为核心的权利诉求，这就是不得任意干涉、控制和改变人类遗传基因的完整性，反对操纵控制未来人类的基因承传和基因一致性，保护人类"承传不受人工干预而改变过的基因结构的权利"①。这并非绝对禁止基因干涉，而是禁止那些不适宜于人的生命的完整性的基因干涉，如禁止克隆人、严格限制人兽嵌合体等，就是因为它们有可能破坏人类基因库的完整性而突破人权底线。

二、积极意义的祛弱权

权利主体要求客体帮助自我克服其脆弱性的权利，主要指主体的生存保障、健康等方面的权利。该权利要求客体的积极作为，客体相应的责任是：尽职或贡献。

法国哲学家列维纳斯（Emmanuel Lévinas）把他人理解为通过其面孔召唤我去照看他的伦理命令。他在"赤裸"（the nudity）的意义上把脆弱性阐释为人的主体性的内在特质和生命中的基础构成性的东西，如"不得杀人"既是脆弱性的强力标志，也是祛弱权的强力诉求。根据列维纳斯，脆弱性在人与人之间尤其在强者与弱者之间是不平衡的。它要求强者无条件地保护弱者的伦理承诺，"我从他人的赤裸中接受了他者的诉求，以致我必须帮助他人，且仅仅为了他人之故，而不是为了我，我不应当期望任何（他人）对我的帮助报以感激"②。这是对积极意义上祛弱权的有

---

① Jacob Dahl Rendtorff, Peter Kemp. Basic Ethical Principles in European Bioethics and Biolaw: Vol. I. Guissona (Catalunya-Spain): Impremta Barnola, 2000: 45.
② Jacob Dahl Rendtorff, Peter Kemp. Basic Ethical Principles in European Bioethics and Biolaw: Vol. I. Guissona (Catalunya-Spain): Impremta Barnola, 2000: 51.

力论证和义务论的道德要求。

由于疾病和健康是每个人的身体的脆弱性和坚韧性的两个基本方面，我们以此为讨论对象。一方面，疾病是对身体本身的平衡及其与环境的关系的毁坏。因为疾病扰乱了我和我之躯体之间的关系，它不但威胁着我的躯体，而且也威胁着人格和自我的平衡。另一方面，健康意味着人之存在的各个尺度之间的谐和融洽，体现着个体生命的身体、智力、心理和社会诸尺度之间的平衡。治疗疾病、恢复健康应当被规定为作为整体的各部分回到适宜的秩序，恢复人之存在所必需的整体器官的良好功能的各个尺度之间的平衡。因此，积极意义的祛弱权就意味着病人积极要求医生治愈疾病以便恢复和保障健康的权利，医生则具有相应的贡献自己的专业知识技术和人道精神的义务。医生既应当注重病人的病体，又应当尊重病人生活经历的一致性，以达到病体之健康目的性要求即生命器官的内在平衡和其环境的良好互动关系。生命也因此成为医生和病人一起进行的一场反对毁坏躯体的疾病、积极实践祛弱权的战斗。

作为治疗艺术的医学应当从主观感知和经验的视角把疾病看作对好的生活的威胁。如今，医学科学已经发展为一门精密高端的自然科学，它不断深入躯体，大规模运用其功能如器官移植、基因治疗、治疗克隆、人兽嵌合体、再生技术等等，因此，"现代医学比有史以来任何时候对脆弱的人性都负有更大更多的责任"[①]。医学的重要职责和任务在于把医疗重新恢复并持续保持为一门治愈（治疗）疾病、恢复美怡的健康伟大的祛弱权的艺术。这已经涉及主动意义的祛弱权了。

三、主动意义的祛弱权

权利主体自觉主动地参与祛除自身脆弱性，并主动要求自我修复、自我完善的权利，如增强体质、保健营养、预防疾病、控制遗传疾病等的权利。客体相应的责任是：尊重与引导。

《世界生物伦理和人权宣言》第8条明文规定："尊重人的脆弱性和人

---

① Jacob Dahl Rendtorff, Peter Kemp. Basic Ethical Principles in European Bioethics and Biolaw: Vol. I. Guissona (Catalunya-Spain): Impremta Barnola, 2000: 53.

格""在应用和推进科学知识、医疗实践及相关技术时应当考虑到人的脆弱性。对具有特殊脆弱性的个人和群体应当加以保护，对他们的人格应当给予尊重"。在生物医学对人体的干预范围内的境遇中，祛弱权要求保护病人权利并提醒医生和其他有关人员，医疗不仅意味着尽可能地恢复其器官和心理的完整，而且意味着尊重病人的自主性：在作出决定的程序中，通过告知信息和征求其同意允许，尊重其知情同意权。《世界生物伦理和人权宣言》第 6 条"同意"原则规定："1. 只有在当事人事先、自愿地作出知情同意后才能实施任何预防性、诊断性或治疗性的医学措施。必要时，应征得特许。当事人可以在任何时候、以任何理由收回其同意的决定而不会因此给自己带来任何不利和受到损害。2. 只有事先征得当事人自愿、明确和知情同意后才能进行相关的科学研究。向当事人提供的信息应当是充分的、易懂的，并应说明如何收回其同意的决定。当事人可以在任何时间、以任何理由收回其同意的决定而不会因此给自己带来任何不利和受到损害。除非是依据符合本宣言阐述的原则和规定，特别是宣言第 27 条阐述的原则和规定以及符合人权宣言和国际人权法的国内伦理和法律准则，否则这条原则的贯彻不能有例外。3. 如果是以某个群体或某个社区为对象的研究，则尚需征得所涉群体或社区的合法代表的同意。但是在任何情况下，社区集体同意或社区领导或其他主管部门的同意都不能取代个人的知情同意。"这可以看作对主动意义的祛弱权的详尽阐释。它要求医生和医学专家从普遍人权的角度，而不仅仅是从职业规范的角度，充分尊重病人、健康者尤其是专家学者的参与权、知情同意权，并切实履行利用医学专业知识引导、告知并帮助病人或其他主体积极主动参与医疗活动或医学商谈的神圣职责。就是说，职业规范必须以人权为最高的伦理法则。

要言之，作为普遍人权的祛弱权就是人人平等享有的主体完整性不受破坏和受到保护的权利，以及主体克服脆弱性的同时，自我修复和自我完善的权利。

至此，祛弱权作为生命伦理学的基础和共识这一问题也就迎刃而解了。伦理的产生，本质上是人性中的脆弱性和坚韧性这对内在矛盾的要求：脆弱性和坚韧性的矛盾的否定力量使伦理得以可能。就是说，脆弱性和坚韧性的矛盾是伦理的内在人性根据，伦理是研究坚韧性应当如何扬弃脆弱性的实践哲学。如前所述，（体现差异性的）坚韧性扬弃（具有普遍性的）脆弱性的达成共识的选择只能是祛弱权。这样一来，祛弱权就为伦理的共识奠定了坚固的基础。

第二章　祛弱权之自律原则

祛弱权的自律原则在生命伦理领域具有典型意义。为此，我们考察生命伦理领域的自律这一典型问题，在此基础上，再提升到祛弱权伦理的自律原则。首先，个体自律以弱者（病人）和强者（医生）为个体典范，程序自律以医疗程序为程序典范。然后，只要我们把"病人""医生"置换为"个体"，把"医疗程序"置换为"程序"，就可以得到祛弱权自律原则的普遍意义。

生命伦理学自 20 世纪 70 年代肇始于美国以来，生命伦理原则的讨论一直是基础性的生命伦理学的热门话题。美国乔治城大学的比彻姆（Tom Beauchamp）和丘卓斯（James F. Childress）在 1979 出版的《生命医学伦理原则》中提出的自律（autonomy）、无害（nonmaleficence）、仁爱（beneficence）、公正（justice）的生命伦理原则成为影响至今的著名的乔治城四原则。[1] 不过，此四原则一经提出，便受到诸多欧洲学者的质疑，甚至被认为是对欧洲生命伦理原则的侵害。[2] 20 世纪 90 年代，欧洲四原

---

[1] T. L. Beauchamp, J. F. Childress. Principles of Biomedical Ethics. 1st ed. Oxford: Oxford University Press, 1979.

[2] S. Holm. Not just Autonomy: The Principles of American Biomedical Ethics. Journal of Medical Ethics, 1995, 21 (6): 332 - 338; J. D. Rendtorff, P. Kemp. Basic Ethical Principles in European Bioethics and Biolaw: Vol. 1 & 2. Copenhagen, Barcelona: Centre for Ethics and Law & Institute Borja de Bioètica, 2000; T. Takala. What is Wrong with Global Bioethics? On the Limitations of the Four Principles Approach. Cambridge Quarterly of Healthcare Ethics, 2001, 10 (1): 72 - 77.

则向乔治城四原则发起全面挑战。在1995—1998年欧洲委员会资助的联合研究工程中，凯姆、鲁德道弗和其他20位来自欧洲各地的合作者提出了欧洲价值基础的生命伦理原则。在最后决定的会议上，16位合作者发表了《巴塞罗那宣言》，随后把自律（autonomy）、尊严（dignity）、完整性（integrity）和脆弱性（vulnerability）作为四个基本生命伦理原则。这就是著名的欧洲四原则。[1] 自此，在国际生命伦理学领域，欧洲四原则和美国乔治城四原则成为相互颉颃、并驾齐驱的两大经典范式。

不难发现，在二者的尖锐对立中蕴含着明显的共识：自律原则。而且，自律原则在医学领域业已转化为具有特定含义的自律的具体形式——知情同意，并被大量运用于各种国际生命伦理和科技伦理的文献条款中。[2] 可以说，"自律是西方医学和医学伦理学的一个核心价值"[3]。自律原则似乎已经成为欧美生命伦理学的普遍共识。令人忧虑的是，即使得到欧美共识，自律原则依然面临着巨大的挑战：在医疗实践中，知情同意的自律原则常常成为医务人员推卸自身责任、剥夺病人权利的合法的"正当"借口。这就凸显了一些不可回避的现实问题：为何表面看来体现自律原则的知情同意在医疗实践中常常转变为一种恶和不正当？生命伦理视域的自律原则摆脱困境的可能出路何在？欲解此问，需要回答如下三个和自律原则密切相关的伦理问题：知情同意何以可能？个体自律何以可能？程序自律何以可能？

第一节　知情同意

在生命伦理领域，虽然自律的确切含义依然充满歧见，但其基本含义

---

[1] J. D. Rendtorff, P. Kemp. Autonomy, Dignity, Integrity and Vulnerability: Vol. 1: Basic Ethical Principles in European Bioethics and Biolaw: Report to the European Commission of the BIOMED-II Project. Copenhagen: Center for Ethics and Law, 2000: 45-56.

[2] Hans Morten Haugen. Inclusive and Relevant Language: The Use of the Concepts of Autonomy, Dignity and Vulnerability in Different Contexts. Medicine, Health Care and Philosophy, 2010, 13 (3): 206.

[3] Jukka Varelius. The Value of Autonomy in Medical Ethics. Medicine, Health Care and Philosophy, 2006, 9 (3): 377.

"自治"（self-government）却是得到公认的。瓦琉斯（Jukka Varelius）说："尽管自律观念在不同关联中具有不同意义，但是在生命医学伦理学中有一个普遍性的核心理念。根据这个理念，自律意味着自治。"① 自律表明有权决定和自己相关的福利或行为。在生命伦理中，自律的实质内涵是要求病人具有自我决定同意治疗或拒绝治疗的权利，并承担与此相应的医疗责任。这就是知情同意（informed consent）——生命伦理学视域的自律的具体形式。用鲁德道弗的话说："在生命伦理学中，自律原则主要表达为对'知情同意'的关切。"② 知情同意的使命在于保障病人在医疗中具有自我决定的自由选择权利。

一、知情同意的确立

与具有千年悠久历史传统的自律理念相比，知情同意还是一个刚刚从自律中脱胎而出的崭新观念。1931年，德国魏玛共和国最后一届政府通过的医学实验法令，首次声明对于医学实验人员的基本标准是个体的自由和知情同意。此项法令以法律的权威性第一次确立了知情同意在生命伦理领域的伦理和法律地位。不幸的是，纳粹统治时期，集中营里恐怖的人体实验肆意践踏这一法令，完全否定了知情同意的自律价值。纳粹独裁结束之后，1948年的纽伦堡宣言（The Nuremberg Declaration）作为第一个关于医学人体实验的国际宣言，明确宣称知情同意是医学人体试验的必要条件。1964年，作为纽伦堡宣言的发展的赫尔辛基宣言（The Helsinki Declarations：Helsinki I and II）在赫尔辛基被世界医生组织（The World Organization of Physicians）采纳（1975年在东京修订）。赫尔辛基宣言把知情同意发展为一个基本的医学伦理原则："个人的健康福祉必须优先于科学和社会利益。"③ 在欧洲四原则中，鲁德道弗对知情同意的内涵有一

---

① Jukka Varelius. The Value of Autonomy in Medical Ethics. Medicine, Health Care and Philosophy, 2006, 9 (3): 377.

② Jacob D. Rendtorff. The Limitations and Accomplishments of Autonomy as a Basic Principle in Bioethics and Biolaw//David N. Weisstub. Autonomy and Human Rights in Health Care. Dordrecht: Springer, 2008: 80.

③ Jacob D. Rendtorff. The Limitations and Accomplishments of Autonomy as a Basic Principle in Bioethics and Biolaw//David N. Weisstub. Autonomy and Human Rights in Health Care. Dordrecht: Springer, 2008: 82.

个权威性诠释:"知情同意的概念应当能够既保证病人承受医疗待遇的完全自我决定,又能保证病人在相关的医疗过程中有价值的选择和自由。在此境遇中,知情同意的基本要素是:(1)公开透明,(2)理解,(3)自愿,(4)有能力,(5)同意。"[1] 知情同意要求病人有权利自己决定接受或拒绝相关待遇。如今,知情同意作为医学决定的一个基本特质在许多国家和国际行为典范中得到认可和确立。

二、知情同意的价值

知情同意原则作为自律原则在生命伦理领域的具体化,具有重要的价值意义。

第一,知情同意原则的确立,对于20世纪五六十年代的医生家长制(physician paternalism)而言,是一个颠覆性的价值突破。医生家长制虽然在医生对病人的责任方面具有其价值,但是并没有充分认识到病人自律和治疗过程的内在关系,乃至把病人自律看作一个不可实现的神话乌托邦,根本否定知情同意的价值和意义。知情同意原则肯定医学治疗中的病人和医生之间的平等地位,试图彻底改变二者之间的不平等关系,使传统的医生家长制寿终正寝。

第二,知情同意原则是生命科学技术高速发展和价值多样性的内在要求。尽管技术工具论仅仅把生命科学技术(technology)看作一种价值中立的工具,实际上并非如此。生命科学技术的 technology 不仅指 techné(技艺)的层面,而且是以其 logos 为目的的 techné。其 logos 是在解蔽和无蔽状态中成其自由本质的,而自由正是道德哲学的本体根据。就此而论,生命科学技术"是道德哲学的一个分支"[2]。就是说,生命科学技术是为了达到理性的道德目的而运用生命科学知识的技艺或技能,是"应当意味着能够"的自由实践而不仅仅是"能够意味着应当"的纯粹工具性活

---

[1] Jacob D. Rendtorff. The Limitations and Accomplishments of Autonomy as a Basic Principle in Bioethics and Biolaw//David N. Weisstub. Autonomy and Human Rights in Health Care. Dordrecht: Springer, 2008: 80.

[2] Mike W. Martin, Roland Schinzinger. Ethics in Engineering. 3rd ed. Boston: McGraw-Hill Companies, Inc., 1996: 1.

动。生命技术和治疗革命带来了多样性的治疗选择途径，其蕴含的内在价值目的通过提升人的脆弱性直指人的自由和尊严。知情同意原则正是生命科学技术的 logos 的一种医学表达和临床实践的伦理诉求。如果说医学工具论是医学家长制的理论根据，自由实践意义（或道德哲学意义）上的生命科学技术则是建构知情同意的平等医疗关系的理论基础。

第三，知情同意的自由选择尊重病人的价值观念和主体地位，使人人享有的人权观念在脆弱境遇中得以确证和实践，在某种程度上肯定了病人的价值和尊严。其实，除当下的病人外，每一个人都曾经是病人或者可能是病人。换言之，每一个人都是一个（曾经的、现实的或可能的）病人。在这个意义上，知情同意是一种和每个人息息相关的人权的伦理诉求，此种"自律帮助我们在生命伦理学中致力于关照人权和尊重人格"[1]。相反，如果一个人的选择、决定、信念、欲求等都是诸如未经反思的社会化控制、强迫等外在影响导致的结果，"如果一个人的行为是被迫的或意志薄弱导致的结果，它就不是自律的而是他律的（heteronomous）"[2]。一个他律的人，是一个在某些方面被他者控制或者不能根据自己的愿望和计划而行动的人，是一个被削弱了主体自由的人。实际上，即使我们意识到别人（如医生）的决定比我们好，我们也不愿别人替我们作出决定，因为"在自我决定中我们是主体，我们运用自己的理性能力，我们控制自己的生活，我们具有生活在我们自己的生活中的感觉。我们创造、造就自我，我们赋予我们的生活以意义、目的和各自的独特唯一性，我们表达我们自己"[3]。或许，这正是自律能够成为欧美生命伦理学共识的基本原则的根本原因所在。

三、知情同意的瓶颈

毋庸讳言，尽管知情同意的自律原则是生命伦理学的一个核心价值理

---

[1] Jacob D. Rendtorff. The Limitations and Accomplishments of Autonomy as a Basic Principle in Bioethics and Biolaw//David N. Weisstub. Autonomy and Human Rights in Health Care. Dordrecht: Springer, 2008: 75.

[2] Jukka Varelius. The Value of Autonomy in Medical Ethics. Medicine, Health Care and Philosophy, 2006, 9 (3): 378.

[3] Jukka Varelius. The Value of Autonomy in Medical Ethics. Medicine, Health Care and Philosophy, 2006, 9 (3): 379-380.

念，但依然存在着其自身难以逾越的瓶颈。其一，在某些健康关怀的特定境遇中，知情同意的原则似乎并无实际意义。知情同意的基础是个体自由和理性决定能力，而非脆弱性和易受伤害性。病人由于身处病痛之中且对于相关医学信息知之甚少，常常并不知道他们真正的愿望或欲求，很难具备知情同意的基本能力。特别是对于孩子、危重病人、精神病人、智力障碍者、植物人等尚不具备或基本丧失了自我决定能力者而言，自律原则几乎丧失了存在的根据。其二，知情同意和医生治疗责任的冲突。病人自律和医疗诊断远非一个问题，知情同意"在医学应当给予病人的自律发挥到何种确定的作用上似乎有些模糊不清"[1]。病人很难真正理解他们参与的医疗程序，常常在不充足、不理解甚至错误的医疗信息的基础上被迫作出盲目性决定。病人的知情同意常常成为医务人员剥夺病人权利、推卸自身责任的合法的"正当"借口。这种情况甚至比医生家长制的危害更为严重。其三，病人的知情同意忽视了医生的个体自律，脱离了程序自律的轨道，陷入片面的病人个体自律的困境之中。奥涅尔（Onora O'Neill）甚至说："既然知情同意对许许多多病人存在问题，在医疗中几乎是不必要的。"[2] 虽然奥涅尔的观点过于偏激，但我们不能不追问：似乎体现着善和正当的知情同意为何在医疗实践中却转变为一种恶？其出路何在？这就需要回答如下两个基本问题：个体自律何以可能？程序自律何以可能？

第二节 个体自律

自律理念植根于悠久的西方文化传统中，主要指奠定在个体自由基础上的个体自律（individual autonomy）和平等公正基础上的程序自律（procedural autonomy）。

---

[1] Jukka Varelius. The Value of Autonomy in Medical Ethics. Medicine，Health Care and Philosophy，2006，9（3）：377.

[2] Onora O'Neill. Autonomy and Trust in Bioethics. Cambridge：Cambridge University Press，2002：40.

自古希腊以来，个体自律一直是道德哲学探究的一个重要话题。亚里士多德已经明确地把自律和个体的自愿行为密切联系起来，初步形成了个体自律的观念。① 亚里士多德的个体自律观念，在康德那里得到了深刻的哲学论证。康德认为，人既是道德立法又是道德守法的先验道德主体。先验道德主体出自对道德法则普遍有效性的敬重，不受外在条件限制或强迫的自立法自守法的实践理性能力就是个体自律。个体自律的普遍道德法则是，"要只按照你同时认为也能成为普遍规律的准则去行动"②。康德的普遍性道德自律理念遭到了自由主义功利哲学家密尔等人的批评。对密尔而言，由于每个人的具体理性能力和不同个体的能力不同，个人选择、爱好、欲求和对未来的愿望都是不可普遍化的经验对象。是故，自律并非普遍性的实践理性能力，而是具体经验个体不受外在强制的自我决定和自愿行为的自由能力。③ 其实，康德所说的先验道德主体的自律，应当是经验个体自律的价值根据。因为先验道德主体的普遍道德法则正是经验个体自律的普遍化，经验个体的自律也不是任意行为，而是根据普遍道德法则进行选择的自由行为。所以，个体自律是奠定在理性自由等人的坚韧性基础上的理性实践能力。其基本含义可以概括为：其一，先验道德主体和普遍道德法则相一致的自由选择能力；其二，在特定的经验生活境遇中，经验个体出自对普遍道德法则的敬重而独立做出决定的自愿行为或自我管理。换言之，个体自律不是行为的任意选择或受外在强制的被迫行为，它意味着自律主体具有道德理性的自律能力而区别于其他动物和自然界，因而自在地具有不依赖于外在因素的价值和尊严。

个体自律的基本要求在生命伦理领域内具体化为弱者（病人）个体自

---

① Jacob D. Rendtorff. The Limitations and Accomplishments of Autonomy as a Basic Principle in Bioethics and Biolaw//David N. Weisstub. Autonomy and Human Rights in Health Care. Dordrecht：Springer，2008：78.

② Immanuel Kant. Foundations of the Metaphysics of Morals. Lewis White Beck，tran. Beijing：China Social Sciences Publishing House，1999：39.

③ Jacob D. Rendtorff. The Limitations and Accomplishments of Autonomy as a Basic Principle in Bioethics and Biolaw//David N. Weisstub. Autonomy and Human Rights in Health Care. Dordrecht：Springer，2008：79.

律和强者（医生）个体自律两个基本层面。

一、弱者个体自律

通常情况下，个体自律以理性能力的成熟即人的坚韧性而非脆弱性为前提条件。病人作为在医疗实践的特定境遇中的主体，既是具有意志、愿望和欲求的坚韧性存在者，又是遭受疾病折磨的非常脆弱的存在者。相对于医生而言，病人则是弱者。鲍姆（M. B. Baum）说，疾病的经历表明"人的主体存在成为一个敏感的、易受影响的、遭受痛苦的衰弱性身体。其表征和疾病状态要求通过脆弱性明确其自律界限并予以限制"[1]。奥涅尔也说："一个患病或受伤的人相对于他者是一个极度脆弱的人，他极度依赖他者的行为和能力。坚韧性的自律概念对于病人而言或许似乎是一种负担，甚至毫无成效。"[2] 病人的理性能力、精力和身体处在一种脆弱（vulnerability）状态，且一般不具备医疗知识技术，其自律能力极其脆弱甚至丧失。在此经验中，病人签字常常是被迫无奈或者信息不全的盲目之举，这恰好是他律而非自律。对病人而言，知情同意只能在极其严格的限度内有效：从自律主体来讲，知情同意仅仅对具备足够的自律能力的轻度病人适用，对于重病人、精神病人、非成年病人、危急病人等自律能力极其脆弱乃至完全没有自律能力者是无效的；从自律客体来讲，知情同意必须限定在明确无误且病人能够真正理解的医疗信息的基础上，模糊不清或者病人无法理解的医学专业领域的信息，不得作为知情同意的内容。

病人的知情同意在某种程度上削弱了医生的责任，增加了病人的恐惧心理和精神负担。我们应该避免陷入去责任化的选择困境，"知情同意不应当使病人更加脆弱"[3]。病人的优先权是从他人尤其是从具有医学技术和知识的医务人员那里得到帮助，而不是无奈、痛苦甚至盲目的知情同

---

[1] M. B. Baum. The Necessary Articulation Between Autonomy and Vulnerability//Working Papers, Research Projects: VII. Copenhagen: Centre for Ethics and Law, 1997: 22.

[2] Onora O'Neill. Autonomy and Trust in Bioethics. Cambridge: Cambridge University Press, 2002: 38.

[3] Jacob D. Rendtorff. The Limitations and Accomplishments of Autonomy as a Basic Principle in Bioethics and Biolaw//David N. Weisstub. Autonomy and Human Rights in Health Care. Dordrecht: Springer, 2008: 85.

意。退一步讲,"即使病人是一个优秀的自律者,却不可能和其医生一样,有能力把握评估其手术风险和益处的所有信息。医生比病人更有能力决定最好的有利于病人的医疗方式"①。自律奠定在理性和坚韧性(robustness)的基础上,病人不是最适宜使用透明权利的知情同意的自律者,不应当是主要的自律主体。这就要求确立医生的个体自律的主体地位。

二、强者个体自律

相对于脆弱的病人而言,具备医学专业技能、掌握医学资源的医生是坚韧性和正常理性的强者。所以,个体自律主要应当是医生个体自律,而非病人个体自律。这是确立医生的个体自律主体地位的基本理据。医生的个体自律主体地位主要体现在知情自律和同意自律两个基本层面。

第一,知情自律,是医生在对病人病情深刻理解把握的基础上,在尊重病人正当理性意愿的前提下,对最好的医疗途径方法的自由选择、认同和实施。治疗绝非一个仅仅由医生或病人一方独自构建的独白王国,而是双方共同构建的互为目的的商谈伦理王国。在这个伦理王国中,医生应当首先把病人看作医疗自身的目的,通过和病人的交流即治疗对话(therapeutic dialogue),了解把握病人之情。交流不同于纯粹的自我表达,"仅当其目的是可接受的且其听众是能够接受的时,才是伦理上可以接受的"②。医疗对话交流听命于伦理倾诉而非纯粹的选择和自我独白表达,它是医患双方对各自存在经历的意义理解和情感交融,是医生对病人的必要的自愿的职责关爱。医生在理解病人特定境遇的经历的基础上,从病人生命历史的角度理解并重构病人的叙述性病历,培育医患双方默契配合的信任程度,为进行良好的治疗打下伦理关怀的坚实基础。这就意味着医患之间的友谊模式先于双方的契约权利模式。或者说,医生的知情自律是其同意自律的必要前提。

---

① Jukka Varelius. The Value of Autonomy in Medical Ethics. Medicine, Health Care and Philosophy, 2006, 9 (3): 380.

② Onora O'Neill. Autonomy and Trust in Bioethics. Cambridge: Cambridge University Press, 2002: 186.

第二，同意自律的基本要求是：在知情自律的基础上，医生和病人（或其他相关人员）签订医疗协议，自愿自觉地认同并尊重协议，行使协议规定的医疗权利并承担相应的医疗责任。康德曾说，权利是以每个人自己的自由与每个他人的自由之协调一致为条件而限制每个人的自由，权利由此引发的是责任和义务。① 相应地，医生的治疗权利引发的是不可推卸的医疗责任和义务，即使病人签订了免于医疗责任的协议，医生应当承担的医疗责任也并不因此而失效。病人是医生救治的目的而不仅仅是医生推卸责任和保障其职业的工具。医生必须为其治疗过程、治疗结果承担职业责任，绝不可以病人的"知情同意"为借口，把医疗责任推卸给病人，使本来就处在弱势的病人置于极其无助的更加弱势的地位。病人签字不能成为医生推卸职业责任的根据，而恰好是医生承担职业责任的证据。把承担医疗责任作为医生自律的重要一环，就有可能有效保障病人的正当权益，避免病人脆弱状态下被迫签字并被迫答应承担自己不能也不应承担的所谓医疗责任，因为病人并不具有医生所具有的相应的医疗权利。与此同时，同意自律也增强了医生的主体性、责任心和人格尊严，确认了医生的职业价值和存在意义。

值得注意的是，尽管相对于病人，医生是强者，但是医生并非上帝，亦非天使，而是有限的理性存在者。相对于强大的社会法律制度和人际网络而言，每一个医生自身的理性、判断、素养和医疗水平都是有限的、脆弱的。尤其在医生自觉自愿地承担其医疗责任方面，完全靠其自身的自律很难真正完全落实。如前所述，与医生的个体自律相比，病人的个体自律存在的问题更为严重。所以，就个体自律（病人自律和医生自律）而论，诚如奥涅尔所说："个体自律和自我表达的权利不能为生命伦理学提供一个令人满意的基础。"② 从根本上讲，自律个体自身的局限性和对生物、物质、社会条件、理性信息等的依赖所带来的结构性限制，构成了奠定在理性和坚韧性基础上的个体自律难以逾越的屏障。突破这道屏障是一个亟待解决的问题，也正是程序自律的使命。

---

① Immanuel Kant. The Metaphysics of Moral. Mary Gregor trans./ed. Cambridge: Cambridge University Press, 1996: 24 - 25.

② Onora O'Neill. Autonomy and Trust in Bioethics. Cambridge: Cambridge University Press, 2002: 184.

第三节　程序自律

个体自律以坚韧性为基础，以独立于社会联系的个体为前提，奠定在个体的自由选择和自我决定的实践理性能力的基础上。不过，在真实的伦理生活中，并非每个人都具备这样的能力，具备这种能力的人也并非在任何境遇中都能正常发挥。事实上，自律个体是脆弱的，经常处于易受挫败的、不能完全自我控制的境遇之中，极难不受外在干扰而完全独立地做出理性决定。在此情况下，"我们的自律削弱、丧失或不能发挥"①。因此，"当自律概念作为运用到保护个人的唯一概念时，其局限性极大。必须考虑包含个体的其他维度"②。自律一旦试图寻求包含个体的其他维度，就突破了个体自律的瓶颈，进入关注脆弱性的程序自律领域。

程序自律的理念内在地蕴含在"autonomy"（自律）的词源之中。"autonomy"由"auto"和"nomos"构成，是一个具有政治渊源的术语。"auto-nomos"表明，自律（autonomy）和社会的政治组织密切相关，它意味着古希腊的城邦自治（self-government）。③ 奥涅尔解释说："在古典时代，autonomy这个术语并非指个体，而是指自我立法的城市。一个自律的城市是和一个由主城赋予其法律甚至是强加其法律的殖民地相对应的概念。"④ 相对于autonomy的古典意义，个体自律只是启蒙运动以来（尤其是经过康德、密尔等人哲学论证的）autonomy的现代意义。其实，在康德、密尔、洛克和潘恩（Thomas Paine）等人那里，个体自律已经成

---

① Gerald Dworkin. The Theory and Practice of Autonomy. Cambridge: Cambridge University Press, 1988: 117.

② Jacob D. Rendtorff. The Limitations and Accomplishments of Autonomy as a Basic Principle in Bioethics and Biolaw//David N. Weisstub. Autonomy and Human Rights in Health Care. Dordrecht: Springer, 2008: 82.

③ Gerald Dworkin. The Theory and Practice of Autonomy. Cambridge: Cambridge University Press, 1988: 12.

④ Onora O'Neill. Autonomy and Trust in Bioethics. Cambridge: Cambridge University Press, 2002: 29.

为自由民主政治原则的核心观念。在当代民主国家里，个体自律被赋予了正当合法的重要地位。而今，"保护个体自律是大部分欧洲宪法的基本原则"①。自律的古典意义（城邦自治）和现代意义（个体自律）在当下呈现出融为一体的趋势。这种趋势表明：其一，组织、单位（包括医院）、城市、国家等类型的伦理实体和作为自律主体的道德个体有着质的差异；其二，伦理实体的自律和个体自律虽有质的不同，但并不排斥后者。伦理实体的自律是凭借正义价值和民主程序的伦理力量解决各种个体自律问题的程序自律（procedural autonomy）。在程序自律的视域中，自律个体既是处在诸多社会实践、约定、同情和复杂的陌生人际关系之中的自由存在者，又是必须予以关注、尊重的脆弱性和易受伤害性的存在者。如果说个体自律的基础是个体的坚韧性，程序自律的基础则是个体的脆弱性。如果说个体自律意味着道德主体的自由选择，程序自律则既要考虑个体的欲求、渴望、有限性等脆弱性要素，更要考虑如何运用平等公正的程序关照个体的各种不同可能性选择。为此，程序自律必须在尊重文化多样性和公共价值基础的前提下，寻求一套公平正义的伦理价值体系，在此基础上建构公正民主的伦理程序，以弥补个体自律的有限性，纠正个体自律存在的问题，化解或缓解个体自律之间的矛盾冲突，保障并促成自由自律的道德选择。程序自律的这种特质为生命伦理学的个体自律原则走出困境开启了可能途径。

据程序自律的基本理念，生命伦理视域的程序自律的具体设计是：在正义原则的价值基础上，构建民主管理和责任追究相结合的程序自律机制。

一、正义原则

正义主要指权利的正当分配。凯姆培纳（Norbert Campagna）说："正义，正如亚里士多德和罗马法教导我们的，主要是权利分配：总体权

---

① Jacob D. Rendtorff. The Limitations and Accomplishments of Autonomy as a Basic Principle in Bioethics and Biolaw//David N. Weisstub. Autonomy and Human Rights in Health Care，Dordrecht：Springer，2008：80.

利的分配。即使权利是根本不平等的，权利的比例也能够是正当的或公平的。"① 和知情同意（个体自律）的存在根据（坚韧性）不同，程序自律的存在根据是脆弱性。是故，程序自律的正义原则是奠定在脆弱性基础上的祛弱权的正当分配。所谓祛弱权，就是人人（包括医生和病人）享有其脆弱性不受侵害并得到尊重、帮助和扶持的权利。② 程序自律对祛弱权的正当分配原则是：病人祛弱权第一，医生祛弱权第二。换言之，程序自律优先保护病人权利，其次保护医生权利。如果不考虑医务人员的权利，其正当权益就会受到侵害，这本身就是不公正的。医务人员必然因此难以真正履行义务、承担责任，病人权利也难免受到影响甚至伤害。

既然正义原则保障病人和医务人员的正当权利，就必然由此引发相应的责任和义务，各种权利义务之间的冲突也在所难免。解决这些冲突，把正义法则落到实处，是民主管理机制和责任追究机制的使命。

二、民主管理机制

在乔治城四原则中，比彻姆和丘卓斯把自律诠释为：个人自律的最低限度是自治，它既是免于他者控制干涉的自由，又是免于限制的自由，"自律的个人根据自我选择的计划自由行动，类似于一个独立政府管理其疆域和处理其政务一样"③。乔治城的自律原则已经模糊地意识到了个体自律和独立政府管理方式之间的联系。其实，生命伦理的个体自律和社会政府尤其是医院的民主管理密不可分。

医院民主管理的环节是，其一，建立一套民主科学的预防机制，通过严格的医学理论和医学临床实践的考核，把不具备自律素质的医务人员排除在临床实践之外。否则，一旦不合格的人员（即在医疗技术医德水平等方面达不到自律素质要求的医务人员）具有了合法行医的资格，医务人员

---

① Norbert Campagna. Which Humanism? Whose Law? *About a Debate in Contemporary French Legal and Political Philosophy*. Ethical Theory and Moral Practice, 2001, 4 (3): 285–304.

② 关于祛弱权的论证和内涵，请参看拙文《祛弱权：生命伦理学的人权基础》（《世界哲学》2009年第6期，第72–83页），兹不赘述。

③ T. L. Beauchamp, J. F. Childress. Principles of Biomedical Ethics. 5th ed. New York: Oxford University Press, 2001: 58.

的自律将丧失殆尽。其二，设立医学自律委员会作为权威的监督指导机制，对当下临床实践中的病人自律、医生自律予以指导监督。其三，建立一套民主科学的后果评价机制，重点建立一套出院病人（及其亲属）通过合法程序和伦理机制对医生做出自律性评价的运行机制，以此作为考核医生自律的重要凭借。一般而言，当病人出院后，其自律能力恢复正常，医患双方的不对等关系不复存在，病人不再畏惧医生的权威。在此前提下，出院病人的自律评价具有重要的价值：一方面，能够把病人的自律和知情同意贯彻到底，实现病人和医生的对等关系的自律评价。另一方面，能够真正促进医生致力于治病救人的神圣事业，有效避免医生仅仅为了推卸责任而假借知情同意之名蒙蔽病人的不良行径。

民主管理机制通过开端、过程、后果三个主要环节，构成把互为工具的"我他"医患关系转化为互为目的的"我你"医患关系的有效可行的伦理程序，既降低了病人知情同意的医疗风险，又提升了医务人员的责任感、自尊心和敬业精神，也为责任追究提供了凭借和依据。

三、责任追究机制

在欧洲四原则的自律原则中，鲁德道弗等人把自律归纳为五种基本含义：其一，创造理念和生活目的的能力；其二，道德洞察、自我立法和保护隐私的能力；其三，理性决定和不被强迫的能力；其四，政治参与和承担个体责任的能力；其五，医学经历中的知情同意能力。[①] 鲁德道弗等人把"政治参与和承担个体责任的能力"作为生命伦理学自律的一个基本含义——虽然没有对此给予深入详尽的阐释论证，毕竟已经涉及责任问题。一个寻求以祛弱权为共同价值并设定民主程序进行商谈沟通和监督的伦理程序，必定是一个勇于承担责任的道德程序。病人和医生不仅仅是医疗机构和某些行政机关谋求福利和政绩的工具，更重要的是，病人和医生也是医疗机构和某些行政机关的目的。绝不允许也不应当把病人或医生仅仅

---

① Jacob D. Rendtorff. The Limitations and Accomplishments of Autonomy as a Basic Principle in Bioethics and Biolaw//David N. Weisstub. Autonomy and Human Rights in Health Care. Dordrecht：Springer，2008：78.

当作手段而不当作目的。为此，医疗行政机构和医院等伦理实体必须建立明确有效的责任追究制，既要保护病人的合法权益，也要保护医生的合法权益。医生只能承担医疗职责范围内的法律和道义责任，而不得承担完全责任，如病人的家庭责任或社会性责任等。否则，医生必不敢承担责任，而会借知情同意的托词，竭尽全力地把所有责任推给病人，最终受害的还是病人。所以，责任追究的基本自律程序是：最先追究危害病人或医生的有关医院、行政单位、社会团体或其他当事者的责任，其次追究医生危害病人、未尽或放弃医疗义务的责任，然后追究病人因不配合医学治疗等自身原因带来的医疗后果的责任。

综上所述，个体自律和程序自律共同构成了生命伦理视域的自律原则。

当下欧美生命伦理的知情同意原则仅仅局限在病人自律范围内，对医生个体自律和程序自律几乎不予关照，这是其陷入伦理困境的重要原因。

以祛弱权为价值基准，奠定在坚韧性基础上的个体自律和奠定在脆弱性基础上的程序自律，把道德个体的自我管理和伦理实体的自我管理融为一体，把个体实践理性和公共伦理程序有机结合，铸就了生命伦理的自律原则。此自律原则蕴含着生命伦理领域的民主商谈对话的平等精神，彰显了生命伦理的实践特质和人文精神，为知情同意的自律原则摆脱困境开启了一条切实可行的伦理路径。究其实质，自律摆脱困境的价值基础正是祛弱权。同理，除自律原则之外，乔治城四原则的无害、仁爱、公正以及欧洲四原则的尊严、完整性、脆弱性之间的冲突和对立，也可以在祛弱权的价值共识下得以解决。

现在，我们把"病人""医生"置换为个体，把"医疗程序"置换为"程序"，祛弱权自律原则的普遍意义也就呈现出来了。如果说个体自律的基础是坚韧性，那么程序自律的基础则是脆弱性。程序自律以祛弱权为价值基准，为个体自律提供程序机制保障，构建民主管理和责任追究相结合的自律运行机制。就是说，祛弱权自律原则以祛弱权为价值基准，融个体自律和程序自律为一体，开启平等对话的民主商谈路径，彰显出祛弱权伦理的实践特质。

第三章 祛弱权之义利观

义利关系是伦理的基本问题之一，中国传统的义利之辨是思考义利关系的典范。祛弱权则为义利之辨困境奠定了价值基准。

中国传统伦理思想是人类伦理思想的重要理论资源，义利之辨是中国传统伦理思想的核心问题。如程颢所说，"天下之事，惟义利而已"（《河南程氏遗书》卷十一）。在人类面临种种道德冲突和伦理问题的当下，从祛弱权的角度反思中国传统义利之辨，既是中国伦理学重构的实践需求，也是祛弱权伦理的重要使命。

这里首先面临的问题是：在人类伦理学的演进轨迹中，中国传统的义利之辨和中国传统伦理学处在何种地位？

从人类伦理史的视域看，伦理学的演进轨迹可以大致概括为古典经验伦理学、现代理论伦理学、当代应用伦理学。古典经验伦理学的一个重要标志是没有形成独立的伦理学体系。传统生活方式中，人们相对缺乏反思事物的能力和批判精神，"神"或君主之类的绝对权威预定和控制着人类的整个生活方式。人的自由意志仅仅是从正确之中选择错误的自由（即违背绝对权威命令，脱离绝对权威所设定的生活方式）。人的正确行为意味着避免选择，即遵循绝对权威设定的惯例化生活方式。人的自由意志和行为方式受到教会或皇权之类的总体性权威的全面钳制。各种习俗或道德规范如三纲五常、信仰、爱上帝等本质上是扼杀自由的锁链。砸碎这种锁链的标志性思想运动是文艺复兴。文艺复兴脱离了神学绝对权威的"整体性标准"的控制，致使传统的各种习俗、规范、价值和标准处于分崩离析的境地。人们从神的总体型虚幻中踏入世俗化的现代社会，社会生活在"整体性标准"的碎片中寻求一种可以依赖的普遍道德价值体系。古典经验伦理学在此过程中开始了向现代理论伦理学的艰难蜕变。现代理论伦理学肇始于哲学家的反思精神和批判意识的日益觉醒并逐步成熟。哲学家认为人类决不能祈求、依赖传统的形而上学和神话宗教等人类理性之外的力量（康德称为他律）作为禁锢自由的绝对权威，应当依靠实践理性或道德理性构建人类行为的道德规范（康德称为自律）。有基于此，现代理论伦理学家试图探寻一种新的世俗标准，自觉充当"立法者"角色。康德提出了著名的人为自然立法、人为自我立法的道德形而上学的义务论，边沁、密尔则建构了追求最大多数人的最大幸福的功利主义伦理体系。正因如此，康德的义务论和边沁、密尔的功利论成为现代理论伦理学的经典范式。换言之，现代理论伦理学本质上就是义务论和功利论重叠交织的演进过程。义务论和功利论的颉颃其实就是现代理论伦理学的义利之辨。现代理论伦理学经过元伦理学（元伦理学是现代理论伦理学自我批判的一个理论环节）的洗礼，于20世纪70年代前后进入当代应用伦理学的新领域。

那么，中国传统的义利之辨和中国传统伦理学处在何种位置呢？通常认为，伦理学是中国学术文化的核心，孔子的《论语》是中国伦理学形成的标志。[①] 在中国古代，伦理学是同政治、军事、经济、农业、中医等紧密结合、融为一体的。先秦时代的一切学术思想都笼统地称为"学"。宋代有了"义理之学"的名称。义理之学主要由三部分构成：道体（天道）、人道（人伦道德）和为学之方（治学方法）。其中，人道部分属于伦理学范畴。蔡元培在《中国伦理学史》中分析说，中国伦理学范围宽广，貌似一种发达学术，"然以范围太广，而我国伦理学者之著述，多杂糅他科学说。其尤甚者为哲学及政治学。欲得一纯粹伦理学之著作，殆不可得"[②]。是故，"我国既未有纯粹之伦理学，因而无纯粹伦理学史"[③]。这就是我们

---

① 这一观点值得商榷。《论语》是语录汇编，内容庞杂，其中涉及伦理问题的部分只是训诫式的道德说教。这些道德说教既缺乏严密的逻辑论证，也缺少构建伦理学学科的意识，更遑论伦理学学科应有的批判精神和自由气质。
② 蔡元培. 中国伦理学史. 北京：东方出版社，1996：2.
③ 蔡元培. 中国伦理学史. 北京：东方出版社，1996：2-3.

不得不正视的一个问题：中国传统伦理思想并没有真正形成一种专业的伦理学学科或道德哲学体系。这大概可以作为对中国伦理学的一个基本定性——它属于古典经验伦理学范畴。与此相应，中国传统义利之辨既没有形成以"最大多数人的最大幸福"为道德法则的功利论，也没有形成以"人为目的"为绝对命令的义务论，而是笼统地把功利与道义贯穿于义利之辨的无休无止的经验偶然性争论之中。可见，中国义利之辨属于古典经验伦理学范畴（为简洁起见，如无特别说明，这里把"中国传统的义利之辨"简称为"义利之辨"）。那么，从祛弱权来看，何为义利之辨？义利之辨如何获得新生？

就其本质而论，义利之辨的义与利是被设想为必然结合着的两方，以至于一方如果没有另一方也归属于它，就不能被义利之辨涵纳。这种结合本质上是一种判断或命题。在一切判断中，从其主词对谓词的关系来考虑，这种关系可能有两种不同的类型：一种是分析判断，一种是综合判断。① 义利之辨和其他判断一样，要么是分析的，要么是综合的。因此，义利之辨有两种基本模式：（1）分析判断主张义即是利，义利是同一范畴；（2）综合判断主张义是行为法则，利是个人私利，义与利是对立的范畴。康德认为，分析判断和综合判断各有优劣，其出路在于先天综合判断。② 由此看来，义利之辨的两种基本模式潜藏着其可能出路——义利之辨的先天综合判断。

从祛弱权来看，中国传统义利之辨的基本伦理精神是以君主（坚韧性）为目的、以臣民（脆弱性）为工具，是与祛弱权精神背离的一种义利观。这体现在，义利之辨既要假借家国同一之名来实现家天下，又要使君主凌驾于臣民之上而具有绝对权威。前者需要分析命题以便混淆家国之别，后者需要综合命题严格区分君主和臣民以便论证君主的神圣权威。分析命题和综合命题之间的内在矛盾把义利之辨最终推向绝境。这意味着作为古典经验伦理学形态的义利之辨的终结，同时也预示着祛弱权视域的义利之辨即义利之辨的先天综合判断的发端。

---

① 康德. 纯粹理性判断. 邓晓芒，译. 北京：人民出版社，2004：8.
② 康德. 纯粹理性判断. 邓晓芒，译. 北京：人民出版社，2004：10-11.

义利之辨扬弃其分析判断与综合判断，把自身提升到先天综合判断，把祛弱权作为价值基准，实现由自然暴力为基础的自然法则向自由人性为基础的自由法则的历史转变，也在某种程度上综合并超越现代理论伦理学的功利论和义务论，为追寻当下祛弱权伦理体系提供祛弱权义利观。如果说义利同一的分析判断、义利对立的综合判断都是奠定在坚韧性基础上的，那么义利统一的先天综合判断则是奠定在祛弱权基础上的。

第一节　义利同一的分析判断

康德认为，在分析判断中，谓词B属于主词A，B是隐蔽地包含在A这个概念中的概念。谓词和主词的联结是通过同一性来思考的。分析判断的谓词并未给主词概念增加任何内涵，只是把主词概念分解为它的分概念，这些分概念在主词中已经（虽然是模糊地）被想到了。因此，一切分析判断都是先天的，它是一种说明性判断，可以澄清概念，具有必然性，但并不能增加新的知识。[①] 义利之辨的分析判断的基本形式是：义即是利。义利是同一范畴，其遵循的逻辑规律是同一律：A是A。义利同一的分析判断（为简洁起见，如无特别说明，后文一律表述为"分析判断"）表面上是公私不分，其真实意图是以私代公，故必然导致损公害私的严重后果。

一、公私不分

分析判断的本质是公私不分。从形式上看，义利同一的分析判断可以简单地表述为"义，利也"（《墨子·大取》），或"仁义未尝不利"（《河南程氏遗书》卷十九）。对于国家而言，"国不以利为利，以义为利也"（《大学》第十一章）。对于个体（主要是圣人）来说，"圣人以义为利，义安处便为利"（《河南程氏遗书》卷十六）。如果分析判断遵循同一律即义是利

[①] 康德. 纯粹理性判断. 邓晓芒，译. 北京：人民出版社，2004：8.

(A 是 A)，那么该判断就可能如黑格尔（G. W. F. Hegel）所说：在 A 是 A 这里，"一切都是一"，"就像人们通常所说的一切牛在黑夜里都是黑的那个黑夜一样"①。义利冲突就不会存在，义利之辨也失去其必要性。或者说，义利之辨的使命就完成了。事实并非如此，义利同一潜藏着公私混淆或公私不分的玄机。这就要求进一步追问义利的真实含义及其联结的根据。

何为义利？程颢一语道破天机，"义与利只是个公与私也"（《河南程氏遗书》卷十七）。义包括公义、私义，利包括公利、私利。私义的实质是臣民的私利或私心，"必行其私，信于朋友，不可为赏劝，不可为罚沮，人臣之私义也。……污行从欲，安身利家，人臣之私心也"（《韩非子·饰邪》）。公义表面上是君主、臣民的公正，"夫令必行，禁必止，人主之公义也；……修身洁白而行公行正，居官无私，人臣之公义也"（《韩非子·饰邪》）。究其实质，公义和公利是君主个人的私义和私利。墨子认为，"仁人之所以为事者，必兴天下之利，除去天下之害，以此为事者也"（《墨子·兼爱中》）。仁人就是国君，"国君者，国之仁人也。国君发政国之百姓，言曰：'闻善而不善，必以告天子。天子之所是皆是之，天子之所非皆非之。去若不善言，学天子之善言；去若不善行，学天子之善行。'则天下何说以乱哉？察天下之所以治者，何也？天子唯能壹同天下之义，是以天下治也"（《墨子·尚同上》）。君主一人之利即是天下大义或公义，由此衍生出一系列行为规范："为人君必惠，为人臣必忠；为人父必慈，为人子必孝；为人兄必友，为人弟必悌。故君子莫若欲为惠君、忠臣、慈父、孝子、友兄、悌弟，当若兼之，不可不行也，此圣王之道而万民之大利也。"（《墨子·兼爱下》）追逐圣王个人私利的圣王之道被冒充为"万民之大利"，臣民的公义也就转化为摒弃个人私心私利以便绝对维系君主的私心私利。这就把公私完全混为一谈。或者说，把君主一人的私义私利混同于公义公利。

既然义、利的含义都是公利，"义，利也"的真实含义是：（1）义是

---

① 黑格尔. 精神现象学：上卷. 贺麟，王玖兴，译. 北京：商务印书馆，1979：10.

指公义，利是指公利。所以，公利才是公义，或者公义才是公利。义利之辨的分析判断实际上是说："公义是公利"。可见，分析判断的义和利把私义和私利排除了。这是典型的违背同一律的偷换概念。这种逻辑错误遮蔽着分析判断的真实意图。(2) 臣民的私义（私利）不是君主的公义（公利），即不是分析命题所说的"义利"。(3) 私利（私义）要么被排除被否定，要么只能听命于公利（公义），即"循公灭私"或"开公利而塞私门"。由于公义（公利）实际上是君主一人的私利，而私义（私利）则是臣民的私利。私义（私利）的正当性被公义（公利）遮蔽了。分析命题以私代公的真实意图也就暴露无遗了。

二、以私代公

公私不分的真实意图是以私代公。分析命题所说的私利是与君主利益相对的臣民利益，是最大多数人的最大利益。与此相应，分析命题所说的公利并不是最大多数人的最大利益，更不是所有人的福祉，而是君主的一己之私利。如黄宗羲所言，君主"以我之大私为天下之大公"（《明夷待访录·原君》）。可见，公义公利是君主的私利，私义私利是臣民百姓的利益。公私不分的真实意图是以君主之大私取代天下之大公。

为达此目的，首先要严格区分君主利益（公利）和臣民利益（私利）："明主之道，必明于公私之分，明法制，去私恩。"（《韩非子·饰邪》）韩非子解释说："古者苍颉之作书也，自环者谓之私，背私谓之公，公私之相背也，乃苍颉固以知之矣。"（《韩非子·五蠹》）然后，以公私之别为前提，再把君主私利冠以天下公义公利之名。这就触及了关键问题：如何处理公义公利与私义私利之间的关系？

在天下之公义公利的崇高目标之下，"私义行则乱，公义行则治"（《韩非子·饰邪》），故必须遏制私义私利，秉持"循公灭私"（《李觏集·上富舍人书》）或"开公利而塞私门"（《商君书·壹言第八》）的行为法则。"私门"就是所谓的私利，"开公利而塞私门"就是以公义公利作为行为根据，进而否定乃至剥夺私义私利。公义公利的根据则是所谓的明君圣主，"明主在上，则人臣去私心行公义；乱主在上，则人臣去公义行私心"（《韩非子·饰邪》）。公利（公义）高于私利（私义）是为了"致霸王之功"(《韩非子·奸劫弑臣》)。韩非子说:"凡治天下,必因人情。人情者,有好恶,故赏罚可用,赏罚可用,则禁令可立,而治道具矣。"(《韩非子·八经》)什么是"人情"?韩非子说:"夫安利者就之,危害者去之,此人之情也。"(《韩非子·奸劫弑臣》)绝大多数臣民的私利私义乃至身家性命都附属于君主一人的私利私义,而且成为和整个专制制度不相容的不义甚或大恶。换言之,义利同一的分析命题追求的价值鹄的是:一人(君主或帝王)的最大利益是行为法则和伦理目的,最大多数人(臣民)的最大利益则是实现君主利益的微不足道的工具。当一个人(君主或帝王)的最大利益甚至最小利益与最大多数人(臣民)的最大利益发生冲突时,后者听命于前者。或者说,"循公灭私"或"开公利而塞私门"的目的是:牺牲最大多数人的最大利益,以维护最少数人的最大利益甚至最小利益。这是为了一个人自由(黑格尔语)而剥夺绝大多数人的自由境遇的功利论。它只追求依赖暴力维系君主个人的功利幸福,根本没有意识到每一个人的平等独立人格、自由思想和私有财产权的神圣性,也不可能从法治的角度反思这些问题。它导致的必然是一个人和最大多数人之间的寇仇状态:君主残酷屠杀臣民,臣民向君主复仇的血腥循环。如此一来,以私代公的后果必然是以虚假的私损害真正的私,同时也必然损害真正的公。

三、损公害私

以私代公的后果是损公害私。在义即利的分析命题中,私利虽然是"不义"的,但私利又是合乎人性的,人们不可能不追求这种"不义"。黄宗羲说:"有生之初,人各自私也,人各自利也。天下有公利而莫或兴之,有公害而莫或除之。"(《明夷待访录·原君》)在朝令夕改、随心所欲的君权意志的人治之下,臣民的私人财产权和生命权得不到法律制度的有效保障,臣民利益乃至身家性命随时随地都有可能被君权剥夺。马克思曾说:"一切人类生存的第一个前提也就是一切历史的第一个前提,这个前提就是:人们为了能够'创造历史',必须能够生活。"[1] 人要生存,就要有自己私人的生活资料。由于个人私利得不到道义舆论和法律制度的认同、支

---

[1] 马克思恩格斯全集:第3卷.北京:人民出版社,1960:31.

持，在巨大的生存压力和严酷的君权钳制下，人们不得不在满口仁义道德的掩盖下追逐私利，甚至急功近利、不择手段地疯狂敛财。这就造成了君权私利和臣民私利的内在矛盾和殊死博弈。君主和臣民个人私利间的明争暗斗遵循的是暴力的自然法则，结果是任何人（包括君主）的私利都得不到保障，都可以被暴力侵害剥夺。这就同时必然造成对真正的公利的损害。

事实上，只有通过遵循自由规律的合法程序，才能明确并保障合法正当的公利和私利。没有公利保证的私利不是真正的私利，而是虚假的私利。反之亦然，没有私利支撑的所谓公利是虚假的公利，至多是暴力冒名的公利（实质是私利）。一个只有虚假公利的地方，只能存在虚假的私利，不可能存在真正的私利。虽然分析命题中的君主私利拥有公利的遮羞布，但是它只能依靠暴力维系其私利，不可能得到臣民内心的真正认同和支持。一旦力量失衡乃至改朝换代，君主私利甚至身家性命同样会被暴力剥夺。利益冲突本质上只在私利之间发生，真正的公利被相互残害的私利完全遮蔽了。这只不过是自然状态中人对人如豺狼般的动物性资源争夺，其遵循的弱肉强食的自然法则否定并践踏了人类自由的伦理法则。是故，"循公灭私"或"开公利而塞私门"必然导致损公害私的严重恶果，这也是义利之辨的分析判断的必然宿命。

问题是，义利之辨的分析判断的根源何在？毋庸讳言，义利之辨的分析判断深深植根于家国不分、家国同构的中国伦理传统中。中国（和东方其他国家）数千年的成文史贯穿着父权制，这体现为伦理上的移孝作忠以及政治上的移家作国、以孝治天下的治国根本方略。黑格尔分析说，中国传统的家庭关系渗透于国家之中，"中国纯粹建筑在这一种道德的结合上，国家的特性便是客观的'家庭孝敬'。中国人把自己看作是属于他们家庭的，而同时又是国家的儿女。在家庭之内，他们不是人格，因为他们在里面生活的那个团结的单位，乃是血统关系和天然义务。在国家之内，他们一样缺少独立的人格；因为国家内大家长的关系最为显著，皇帝犹如严父，为政府的基础，治理国家的一切部门"①。支撑这一家国同构的父权

---

① 黑格尔．历史哲学．王造时，译．上海：上海书店出版社，2001：122.

专制制度是以自然血缘原则为本位的封建公有制。关于这一点，马克思和恩格斯在论及东方亚细亚社会时有过深刻的批判。恩格斯在 1876 年为《反杜林论》所写的材料中指出，"东方的专制制度是基于公有制"①。马克思说，"在印度和中国，小农业和家庭工业的统一形成了生产方式的广阔基础"②，"在这里，国家就是最高的地主。在这里，主权就是在全国范围内集中的土地所有权。但因此那时也就没有私有土地的所有权，虽然存在着对土地的私人的和共同的占有权和使用权"③。支撑封建公有制大一统的是君权至上和权力本位的专制制度。君权高于一切，也高于金钱甚至生命。君权至上和权力本位必然要求一人独尊的父权政府。在康德看来，父权政府"是所有政府中最专制的，它对待公民仅仅就像对待孩子一样"④。中国的皇帝、皇后是国父、国母，官吏是百姓的父母官。他们金口玉言，以百姓的权威和父母自居，视百姓如无知孩童，根本不把百姓当作独立的、自由的个体，不但不尊重其人格尊严，甚至随心所欲地任意处置其身家性命。实际上，由于缺乏自我意识和自我反思能力与合人性的法律制度的保障，君主也没有自由的思想和独立的人格尊严。封建王朝史无非是一部分人和另一部分人喋血争夺君位和权力、争当国父皇帝或父母官的历史闹剧的一幕幕重演，个人尊严则被淹没在君权等权力之下。这种家国同构的父权政府的实质是公私不分、以私代公的家天下，其结果必然是君主之私利和绝大多数臣民之私利的相互损害，真正的国家公利却在臣民私利和君主私利的无休止的争斗中荡然无存。

严格说来，分析判断既然主张义即是利，就应该遵循同一律，在义即是利的前提下，从义中分析出利来，或者说利是义的应有之义。可是，分析判断首先把义利区分为公义公利（君主利益）与私义私利（臣民利益），然后否定了私义私利的正当性，只承认公义公利的正当性。是故，它违背了同一律（A 是 A）和分析判断的要求：把义利偷换为公义公利，把"义即是利"偷换为"公义即公利"。显而易见，"公义即公利"不是从义（公

---

① 马克思恩格斯全集：第 20 卷．北京：人民出版社，1971：681.
② 马克思恩格斯全集：第 25 卷．北京：人民出版社，1974：373.
③ 马克思恩格斯全集：第 25 卷．北京：人民出版社，1974：891.
④ 康德．法的形而上学原理．沈叔平，译．北京：商务印书馆，1991：143.

义私义）中推出利（公利私利），而是排除了私义私利，仅仅肯定公义即公利。其目的是把公义公利（君主利益）作为私义私利（臣民利益）存在的目的，进而要求臣民利益绝对服从君主利益。为此，分析判断推崇以暴力为后盾的自然法则：绝大多数人的利益屈从于君主个人的最大利益甚至最小利益。其结果只能导致公义公利与私义私利（本质上是利益与利益或私利与私利）的尖锐矛盾冲突。利益之间的这种矛盾冲突内在地呼唤超越于暴力和利益之上的价值范畴的义（而非"等同于利益的义"）的出场。这已经超出义利同一的分析判断的限度，触及义利有别的综合判断。或者说，义利之辨的分析判断潜藏着其综合判断的内在因素。

第二节 义利对立的综合判断

康德认为，在综合判断中，谓词 B 完全外在于主词 A，谓词和主词的联结不是通过同一性来思考的。综合判断在主词概念 A 上增加了谓词 B，这个谓词 B 是在主词概念 A 中完全不曾想到过的，是不能由对主词概念 A 的任何分析抽绎而来的，因此它是一种可以拓展知识的判断。[①] 义利的结合如果是综合的，它就必须被综合地设想，也就是"被设想为原因和结果的联结：因为它涉及到一种实践的善，以及通过行动而可能的东西"[②]。它是在遵循矛盾律（A 不是 A）的前提下进行判断的。所以，义利之辨的综合判断（如无特别说明，下文一律简称为"综合判断"）要求：义利是互不包含、相互对立的范畴（义不是利），义是行为法则，利则是应当摒弃的恶（非义）。或者说，义是使利成为应当摒弃或排除的恶的原因和根据。综合命题秉持重义非利的基本理念，在确立义的神圣地位以遮蔽利的正当诉求的进程中，带来义利俱灭的严重后果。

[①] 康德. 纯粹理性判断. 邓晓芒，译. 北京：人民出版社，2004：8.
[②] 康德. 实践理性批判. 邓晓芒，译. 北京：人民出版社，2003：155.

一、确立义的神圣地位

综合判断秉持义不是利的基本原则,主张义利对立,"大凡出义则入利,出利则入义"(《河南程氏遗书》卷十一)。在此前提下,其首要使命是确定义与利何者优先,它选择的是义优先于利。出于这样的思维逻辑,义利对立的综合判断首先必须论证义的绝对性、普遍性,以便确立义的神圣性。

义首先经历了由偶然经验的义到先天普遍的义的论证过程。荀子认为,义源自先王君子,"君子者,治之原也。官人守数,君子养原;原清则流清,原浊则流浊。故上好礼义,尚贤使能,无贪利之心,则下亦将綦辞让,致忠信,而谨于臣子矣"(《荀子·君道》),又说:"将原先王,本仁义,则礼正其经纬蹊径也"(《荀子·劝学》)。在荀子这里,听命于礼的义只不过是个体的君子和经验的礼的附属品,是一个偶然性概念。与荀子经验论的义的论证不同,孟子认为义是源自人人生而固有的内在天性,"恻隐之心,人皆有之;羞恶之心,人皆有之;恭敬之心,人皆有之;是非之心,人皆有之。恻隐之心,仁也;羞恶之心,义也;恭敬之心,礼也;是非之心,智也。仁义礼智,非由外铄我也,我固有之也,弗思耳矣"(《孟子·告子上》)。义是人人心中先天固有的普遍性原则,"仁义根于人心之固有"(《孟子集注·梁惠王上》),"心之所同然者何也?谓理也,义也。圣人先得我心之所同然耳"(《孟子·告子上》)。戴震诠释孟子的这一思想时说:"心之所同然始谓之理,谓之义;则未至于同然,存乎其人之意见,非理也,非义也。凡一人以为然,天下万世皆曰'是不可易也',此之谓同然。"(《孟子字义疏证·理》)不过,这种先验的普遍的义还不具有绝对神圣性。

为了把义的先验性普遍性提升为义的神圣性,董仲舒认为内在的义源自一个本体的天,是天之道。何为天?从地位上看,天既是"万物之祖"(《春秋繁露·顺命》),又是"百神之大君也"(《春秋繁露·郊祭》)。从属性上讲,"天,仁也"(《春秋繁露·王道通三》),"天志仁,其道也义"(《春秋繁露·天地阴阳》)。天是人之本源,"人之为人,本于天,天亦人之曾祖父也,此人之所以乃上类天也"(《春秋繁露·为人者天》)。是故,

"人之受命于天也，取仁于天而仁也"（《春秋繁露·王道通三》），"仁义制度之数，尽取之天"（《春秋繁露·基义》）。义成了先验不变的绝对神圣的天道。但是，这种"人之曾祖父"之类的天暴露了其低俗的经验性，很难经得起推敲。同时，独断地未经任何论证的断言"天志仁，其道也义"，其实是犯了将事实直接等同于价值的自然主义谬误。尽管那时的人们还没有意识到这一点，义的神圣地位至少在理论上依然处在可以动摇的危险之中。

为了稳固义的神圣地位，弥补董仲舒理论上的漏洞，程朱理学主张天人一理，认为义源自形而上的理。朱熹说："理未尝离乎气，然理形而上者，气形而下者。"（《朱子语类》卷一）二程认为："理则天下只是一个理，故推至四海而准，须是质诸天地、考诸三王不易之理。故敬则只是敬此者也，仁是仁此者也，信是信此者也。"（《河南程氏遗书》卷二上）"未有天地之先，毕竟也只是理。"（《朱子语类》卷一）朱熹也说："未有这事，先有这理。如未有君臣，已先有君臣之理；未有父子，已先有父子之理。"（《朱子语类》卷九五）天理内在具有的正当性就是义。朱熹说："义者，天理之所宜。"（《论语集注·里仁》）既然天人一理，那么义也是人的行为应当遵循的内在命令，"义者，心之制，事之宜也"（《孟子集注·梁惠王上》）。义综合荀子、孟子等思想，剔除董仲舒以经验论证先验的错误，在天理这里提升到一个规范人心、引领言行的具有绝对命令地位的形而上的神圣的普遍法则。

维系义的神圣地位至少有两种选择：否定利（个体利益）的正当性，或者肯定利的正当性。义利综合判断选择前者，这就是它的另一深层意蕴。

二、遮蔽利的正当诉求

确立了义的神圣地位，也就意味着遮蔽乃至彻底否定利的正当诉求，以达到义绝对优先于利的企图。

综合判断把义绝对化为规范利的道德行为法则。孔子主张"君子义以为上"（《论语·阳货》），因为"放于利而行，多怨"（《论语·里仁》）。孟子甚至说："大人者，言不必信，行不必果，惟义所在。"（《孟子·离娄下》）这是为什么呢？朱熹解释说："仁义根于人心之固有，天理之公也；利心生于物我之相形，人欲之私也。"（《孟子集注·梁惠王上》）义作为人心固有的公理，比生命和利欲珍贵，在义和生命之间应当舍生取义。孟子曰："生，亦我所欲也；义，亦我所欲也。二者不可得兼，舍生而取义者也。"（《孟子·告子上》）孟子这种天理之公的义被董仲舒改造为道。董仲舒说："道之大原出于天，天不变，道亦不变"（董仲舒：《举贤良对策》，即《天人三策》），所以应当"正其谊不谋其利，明其道不计其功"（班固：《汉书·董仲舒传》）。义成为否定利的大原或根据，其真实意图是推崇臣民绝对服从君权的绝对义务，忽视乃至蔑视臣民相应的权利诉求。但是，君权只具有对臣民的绝对权力，君主不仁不义的行为（如荒淫误国、残害百姓）却不承担相应的责任和义务。尤为甚者，那些为君主服务的官吏（百姓的父母官）也仅仅对君主负责，却不承担对百姓的责任，乃至有刑不上大夫的免责传统。韩非子甚至说："为人臣不忠，当死；言而不当，亦当死。"（《韩非子·初见秦》）其经典形式演化为著名的"三纲"：君为臣纲、父为子纲、夫为妻纲。董仲舒说："王道之三纲，可求于天。"（《春秋繁露·基义》）源自天的神圣的三纲的实质是"君要臣死，臣不得不死""父（夫）要子（妻）亡，子（妻）不得不亡"的绝对服从和无条件牺牲。三纲的要害在于君为臣纲，而父为子纲、夫为妻纲只不过是其衍生品。由于君是义，臣是利，"君（义）为臣（利）纲"也就意味着综合命题的义与利的因果联结：义（君）是正当性的根源，利（臣）自身不具有正当性。只有绝对服从义（君）的利（臣），才具有相对的正当性。

　　义由本体的不变的天道最终具象为经验的个体的君主权力或意志，义与利的对立也就转化为普遍性的天理与特殊性的利欲的对立，实即公（天理）与私（人欲）的对立。如程颐所说，"不是天理，便是私欲"（《河南程氏遗书》卷十五）。既然"灭私欲则天理明"（《河南程氏遗书》卷二十四），自然也就要求"损人欲以复天理"（《二程集·周易程氏传·损》）。天理的义由此成为灭绝私欲的利的根据。综合命题把义利作为原因和结果的联结，其意图非常明显：崇义弃利，或者说，义是否定乃至摒弃利的原因和根据。

　　我们知道，在分析命题中，君主一人的利益和幸福是道德标准，绝大多数人的利益和幸福都必须以君主一人的利益和幸福为目的，二者发生冲突时，前者无条件屈从于后者。如果说分析命题还主张利欲可言，综合命题则主张利欲不可言。君主在综合命题中被赋予天理、天道、大原的绝对神圣高度，君主的利益幸福成为被这种形上神圣性遮蔽的不可言说的潜规则。如孟子所说，"王亦曰仁义而已矣，何必曰利?"(《孟子·梁惠王上》)践行潜规则的行为规则是，"不论利害，惟看义当为与不当为"(《河南程氏遗书》卷十七)。利在义的评价体系中毫无价值可言，如荀子所说，"保利弃义谓之至贼"(《荀子·修身》)。朱熹则一言以蔽之："圣贤千言万语，只是教人明天理，灭人欲"(《朱子语类》卷一二)。由此看来，义利综合命题必然不可摆脱义利俱灭的严重后果。

三、义利俱灭的必然归宿

分析命题囿于经验的利益问题，君权被同化为君主利益的偶然表象，自然也就降低了君权的神圣地位和绝对权威。为了弥补这个缺憾，论证君权的神圣性并借此蔑视臣民利益的正当性也就成了综合命题的历史使命。综合命题极力推崇君权神圣至上的不可侵犯性，为君权寻求形而上的合法根据，借此否定甚至牺牲臣民利益，把臣民利益遮蔽于所谓的义（即神圣君权）之下。

如果说分析命题还为臣民利益的存在留下一点可能性的话，综合命题在否定了臣民利益之后，余下的只是空洞的天道仁义，这天道仁义的实质依然是经验的君权。君权在压制剥夺臣民利益的同时，也动摇了君权神圣性和君主利益的根基，义利俱灭的结果也就成为必然。

首先，义对利的肆意践踏。

义利综合命题把人分为君主和臣民两大对立主体。君主是绝对的义的主体，是"人伦之至也"(《孟子·离娄上》)。臣民则是利的主体，必须依靠义维系其做人的资格。一般来说，"夫人有义者，虽贫能自乐也；而大无义者，虽富莫能自存"(《春秋繁露·身之养重于义》)。原则上讲，"若其义则不可须臾舍也。为之，人也，舍之，禽兽也"(《荀子·劝学》)。义表面上指行为必须遵循的道德命令，实际上是天下大公掩盖下的君权。因此，它骨子里追求的主要是君主权力（实际上也包括君主的个人利益）绝对不可动摇的神圣权威。臣民必须绝对听命于义，不奉行义的人就是小人、盗贼，甚至是禽兽。孔子说："君子喻于义，小人喻于利。"(《论语·里仁》)孟子也说："无恻隐之心，非人也；无羞恶之心，非人也；无辞让之心，非人也；无是非之心，非人也。"(《孟子·公孙丑上》)为了否定利的正当性，竟然用"禽兽""非人"等否定人的资格和尊严的极端手段。这就不仅践踏了利，而且败坏了德性的根本。德性的丧失也就意味着温情脉脉的"义"可以毫无顾忌地肆意践踏利益。对此，黑格尔说："在中国，那个'普遍的意志'直接命令个人应该做些什么。个人敬谨服从，相应地放弃了他的反省和独立。假如他不服从，假如他这样等于和他的实际生命相分离。'实体'简直只是一个人——皇帝——他的法律造成一切的意见。"① 义利综合命题把君主权力作为天道大义，在所谓神圣的义的绝对命令之下，君权剥夺臣民的个体利益甚至生命似乎都是替天行道的义举。当生命都可以被义随时剥夺时，臣民利益也就被所谓的义彻底遮蔽了。然而，义对利的肆意践踏也就同时意味着义丧失了其存在的根据。

其次，义对利的肆意践踏使义自身丧失存在的根据。

表面看来，在义利综合命题这里，神圣君主是义的化身，卑微臣民是利的载体。集天地君亲师于一体的君主具有最高的绝对权力，臣民必须履行服从君主权力的绝对义务，即利必须绝对听命于义。实际上，这恰好为埋葬义自身挖掘了坟墓。

不可否认，传统伦理也有"君不仁，臣投他帮""父不慈，子走他乡"的思想观念。墨子就说："为人君必惠，为人臣必忠；为人父必慈，为人子必孝；为人兄必友，为人弟必悌。"(《墨子·兼爱下》)但是，由于缺少对人的尊重的基本理念，这些合理思想常常流于空谈。君主的绝对权力致使君仁臣忠、父慈子孝、兄友弟恭、长幼有序等观念成为表面的幻象。君主钳制臣民的绝对权力以及臣民被迫承担的对君主的绝对义务把君主权力推向否定人的普遍性、平等性乃至人格尊严的极端。诚如戴震所痛斥："尊者以理责卑，长者以理责幼，贵者以理责贱，虽失，谓之顺；卑者、幼者、贱者以理争之，虽得，谓之逆。人死于法，犹有怜之者；死于理，

---

① 黑格尔. 历史哲学. 王造时，译. 上海：上海书店出版社，2001：122.

其谁怜之?"(《孟子字义疏证·理》)这实际上是对义的形上的普遍性和神圣性的深刻质疑、否定。显而易见,人类的第一个君主源自非君主,是从百姓大众中产生出来的。后来的君主轮流更换,亦是如此。没有天生的君主,君主或天子的不断变化和不变的义或天道自相矛盾,这就否定了君权的绝对神圣性。另外,君主是绝对权力者,绝对权力导致绝对腐败。绝对服从义(君主)的臣民由于被剥夺了人的资格和权利,对所谓的义务只是出于恐惧而被迫履行。神圣性的义只不过是自然暴力的代名词而已,义的法则只不过是动物世界弱肉强食的丛林法则,而非伦理的自由法则。一旦有力量反抗,被压制的臣民就会抛弃所谓的绝对义务,运用君主奉行的动物法则、暴力法则对抗甚至杀戮绝对权力者。君主专制和臣民利益绝对对立,君主臣民双方都不会把对方和自己当作自由的有尊严的人。如果一方胜利,又一轮暴力对抗就会重新开始。在这种人对人如豺狼的自然状态下,神圣性的义在刀剑之下原形毕露,君主的权威在生死考验时刻顿时化为乌有。从这个角度看中国几千年传统史,其实是暴力对抗暴力的暴力史。贯穿暴力史始终的则是弱肉强食的自然法则。

那么,义利俱灭的综合命题(取义弃利)的根源何在?我们知道,家国同构的自然状态祈求分析命题,但是分析命题把绝大多数人的最大利益归结为君主一人的个体利益,不能解决君权利益的绝对合法性和神圣性问题,反而具有否定君主利益的危险性。同时,把君主一人的个体利益归结为义,理论上也犯了自然主义谬误。即使借助天的名义,也不可避免。墨子说:"然则奚以为治法而可?故曰:莫若法天。天之行广而无私,其施厚而不德,其明久而不衰,故圣王法之。既以天为法,动作有为,必度于天。天之所欲则为之,天所不欲则止。然而天何欲何恶者?天必欲人之相爱相利,而不欲人之相恶相贼也。"(《墨子·法仪》)法天是自然主义谬误,这种谬误导致这一命题不具有令人信服的理论力量(尽管当时人们不知道这是自然主义谬误的后果,但是直觉的"王侯将相,宁有种乎"之类的怀疑思想依然能够对它构成致命威胁)。

更深层的问题则在于,综合命题自身何以必要?家国同构的自然秩序虽然祈求分析命题去论证以孝治天下、移孝作忠等家国一致的自然需求,但是骨子里绝对不允许家国一致、君臣平等。对中国传统伦理而言,如果皇家和其他自然家庭平等或君主和臣民平等，这是大逆不道的不义甚至是禽兽行径。家国同一的目的是小家服从大家（国）、臣民服从君主，其实质是绝大多数的自然家庭所构成的家庭整体绝对服从君主一人的意志。可见，家国同构自然秩序的合法性需要把君主之家和臣民之家严格绝对地区别开来，并使前者对后者具有绝对的神圣地位，后者绝对听命于前者。这就要求必须论证君主利益的神圣性、至高无上性以及臣民利益绝对服从君权的无条件性，或者说臣民的合法性根据在于绝对服从君权。没有君权，臣民就没有存在的价值。如果说君权是目的价值，臣民在分析命题这里最多具有工具价值，那么在综合命题这里，臣民则没有丝毫价值可言。另外，由于义（君权）利（臣民利益）的实质都是经验的偶然的，所以义利之辨的综合判断是后天的或经验的综合判断，它虽然可以拓展义利的实践认知，但是只具有偶然性，而不能成为道德法则。

那么，从人类伦理视域来看，义利之辨如何获得新生？

要回答这个问题，需要后文进行详尽辨析和论证。尽管如此，我们依然可以基此理出基本思路。

从人类伦理视域来看，中国传统义利之辨的基本伦理精神是"君主为目的（义）、臣民为工具（利）"。它具体体现为：（1）义利之辨既要假借家国同一、家国一体之名来实现家天下，又要使君主凌驾于所有臣民之上而具有绝对权威。前者需要分析命题加以论证以便混淆家国之别，后者需要综合命题加以论证以便使君主严格区别于臣民进而具有绝对神圣权威。这就出现了"A 是 A"（分析命题的义是利）与"A 不是 A"（综合命题的义不是利或利不是义）的矛盾，同时又出现了"A 是－A"（义是非义即利）的矛盾。（2）这种矛盾归根结底是和家国一体的超稳定结构互为因果造成的：君主既具有个体地位，更具有掌控最高权力的绝对权威；君主的家天下既具有家庭地位，更具有国家地位。与此相应，臣民家庭和个人利益则成为私利私义或不正当的符号。如果说家国一体的超稳定结构是义利之辨的实体，那么义利之辨则是家国一体的超稳定结构的精神支撑。（3）究其实质，义利之辨滞留在经验领域的利益冲突的藩篱内，遵循自然暴力为基础的自然法则并借此遮蔽实践理性的自由法则，几乎没有关注或有意无意地忽略了利益背后人的自由本质和人格尊严。所以，义利之辨不可能从人类伦理的角度思考国家和家庭的本质区别（国家是自由的政治伦理领域，家庭是自然的私人伦理领域）和内在联系，更遑论国家、公民及其利益的合法性和正当性，最终只能走向义利俱损的绝境。这既是作为古典经验伦理形态的义利之辨的终极宿命，又是现代理论伦理形态的义利之辨即义利之辨先天综合判断的发轫契机。

义利之辨的先天综合判断是如何可能的？先天综合判断寻求的普遍的义和普遍的利以及二者的联结，既源自人的本性，又以人为根本目的。(1) 义与利具有各自独立的含义：义应当是规范利的价值根据和行为法则，利应当是在义规范下的感性事实（福祉利益）。(2) 普遍的义或利是适用于每个人的先天的行为法则或感性事实，而不仅仅是适用于某个人、某些人或绝大多数人的行为法则或感性事实。(3) 先天普遍的义是使先天普遍的利成为应当追求的正当权益的原因和根据，先天普遍的利是实现先天普遍的义的工具路径并因此具有工具价值。如此一来，义利之辨扬弃其分析判断与综合判断，把自身提升到先天综合判断，实现由自然暴力为基础的自然法则向自由人性为基础的自由法则的历史转变，也在某种程度上综合并超越现代理论伦理形态的功利论和义务论，为追寻当代人类道德视域的应用伦理体系提供了某种理论思路。

义利之辨是中国传统伦理的一个古老话题。在义利之辨中，义与利被设想为是必然结合的，一方如果没有另一方归属于它，就不能被义利之辨涵纳。这种结合是一种判断或命题。义利之辨是何种判断或命题呢？

康德认为，在一切判断中，从其主词对谓词的关系来考虑，这种关系可能有两种不同类型：一种是分析判断，一种是综合判断。① 分析判断和综合判断各有优劣，其出路则是先天综合判断。② 义利之辨和其他判断一样，要么是分析的，要么是综合的。换言之，义利之辨有两种基本模式：分析判断和综合判断。

分析判断主张义即是利，义利是同一范畴，"义，利也"（《墨子·大取》）。对于国家而言，"国不以利为利，以义为利也"（《大学》第十一

---

① 康德. 纯粹理性判断. 邓晓芒，译. 北京：人民出版社，2004：8.
② 康德. 纯粹理性判断. 邓晓芒，译. 北京：人民出版社，2004：10-11.

章)。对于圣人来说,"圣人以义为利,义安处便为利"(《河南程氏遗书》卷十六)。义利同一的实质是强调所有个体都毫无例外地共同隶属于国家皇权,否则就是不义。在分析判断义利同一的前提下,综合判断区分义利内涵,并确定二者地位。综合判断主张义利是对立的范畴。义其实是公利,利则是个人私利。如程颢所说:"义与利只是个公与私也。"(《河南程氏遗书》卷十七)就二者的地位而论,公利是私利正当与否的行为法则。质言之,义利之辨的基本伦理精神是以君主为目的、以臣民为工具。为此,义利之辨既要假借家国同一之名来实现家天下,又要使君主凌驾于臣民之上而具有绝对权威。前者需要分析命题以便混淆家国之别,后者需要综合命题严格区分君主身份和臣民身份以便论证并确立君主的神圣权威。

义利之辨的分析判断和综合判断共同维系绝对义务,摒弃权利诉求,其实是崇尚暴力的丛林法则在伦理世界的暴虐所致,这种暴虐把义利之辨推向道禅追求的非义弃利的虚无与涅槃的寂灭绝境。或者说,道禅追求的非义弃利其实是义利之辨的本质使然。然而,正是这种绝境潜在地预示着义利之辨的重生——义利之辨的先天综合命题。

第三节 义利之辨困境的反思

义利之辨的分析判断和综合判断在理论上催生了其极端形式:道禅两家既不重利,也不崇义,把义利之辨由虚无推进到涅槃,从而否定了义利之辨的可能性和必要性。

道禅两家对义利之辨的解构,从根基上否定了义利之辨的价值。老子说:"大道废,有仁义。慧智出,有大伪。六亲不和,有孝慈。国家昏乱,有忠臣。"(《老子》第十八章)既然仁义利害有悖大道,拒斥仁义利害、达到"圣人""至人"境界也就成为当然要求:既要"忘年忘义"(《庄子·齐物论》),又要"不就利,不违害"(《庄子·齐物论》)。这种境界"通乎道,合乎德,退仁义,宾礼乐,至人之心有所定矣"(《庄子·天道》)。在此前提下,进一步超越功利道义,"不利货财,不近富贵;不乐寿，不哀夭；不荣通，不丑穷；不拘一世之利以为己私分，不以王天下为己处显。显则明。万物一府，死生同状"（《庄子·天地》）。这样的终极状态就是"恬淡寂寞，虚无无为"（《庄子·刻意》）。庄子说，"此天地之平而道德之质也"（《庄子·刻意》）。义利之辨由此进入虚无状态。

与道家思路颇为类似，禅门主张摆脱生死名利。通琇说："名不能忘不可以学道，利不能忘不可以学道。"（通琇：《普济玉琳国师语录》卷一一）① 禅门根本目的是跳出三界（即欲界、色界、无色界诸天）之外，否定并超越名利仁义，以达到寂灭的涅槃之境。何为涅槃？僧肇解释说："既无生死，潜神玄默，与虚空合其德，是名涅槃矣。"（僧肇：《涅槃无名论》）②

可见，道禅两家追求否定生死、拒斥义利的无我境界，试图在无生无死、无义无利中超越义利，以达到大道或涅槃之境。这就否定了义利结合的任何可能性。就是说，义与利既不可能结合为分析命题，也不可能结合为综合命题。义利之辨在道禅两家的解构中似乎只能堕入虚无寂灭的绝境。

如果义利之辨的虚无寂灭仅仅是理论的玄想，这还不能证明其现实性。遗憾的是，义利虚无寂灭的玄想在某种程度上得到了历史的验证。义利寂灭体现出的传统政治制度是君主和臣民极端对立的君主专制或君主家长制。生活在君主家长制权威下的臣民（利的符号），对君主（义的符号）恨之入骨。臣民和君主之间的尖锐冲突在鸦片战争期间演化为义利寂灭的历史事实："那些纵容鸦片走私、聚敛私财的官吏的贪污行为，却逐渐腐蚀着这个家长制的权力，腐蚀着这个广大的国家机器的各部分间的唯一的精神联系。……所以很明显，随着鸦片日益成为中国人的统治者，皇帝及其周围墨守成规的大官们也就日益丧失自己的权力。"③ 当有一种强力危害君权的时候，臣民竟然成了君主的看客，宁可被动地和君主屈从于暴力法则。对此，马克思写道："当时人民静观事变，让皇帝的军队去与

---

① 张怀承．无我与涅槃：佛家伦理道德精粹．长沙：湖南大学出版社，1999：471.
② 张怀承．无我与涅槃：佛家伦理道德精粹．长沙：湖南大学出版社，1999：108.
③ 马克思恩格斯全集：第9卷．北京：人民出版社，1961：110.

侵略者作战，而在遭受失败以后，抱着东方宿命论的态度服从了敌人的暴力。"① 质言之，利（臣民）宁可选择与义（君主）同归于尽，也不愿与义（君主）同心协力地拼搏图存。神圣的义和为之殉葬的利在暴力法则之下灰飞烟灭、荡然无存。马克思沉痛深刻地总结说："一个人口几乎占人类三分之一的幅员广大的帝国，不顾时势，仍然安于现状，由于被强力排斥于世界联系的体系之外而孤立无依，因此竭力以天朝尽善尽美的幻想来欺骗自己，这样一个帝国终于要在这样一场殊死的决斗中死去，在这场决斗中，陈腐世界的代表是激于道义原则，而最现代的社会的代表却是为了获得贱买贵卖的特权——这的确是一种悲剧。"② 中国传统的义利原则在现代英国的功利主义原则面前不堪一击。鸦片战争的炮火所蕴含的现代英国的功利主义原则把传统义利之辨的伦理传统推向了灰飞烟灭的境地，把既不重利也不崇义的道禅两家的思想转化为铁的历史事实。清朝臣民的麻木和皇权贵族的无耻无能体现得淋漓尽致。这种表面的失败其实是义利之辨寂灭的历史结局。然而，义利之辨在绝境中蕴藏着其重生的可能要素。

义利之辨的寂灭只是一种自我陶醉的幻象，透过幻象就可以探求到它潜藏着自由法则的重生因素。

一、义利之辨寂灭的根源是丛林法则

义利的虚无涅槃违背基本的人性根据。忘利害的前提是忘利害者依然在念念不忘利害。如果真的忘了利害，也就无须要求忘利害了。如果利害忘不了，又自以为忘了利害，则是自欺欺人，"夫妄言者，为自欺身，亦欺他人"（《佛说须赖经》)③。如果把利害摒除干净，完全超脱于义利之外，走向无关利害甚至超越生死的虚无逍遥或寂灭涅槃，这种存在者就不再是有限的理性存在者，就不再是有血有肉的现实世界的人，当然不需要义利的分析判断，也不需要其综合判断。但是，义利之辩是基于现实世界

---

① 马克思恩格斯全集：第12卷. 北京：人民出版社，1962：231.
② 马克思恩格斯全集：第12卷. 北京：人民出版社，1962：587.
③ 张怀承. 无我与涅槃：佛家伦理道德精粹. 长沙：湖南大学出版社，1999：480.

的人的利害关系的正当性反思,这种反思不可能摆脱人自身的有限境遇,必然会返回世俗的义利之辨。是故,"惟佛之为教也,劝臣以忠,劝子以孝,劝国以治,劝家以和,弘善示天堂之乐,惩非显地狱之苦"(李师政:《内德论》)①。实际生活中,有的人追求大隐隐于朝、中隐隐于市、小隐隐于野,甚至放下屠刀立地成佛。这类经验表象也说明:忘利害与不忘利害是对立的,试图使二者同一(把忘利害等同于不忘利害)是不可能的。

就理论而言,以儒学为主的儒道禅三教合流的宋明理学以及近代中国传统伦理的演进都没有完全否定义利,这也确证了寂灭虚无的义利在学理上是经不起诘难的。明末元贤禅师说:"人皆知释迦是出世底圣人,而不知正入世底圣人,不入世不能出世也。人皆知孔子是入世底圣人,而不知正出世底圣人,不出世不能入世也。"(元贤:《永觉元贤禅师广录》卷二九)② 义利是人的世俗生活境遇中的伦理追求,完全否定甚至企图摆脱义利是一种虚妄的幻想。

不过,问题绝非如此简单。这种虚无涅槃的现象背后所道说的真相是:在无力反抗君权的境遇下,道禅试图摒除义利的实质是试图消极躲避君权迫害以求自保的权宜之计,是以超验的路径试图追求经验的保命图存的最低要求——不被杀害。实际上,这是坚韧性为主的弱肉强食的丛林法则主导伦理生活进而呈现出来的人事表象。丛林法则主导下的追求只能是保全自然生命。只有自由法则的伦理世界,才可能在维系自然生命的前提下追求人性尊严和正当诉求。换言之,义利之辨寂灭的后果是对自由法则的遮蔽。

二、义利之辨寂灭的后果是对自由法则的遮蔽

总体而言,义利之辨把义的根基奠定在君主的个人德性涵养上。荀子说:"请问为国?曰闻修身,未尝闻为国也。君者仪也,民者景也,仪正而景正。君者盘也,民者水也,盘圆而水圆。君者盂也,盂方而水方。君射则臣决。楚庄王好细腰,故朝有饿人。故曰:闻修身,未尝闻为国也。"(《荀子·君

---

① 张怀承. 无我与涅槃:佛家伦理道德精粹. 长沙:湖南大学出版社,1999:491.
② 张怀承. 无我与涅槃:佛家伦理道德精粹. 长沙:湖南大学出版社,1999:327.

道》）君主集天地君亲师于一身，其个人意志之下的金口玉言就等于国家法令。义只是囿于自然人伦亲情前提下的封闭性家国同构性的自然伦理范畴。这种经验性、偶然性、随意性的义遮蔽自由法则，没有也不能上升到（康德主义）先验意志自由，也就很难推出（密尔主义）经验的法律自由。

义利之辨缺失经验自由和先验自由的维度，即它遮蔽自由法则带来的结果是：把绝对服从君主个人意志（坚韧性）作为道义的根本，以此否定臣民利益（脆弱性），蔑视个体权利，进而导致父权泛滥乃至权利观念和责任意识的淡薄匮乏。马克思分析说：“就像皇帝通常被尊为全国的君父一样，皇帝的每一个官吏也都在他所管辖的地区内被看作是这种父权的代表。”① 不具备权利主体的人的权利观念的匮乏，也就意味责任意识的极端淡薄。在他们看来，一切问题如地震、腐败、传染病、灾异、贪污、外敌入侵等，似乎都是外在客体逼迫的（常见的理由如人口多、国际环境复杂、敌对势力凶狠狡猾、历史环境决定等等），当事人似乎没有什么责任。治乱的根源在君主，君主是绝对道义的化身，臣民无权追究君主的任何责任。荀子说：“君子者，法之原也。”（《荀子·君道》）这种蔑视权利带来的相应的责任意识淡薄只能导致家长制权力的衰亡和道德沦丧。黑格尔说：“在中国，既然一切人民在皇帝面前都是平等的——换句话说，大家一样是卑微的，因此，自由民和奴隶的区别必然不大。大家既然没有荣誉心，人与人之间又没有一种个人的权利，自贬自抑的意识便极其通行，这种意识又很容易变为极度的自暴自弃。正是他们自暴自弃，便造成了中国人极大的不道德。”② 然而，义利之辨的主体（人）毕竟是有限的理性存在者，弱肉强食的丛林法则并不能绝对地遮蔽自由法则。义利之辨在其遮蔽自由法则、陷入丛林法则的进程中具有潜在地追求自由法则的萌芽。

三、义利之辨具有追求自由法则的潜在可能性

义利之辨的分析命题把私利和公利都看作功利，在追求公利的同时也在某种程度上承认私利和个体的地位。尤其到了宋代，这种思想逐步得以

---

① 马克思恩格斯全集：第9卷．北京：人民出版社，1961：110.
② 黑格尔．历史哲学．王造时，译．上海：上海书店出版社，2001：130.

凸显。北宋李觏反对孟子"何必曰利"的思想，他说："利可言乎？曰：人非利不生，曷为不可言！欲可言乎？曰：欲者人之情，曷为不可言！……孟子谓何必曰利，激也，焉有仁义而不利者乎？"(《李觏集·原文》)王安石认为杨朱"拔一毛而利天下不为也"的利己是不义，墨子"摩顶放踵以利天下"的利他是不仁，"是故由杨子之道则不义，由墨子之道则不仁"。他认为，"为己，学者之本也"，"为人，学者之末也"(《王安石文集·杨墨》)，进而主张"欲爱人者必先求爱己"(《王安石文集·荀卿》)。明清时期思想家如黄宗羲、顾炎武、唐甄、李贽等甚至明确主张废除君主集权，提倡经济自由放任、各尽所能、维护私利等可贵的启蒙思想。这些思想具有接近合理利己主义的某种倾向。如果再往前跨一步的话，就有可能达到自由功利主义。虽然中国传统的功利思想到此止步，没能跨进追求自由、权利和功利的现代功利主义，但是毕竟具有了这种可能性。

义利之辨的综合命题追求精神力量和人格尊严。孟子曰："生，亦我所欲也；义，亦我所欲也。二者不可得兼，舍生而取义者也。……一箪食，一豆羹，得之则生，弗得则死。呼尔而与之，行道之人弗受；蹴尔而与之，乞人不屑也。万钟则不辩礼义而受之。万钟于我何加焉？"(《孟子·告子上》)荀子也说："义之所在，不倾于权，不顾其利，举国而与之不为改视，重死持义而不桡。"(《荀子·荣辱》)这种把义置于生命、权贵和利益之上的思想火苗正是追求自由法则的可能基础。从某种意义上看，义利之辨的综合命题还具有把功利和道义综合起来的倾向和努力。董仲舒说："天之生人也，使人生义与利。利以养其体，义以养其心。心不得义不能乐，体不得利不能安。义者心之养也，利者体之养也。"(《春秋繁露·身之养重于义》)叶适也说："既无功利，则道义者乃无用之虚语尔。"(叶适：《习语记言序目·汉书三》)不过，这种精神力量和综合倾向不可被夸大，因为精神力量最终要归结于王霸之业的审判，义的根据依然在于维系君权而不是为了人性和自由，其实质还是把人格尊严钳制在君权之下，未能提升到追求普遍道德法则和人为目的的义务论的理论高度。设若把综合功利道义的倾向推进到普遍法则的境地，就可能进入义利之辨的先天综合判断。遗憾的是，它并没有完成这个自我超越，依然停留在经验偶然的义利层面。

在某种程度上，义利之辨缺乏关乎明确权利责任、追求正义公平的法律和政治制度的深入思考，不具有现代陌生人境遇中的功利、自由、权利诉求的理论胸襟和实践气度。尽管如此，义利之辨的合理要素依然为义利之辨的重生埋藏了有生命力的种子，它涅槃重生的路径就是义利之辨的先天综合判断——以祛弱权为价值基准的义利观。

第四节　义利之辨的出路

何为先天综合判断？康德认为，先天综合判断是一种既具有先天性、普遍必然性，又能够增加新的知识的判断。① 据此，义利之辨的先天综合判断是：（1）从内涵讲，义利不是同一的，不能简单地认为义是利或利是义。义利必须具有各自独立的含义，借此确保判断的综合性。（2）从外延讲，义利不是适用于某个人、某些人或绝大多数人的概念，而是具有普遍性的适用于每个人的概念，借此确保判断的分析性或普遍必然性。（3）从义利的联结来看，利是达到义的工具路径或具有工具价值，义则是利的价值原因或目的根据。简言之，义是使利具有正当性的原因和根据，利是达成义之目的的工具途径。据此，义利之辨的先天综合判断（或义利之辨的出路）可以归结为四个基本层面：在厘清义利边界的前提下，探求普遍之利，确定普遍之义，实现义利的先天综合联结。

一、厘清义利边界

义利同一的分析命题混淆了义（公利）利（私利）的边界，义即利的实质是"义是君主私利"或"君主私利就是义"。这里的义利其实都属于利的事实范畴。义利对立的综合命题的义其实是把君主权力偷换为国家、礼、道、天或天理等，使之具有神圣不可侵犯的绝对目的的地位，并且要求绝大多数人及其利益绝对服从君主权力并成为其工具。就是说，义不过是依靠暴力维系的绝对神圣权力而已，其本质则是和个体利益相对立的自

---

① 康德. 纯粹理性判断. 邓晓芒，译. 北京：人民出版社，2004：10-11.

然暴力,与利一样同属于事实范畴。可见,义利之辨囿于事实范畴,并没有真正澄清义与利的区别。

从根本上讲,利主要是满足人的感性需求的客观存在如财富、幸福等,属于事实范畴。墨子说:"昔之圣王禹汤文武,兼爱天下之百姓,率以尊天事鬼,其利人多,故天福之,使立为天子,天下诸侯皆宾事之。暴王桀纣幽厉,兼恶天下之百姓,率以诟天侮鬼。其贼人多,故天祸之,使遂失其国家,身死为僇于天下,后世子孙毁之,至今不息。故为不善以得祸者,桀纣幽厉是也。爱人利人以得福者,禹汤文武是也。爱人利人以得福者有矣,恶人贼人以得祸者亦有矣。"(《墨子·法仪》)这种与祸害相反对的福利都属于利的事实范畴。

与利不同,义则是规范行为的道德法则,属于价值范畴。孟子说:"义,人之正路也。"(《孟子·离娄上》)荀子说:"义之所在,不倾于权,不顾其利,举国而与之不为改视,重死持义而不桡。"(《荀子·荣辱》)孟荀这里所说的义具有规范行为的性质,属于经验领域的行为规范(礼或先王之法)。其实,义应当是自由价值,是人的实践理性自身所具有的普遍价值法则。义与利的区别和边界是:义属于价值范畴,利属于事实领域。同时,义利的共同根据是人,离开了人,义利之辨就失去存在的根基。所以,二者具有内在联系:义应当是规范利的价值根据和行动法则,利应当是在义规范下的感性事实。先天综合判断所寻求的普遍的义和普遍的利以及二者的联结,既源自人的本性,又以人为根本目的。这就是寻求普遍的利和普遍的义的人性根据。

二、探求普遍之利

义利之辨的先天综合判断(以下简称"先天综合判断")的前提是冲破家国一体、义利同一的思想藩篱,厘定个体利益与国家利益的界限,确定普遍先天的利。其基本程序如下:

(1)先天综合判断遵循同一律,明确国是国,家是家。同时,先天综合判断遵循矛盾律,把国与家严格区别开来(国不等于家);家与国具有本质差异,家是以血缘关系为纽带的自然伦理实体,国是以契约法律为纽带的自由伦理实体。在厘清家国界限的前提下,彻底打破以自然血缘为基础的家国一体、家国不分的熟人伦理模式。

（2）先天综合判断遵循同一律，明确公利是公利，私利是私利，既不以公利冒充私利，也不以私利冒充公利。同时，先天综合判断遵循矛盾律，把公利和私利严格区别开来：公利是国家利益，私利是公民及其家庭利益。这就要求运用法律制度，明确厘定公利和私利的界限以达成公私分明，避免公利和私利混淆不清的谬误。

（3）法律确定的利不是个别人或最大多数人的利益，而是每个人和所有人的幸福和福利即一种普遍的先天性的利。如果私利侵害公利或者公利侵害私利，根据法律予以惩处，使其承担相应的法律责任。只有坚守公利不得非法侵害私利的界限或底线法则，公利才能成为合法的、受到私利认同和保护的公利。因为公利源自私利如税收等，其合法根据在于，公利是为了更好地保护私利，而不是侵害私利。私利是目的，公利只是保护私利的途径和手段。只有依据法律，才能避免以公利之名侵害私利或以私利冒充公利的假公济私，才能把利提升为每个人的普遍利益，而不是某个人、某些人或绝大多数人的利益。利的工具目的指向的是社会公正和人的价值，这已经涉及普遍的义。

三、确定普遍之义

传统义利之辩肯定义的绝对性优先性，却以偶然性的义（君主权力）冒充普遍性的义。在君主即是义的范畴中，义就是君权高于一切的神圣价值。义依赖君主个人主观意志的乾纲独断。可见，传统的义是偶然的经验的义或者说是君主个人的独断意志。先天综合判断必须把这种偶然的义改造提升为关注每个人的普遍价值的自由法则——正义。

正义是权利的恰当分配。权利是所有人存在的正当诉求，是正义追求的价值目的。由于每个人具有平等的道德价值，同时又各有差异，正义必须关注这种普遍而又多样的人性。维奇（Robert M. Veatch）说："（1）没有人应当索求多于或少于可用资源的平等分享的一份，在这个意义上，人们具有平等的道德价值。（2）此世界中的自然资源总是应当看作具有与它们的用途相关的道德资源。它们从来不是'无主的'可以无条件使用的资源。（3）人类作为道德主体具有自明的绝对责任：运用此世界中的自然资源建构一个平等地分配资源的道德社会。"① 正义的核心在于平等优先于差异，或者说正义要求在平等优先的前提下，尊重差异性和多样性。这种关注人的普遍性和差异性的正义就是一种适用于每个人的普遍的义。质言之，这种普遍的义就是以祛弱权为价值基准的义。

四、义利的先天综合联结

如何联结普遍的利和普遍的义呢？换言之，利是义存在的根据，还是义是利存在的根据？回答这些问题，必须首先回答先天综合判断所追求的目的是义还是利？

亚里士多德在《尼各马可伦理学》的开篇就说，善是万物之目的，每一种艺术和研究，每一种行为和选择都以某种善为目的。② 义或正义是有限的理性存在者——"人"所追求的内在价值，它决不能降格为可以用金钱、财富或权势等外在的功利来衡量的可归结为"物"的东西。质言之，正义属于"应当"的自由的价值范畴，是人之为人的资格规定。正义作为人性自身目的，"远远超出了所有的实际功利、所有的经验目的及其所能带来的好处"③。利本身是没有价值的，只是因为以正义为目的才具有价值。如果说正义是以人自身为目的的价值目的，利则因为弘扬人性和正义而具有工具目的或工具价值。因此，祛弱权的先天综合判断以义为目的，它要求把普遍的义（祛弱权）作为普遍的利的正当性的原因和根据。有鉴于此，义利先天综合判断的基本含义是：

第一，当正义和利益不发生冲突时，正义保障利益的正当性合法性，利益则在正义的秩序中得到实现。密尔认为，功利主义并不否定为了他人的利益牺牲自己的利益的正当性，"它只是拒绝承认牺牲本身是一种善。

---

① Robert M. Veatch. Justice and the Right to Health Care: an Egalitarian Account// Thomas J. Bole III, William B. Bondeson. Rights to Health Care. Dordrecht: Kluwer Academic Publishers, 1991: 85.

② Aristotle. The Nicomachean Ethics. David Ross, tran. Oxford: Oxford University Press, 2009: 1.

③ 郑保华，主编. 康德文集. 北京：改革出版社，1997: 363-364.

一种牺牲如果不增加或不能有利于增加幸福的总量，功利主义则把它看成是浪费"①。功利主义追求功利的目的是追求公民自由或社会自由，也就是"社会所能合法使用于个人的权利的性质和限度"②。先天综合判断把避免每个人的苦难作为前提，它要求：尽最大努力消除可避免的苦难，把可避免的苦难降到最低程度，并尽可能平等地分担不可避免的苦难。③

第二，当正义和利益发生冲突时，正义优先于利益。正义是权利的恰当分配，具有对利益的优先地位。德沃金（Ronald Dworkin）把权利看作"王牌"（trumps），认为真正的权利高于一切，为了实现权利，甚至能以牺牲公共利益为代价。④ 用罗尔斯的话说："正义所保障的权利决不屈从于政治交易或社会利益的算计。"⑤ 质言之，正义优先于任何利益是先天综合判断解决义利冲突问题的基本法则。

义利之辨的先天综合判断要求：（1）义与利具有各自独立的含义。（2）义或利是普遍的适用于每个人的先天的行为法则或感性事实，而不仅仅是适用于某个人、某些人、绝大多数人的行为法则或感性事实。（3）先天普遍的义以祛弱权为价值基准，是使先天普遍的利成为应当追求的正当权益的原因和根据，先天普遍的利是实现先天普遍的义的工具路径并因此具有工具价值。（4）不但先天普遍的义的基础是祛弱权，而且先天普遍的利的基础也是祛弱权。祛弱权既是利的价值基准，也是义的价值基准。只有在祛弱权的基础上，义利之辨才具有客观普遍价值和具体实践意义。

----

① John Stuart Mill. Utilitarianism. Beijing：China Social Sciences Publishing House，1999：24.
② 密尔. 论自由. 许宝骙，译. 北京：商务印书馆，1959：1.
③ Karl Raimund Popper. The Open Society and Its Enemies：Vol. 1. Princeton：Princeton University Press，1977：284-285.
④ Ronald Dworkin. Taking Rights Seriously. Cambridge，Mass.：Harvard University Press，1977：xi.
⑤ John Rawls. A Theory of Justice. Cambridge，Mass.：Harvard University Press，1971：4.

至此，义利之辨的先天综合判断扬弃其分析判断与综合判断，把自身提升到先天综合判断，完成了由自然暴力为基础的自然法则向自由人性为基础的自由法则的历史转变，也在某种程度上综合并超越功利论和义务论，为追寻祛弱权伦理体系提供了正确处理义利问题的理论思路。

第二部分　应用篇

考察祛弱权、自律原则和义利观等伦理理论之后，我们进入祛弱权伦理具体问题的反思，这也是祛弱权理论在各个领域的具体应用或具体实践。

大致来说，在人类自然生命延续和终止的历史进程中，生育、食物、身体与伦理之间的关系是人类自然生命延续的基本伦理关系，死亡与伦理之间的关系则是人类自然生命终止的基本伦理关系。是故，祛弱权的自然生命伦理问题集中在生育伦理、食物伦理、身体伦理和死亡伦理四个基本层面。

不过，生而脆弱却又孜孜追求祛弱权的人类同时也是坚韧性的自由存在，人类的坚韧性总是试图不断地超越否定自己的脆弱性。一旦人类试图运用生物科学技术干预或谋划自然生命的孕育和生产过程，甚至不能遏制自己充当造物主的内在冲动，就可能出现祛弱权的极端危机——人造生命的伦理困境。这就是祛弱权之人造生命伦理的问题。

据此，应用篇主要包括两大领域：(1) 祛弱权之自然生命伦理（生育伦理、食物伦理、身体伦理、死亡伦理）；(2) 祛弱权之人造生命伦理。

第四章 祛弱权之生育伦理

生育权利是人人生而具有的自然权利。在自然生殖的范畴内，对于没有生育能力的人来说，其生育权利也就失去了其真正的道德价值和实在意义。与此相应，在自然生殖的范畴内，生育责任则是具有生育能力的人应当承担的义务，没有生育能力的人则不具有严格意义的生育责任。这是非常清楚的，不清楚的是生殖技术带来的生育权利和生育责任问题。为此，我们主要研究祛弱权视角的生殖技术带来的生育权利和生育责任问题。

20世纪中叶以来，试管婴儿、克隆技术和人造生命等生殖技术的发展突破了传统自然生殖的藩篱，给生育权利和生育责任带来了前所未有的道德冲击和伦理挑战。生殖技术既为没有生育能力者提供了维系其生育权利的可能性，也为拥有生育能力者提供了推卸或逃避生育责任的可能性，同时也带来了诸多涉及未来人类的伦理冲突。这些问题使人类在选择和应用生殖技术的实践中陷入了一种进退两难的道德困境。用詹姆斯（Scott M. James）的话说，"在面对挑战中有两种选择，但是每一种选择看起来都不是善的。如果你做，你会受到谴责诅咒，如果你不做，你也会受到谴责诅咒"[1]。这也意味着问题的另一面：每一种选择看起来都不是恶的。如果你做，你会受到（谴责你不做的那部分人的）称赞；如果你不做，你也会受到（谴责你做的另一部分人的）称赞。那么，是否应当利用先进的

---

[1] Scott M. James. An Introduction to Evolutionary Ethics. Chichester：John Wiley & Sons Ltd.，2011：181.

生殖技术维系生育权利？如果答案是肯定的，在利用生殖技术时，是否应当承担相应的生育责任？这就涉及生殖技术视域的生育权利和生育责任的内涵及二者之间的内在联系问题。

第一节　生育权利

我们知道，《世界人权宣言》第 16 款对生育权利有一种模糊性表达："每个成年男性和女性，不受种族、国籍或宗教信仰的限制，都有权利结婚并组建家庭。"① 不过，结婚组建家庭的权利并不等同于生育权利，只是生育权利的可能前提。何为生育权利呢？

一般而言，权利有消极权利和积极权利的基本诉求，即"保护个人免受风俗习惯制度和众人侵害的权利；赋予个人在不侵害他人权利限度的范围内，以自己的方式安排其生活的能力的权利"②。与此相应，在生殖技术视域内，生育权利主要有消极生育权利和积极生育权利两个层面。围绕二者，人们展开了激烈的争论。争论的焦点集中在"个人是否具有要求他者帮助其生育的权利或者生育权利是否仅仅要求他人不干预其生育过程"③。为什么会有这种争论呢？

一、消极生育权利

消极的生育权利是建立在体内受精和孕育这一合乎自然的生物学事实上的，它主张合乎自然是生育权利的基本准则。拜尔茨说："直到今天，在天主教会对于避孕、人工授精以及体外受精的谴责中，是否合乎自然仍然起着关键的作用；想有一个孩子的合理愿望，正如教皇庇护十二世所说

---

① Yvette E. Pearson. Storks, Cabbage Patches, and the Right to Procreate. Bioethical Inquiry，2007，4 (2)：109.
② Jon Mahoney. Liberalism and the Moral Basis for Human Rights. Law and Philosophy，2008，27 (2)：151-191.
③ Yvette E. Pearson. Storks, Cabbage Patches, and the Right to Procreate. Bioethical Inquiry，2007，4 (2)：109.

的，任何时候都不允许通过违反自然的行为来加以满足。"① 所谓合乎自然就是合乎自然生殖的生物学事实。与其他哺乳动物一样，人的受精和妊娠都是必须在雌性身体内完成的自然过程。所以，只有男女之间肉体的结合，才能实现人的繁殖。由于这种生物学事实的限制，"在迄今为止的人类历史中，性交一直都是人类繁殖的一个必不可少的前提条件"②。对于大多数基督教性伦理学家来说，"性行为与繁殖的统一不仅是生物学上的一个事实，而且还是一种受到现代生殖技术伤害的道德要求和规范"③。正因如此，罗伯逊（John A. Robertson）说："作为消极权利的生育权利是反对公共干涉生育或个人干涉生育的权利。"④ 这种生育的消极权利也被罗伯逊称为生育自由。什么是生育自由呢？"从基因遗传的意义上看，生育自由与否也包括养育与否……包括妇女怀孕是否和生育孩子有基因遗传关系"⑤。值得注意的是，消极权利者也认为生育是个人身份的核心，否定或剥夺生育能力"是人生经历的巨大损失"⑥。因此，消极生育权利明确否定积极生育权，认为积极生育权具有严重问题，因为它是对自然生殖的挑战和否定。问题是，对于没有生育能力的人而言，根本不存在剥夺生育能力的可能，如果秉持自然生殖方式下的消极生育权利，其实也就等于否定了其生育权利和个人身份。另外，自然生殖真的不可挑战吗？

对于没有生育能力或者丧失了生育能力的人来说，治疗不育症似乎并没有引起大的争论。因为一旦治愈，其生殖过程依然属于传统的生物学事实。既然自然赋予其不能生育的体质，那么治疗也是违背自然的人工行为。这本质上和体外受精、克隆、人造生命等是一样的，都是人工技术在改变、

---

① 库尔特·拜尔茨. 基因伦理学. 马怀琪，译. 北京：华夏出版社，2001：128.
② 库尔特·拜尔茨. 基因伦理学. 马怀琪，译. 北京：华夏出版社，2001：136.
③ 库尔特·拜尔茨. 基因伦理学. 马怀琪，译. 北京：华夏出版社，2001：137.
④ John A. Robertson. Children of Choice. New Jersey：Princeton University Press，1994：29.
⑤ John A. Robertson. Children of Choice. New Jersey：Princeton University Press，1994：23.
⑥ John A. Robertson. Children of Choice. New Jersey：Princeton University Press，1994：24.

抗争自然，不同的只是抗争的广度、深度乃至涉及的价值观念冲突等。对于没有生育能力的夫妇而言，"他们面临的不是在自然方式和人工方式之间进行选择，而是在放弃孩子还是通过人工途径获得孩子之间进行抉择"①。就是说，他们实际上并不享有消极生育权利，仅仅具有享有积极生育权利的可能性。如果否定了积极生育权利，也就否定了其生育权利。尽管治疗不育症其实已经是肯定且满足积极生育权利的诉求的事实路径，但是并非所有的不育症都可以治愈。那些不可治愈或没有治愈的不育症夫妇的生育权利又如何保障呢？这是消极生育权利的致命缺憾，也是对积极生育权利的可能诉求。

二、积极生育权利

事实上，20世纪中叶以来，消极的生育权利受到了空前的质疑、挑战和事实的否定。人工授精等生殖技术的发展突破了传统自然生殖方式的藩篱，使受精和妊娠在没有男女肉体的结合或性交的前提下成为可能乃至现实。体外受精等生殖技术把受孕过程转移到了人体之外的器皿中，"已经存在了数十万年之久的性交意义上的性行为与繁殖的统一开始被打破"②。众所周知，1978年7月25日，人类历史上第一个试管婴儿路易斯·布朗（Louise J. Brown）在英国一家医院诞生，这是人类繁殖技术革命的标志性事件。对此，拜尔茨说："一个迄今一直在人体的黑暗中发生的过程，不但被带到了实验室的光明之中，而且还被置于技术控制之下，它就超越了通常意义上的技术进步。同时，它又只不过是一次发展的开端；在这一发展之中，人的整个繁殖过程的每一步骤，都将会被一个接一个地从技术上加以掌握。"③生殖技术的研究和应用在一定程度上弥补了治疗不育症失败的缺憾，实现了满足积极生育权利诉求的技术突破。正因如此，皮尔森（Yvette E. Pearson）不同意罗伯逊等人把生育权仅仅理解为消极权利（生育自由）的观点，明确主张"生育权是一种积极权

---

① 库尔特·拜尔茨. 基因伦理学. 马怀琪，译. 北京：华夏出版社，2001：142.
② 库尔特·拜尔茨. 基因伦理学. 马怀琪，译. 北京：华夏出版社，2001：136-137.
③ 库尔特·拜尔茨. 基因伦理学. 马怀琪，译. 北京：华夏出版社，2001：1.

利", 积极的生育权利 "意味着赋予部分其他的人以义务即确保权利主体能够享有权利"①。可见, 简单地拒斥生育积极权利是不合理性的独断论。

值得注意的是, 罗伯逊等人主张消极权利, 反对积极生育权利的忧虑并非毫无道理。试管婴儿出现之后, 1995 年发生了著名的奥斯丁 (James Austin) 杀婴案。奥斯丁付给代理母亲 3 万美金, 得到婴儿, 在婴儿接近 6 周时, 他杀死了这个婴儿。② 这种恶劣后果告诫人类: 如果没有人对生育后代的前途福利予以关注, 积极生育权利将会引发诸多质疑和反对。不过, 仅仅依靠消极权利或完全拒斥积极权利并不能解决问题, 反而会扼杀生殖技术的发展并完全剥夺不具备自然生育能力的人的生育权利。所以, 真正应该思考的问题不是拒斥积极生育权利, 而是如何认可并保障积极生育权利, 同时又避免其可能带来的不良后果。也就是说, 问题的根本不在于积极生育权利, 而在于相应的道德责任。

为了回应生育权利的诉求, 就应当明确并履行相应的生育责任。不幸的是, 尽管人们意识到生育权利和生育责任具有密不可分的关系, 生育权利自身具有对生育责任的诉求, 但是人们易于忽视生育责任而仅仅关注其自身的权利、欲求和利益, 进而过分强调生育权利却不切实履行相应的生育责任, "结果个人很难认识到对未来后代的责任以及对参与生育过程的他人的责任"③。必须肯定的是, 一些人要求生育权利, 另一些人必须有责任提供相应的权利保证。不被干涉的生育权利要求不被干涉的生育义务, 保障生育的权利要求满足生育诉求的义务。因此, 解决问题的关键是, 为了保护生育权利, 必须诉之于相应的生育责任。换言之, 积极生育权利的实现途径是运用生殖技术尊重并满足不具备生育能力者的人工生育的正当诉求。

---

① Yvette E. Pearson. Storks, Cabbage Patches, and the Right to Procreate. Bioethical Inquiry, 2007, 4 (2): 111.

② Yvette E. Pearson. Storks, Cabbage Patches, and the Right to Procreate. Bioethical Inquiry, 2007, 4 (2): 106.

③ Yvette E. Pearson. Storks, Cabbage Patches, and the Right to Procreate. Bioethical Inquiry, 2007, 4 (2): 108.

第二节 生育责任

生殖技术视域的生育责任主要限定为生殖技术层面的责任,不包括自然生殖层面的责任。生育责任源自行动者完成事件的因果属性,"因为他做了,所以他要对此负责"[1]。这意味着生殖技术主体必须对其行为后果做出回应。这种回应主要有三大层面:人类实存律令赋予生殖技术的责任、生殖技术自身蕴含的责任以及生殖技术应用的责任。

一、人类实存律令赋予的责任

无论以往人类的历史绵延、当下人类的生存活动还是未来人类的可能延续,人类实存都是居于首位的第一律令。约纳斯(Hans Jonas)说:"世界内责任的所有客体中,与人的实存密切相关的责任的可能性居于首位。"[2] 人类实存是先验的可能性的自在责任,保持这种可能性是宇宙使命,也是人类实存的义务。人的实存仅仅意味着地球上生活着人类,而善的生活则是第二位的律令。直接执行人类实存的第一律令的就是生殖能力。

生殖能力有责任听命于人类实存的第一律令,因为它意味着人类基因的复制和传承。从自然规律来看,人是受基因控制的存在者。如牛津大学的道金斯(Richard Dawkins)所言,"我们熟悉的我们星球上的个体不一定必然存在。只有存在于宇宙的每一个地方的不朽的复制者(基因),才是为了生命存在、兴盛而必须存在的唯一一种实体"[3]。就此而论,人类

---

[1] Hans Jonas. The Imperative of Responsibility: In Search of an Ethics for the Technological Age. Hans Jonas, David Herr, trans. Chicago & London: Chicago University Press, 1984: 90.

[2] Hans Jonas. The Imperative of Responsibility: In Search of an Ethics for the Technological Age. Hans Jonas, David Herr, trans. Chicago & London: Chicago University Press, 1984: 99.

[3] Richard Dawkins. The Selfish Gene. Oxford: Oxford University Press, 1989: 266.

和所有生物"都是基因创造的机器"①。不过，这只是服从自然因果性的人类。此外，人类还是自由规律的主体。道金斯的基因机器论把鸟类等动物解释为基因机器（gene machine），人类不过是另一种基因机器。由于自私的基因的决定作用，人类只不过是具有粗暴自私特性的内在性匪徒。对此，詹姆斯批评道金斯说："如果他（指道金斯——译者注）是对的，那么人们将从来不会有兴趣做正当之事（更不会在意知道什么是做正当的事情）；人们将从来不会敬慕德性，不会奋起反对不正义，或者为了陌生者的福利而牺牲自己的福利。"② 其实，道金斯本人也意识到了这个问题，他在《自私的基因》的结尾告诫说："仅仅奠定在普遍的冷酷自私的基因法则之上的社会，将是一个使生活其中的人们深恶痛绝的社会。"③ 人并不是完全被自私基因控制的机器，人的生殖能力也并不完全受制于基因。实际上，自然并没有赋予每个基因机器的人都具有生育能力，丧失或不具备生育能力者也就意味着不具备直接执行第一律令的生殖能力。由此带来的不育后果并不是当事者的过错，而是自然的因果性所致。那么，人类是完全屈从于自然因果性，还是起而抗争？

　　作为自由的存在者，人并非完全直接地服从自然和基因控制，而是借助各种技术包括生殖技术不断地适应自然甚至改变自然。在此过程中，"人最初只是自然的一个产物，后来成为其自然状态的创造者和主体"④。人类利用一切手段与自然因果性抗争是一种人道的诉求，生殖技术就是与之抗争的技术途径和伦理追求。生殖技术以一种生物学不能解释的方式超越了进化的必然因果性的根基，也赋予了我们把握生殖道德秩序的能力和责任。从某种意义上讲，生殖技术的发展和应用确证着人类和自然世界其他部分的分离和超越，确证着人类并不完全受制于基因机器的自由本性。如今我们已经能够运用各种生殖技术以及其他医疗技术进行遗传选择和预见先天性疾病等。在这种情况下，"仍然通过对怀孕和生育不加控制的

---

① Richard Dawkins. The Selfish Gene. Oxford：Oxford University Press，1989：2.
② Scott M. James. An Introduction to Evolutionary Ethics. Chichester：John Wiley & Sons Ltd.，2011：8.
③ Richard Dawkins. The Selfish Gene. Oxford：Oxford University Press，1989：2.
④ 库尔特·拜尔茨. 基因伦理学. 马怀琪，译. 北京：华夏出版社，2001：107.

性的轮盘赌来产生我们的孩子并且对两性偶然组配的结果干脆予以将就，是一种不负责任的态度。如果我们能从医学上对突变进行控制，那么我们就应该进行控制；如果我们能够控制但却不去控制，这是不道德的"①。是故，人们有责任运用生殖技术去执行人类实存的第一律令，以保证那些缺失生育能力且自愿要求生育子女的夫妇的生育权利，即帮助那些丧失或没有生育能力的人们生育孩子。这也是生殖技术自身蕴含的责任所要求的。

二、生殖技术自身蕴含的责任

生殖技术的本质决定了其自身应当承担相应的责任。虽然生殖技术属于应用的自然科学，但是生殖技术并非仅仅是和价值毫无关联的中性的辅助生殖工具。

生殖技术自身具有的道德目的和价值是由技术的本质决定的。柏拉图早就认为："辩证科学所研究的可知实在，要比从纯粹假设出发的技术科学所研究的东西更明晰。技术科学研究实在时虽然不得不通过思想，而不通过感官，但是它们并不追溯到本源，只是从假设出发。"② 在柏拉图这里，技术科学得到的只是意见，而非知识或真理。的确，如果不反思生殖技术的本源目的和存在根据，人类就会成为生殖技术的奴隶。对此，海德格尔（Martin Heidegger）说："所到之处，我们都不情愿地受缚于技术，无论我们是痛苦地肯定它或者否定它。而如果我们把技术当作某种中性的东西来考察，我们便最恶劣地被交付给技术了；因为这种现在人们特别愿意采纳的观念，尤其使得我们对技术之本质盲然无知。"③ 技术的本质是什么呢？我们知道，从词源学讲，希腊词 techné 主要指偶然发明的技艺和技能。后来，techné 的意义引申为可以传授训练的工艺方法即 technique。到了公元 17 世纪，人们把 techné（技艺）和 logos（讨论、演讲、理性等）结合为一个新的语词"technology"。"technology"指关于

---

① 库尔特·拜尔茨．基因伦理学．马怀琪，译．北京：华夏出版社，2001：237.
② 西方哲学原著选读：上卷．北京大学哲学系外国哲学史教研室，编译．北京：商务印书馆，1981：93.
③ 海德格尔选集：下．孙周兴，选编．上海：上海三联书店，1996：925.

技艺的讨论、演讲或理性本质。这个"道"或"理"（logos）主要有两层含义：一是指技艺所遵循的规则或知识。就此而论，技术是一种（如何制造东西或如何去做工作的）知识。二是指技艺的理性目的即道德目的。如果超越了 technique 的 techné 的层面，就可深入到其根基性的 logos。是故，海德格尔断言："技术乃是在解蔽和无蔽状态的发生领域中，在真理的发生领域中成其本质的。"①。技术的本质就是技艺所蕴含和追求的道德目的，生殖技术亦不例外。

生殖技术主要关涉生育的各种行为，它既不绝对地隶属于中性的事实世界，也不绝对地隶属于应当的价值世界，而是隶属于生殖技术事实所追求的应当价值的世界。因为生殖技术是一种超越基因控制的自由的解蔽方式，其目的和根据是自由——自由正是道德哲学的本体根据。生殖技术本身并不是目的，其客观功能应当听命于其伦理目的。或者说，生殖技术既属于生物科学范畴，也属于生育道德哲学范畴。除了其客观的自然科学功能，生殖技术的伦理意义在人类的目的中具有核心地位。在这个意义上，生殖技术既是自然科学技术的一个分支，更是道德哲学的一个分支。由于生殖技术直接与人的存在和生命相关，所以生殖技术的道德风险"与其他技术操纵不一样，对人的繁殖进行干预所产生的风险始终直接影响人的个体。把一台功能良好的机器搞坏了，可以修理也可以拆除，但如果在体外受精或者基因操纵中发生了失误，那可是无法挽回的"②。生殖技术的道德风险和道德目的都要求它承担生殖方面的相关责任。就此而论，避免或降低道德风险，进而确保生殖技术的道德目的是生殖技术的道德责任的基本法则。这种责任直接体现并落实为生殖技术主体的责任。

三、生殖技术应用的责任

在生殖技术的应用过程中，生殖技术主体和生殖技术客体也随之生成。因此，生殖技术应用的道德责任主要落实为生殖技术主体的道德责任和生殖技术客体的道德责任。

---

① 海德格尔选集：下．孙周兴，选编．上海：上海三联书店，1996：932．
② 库尔特·拜尔茨．基因伦理学．马怀琪，译．北京：华夏出版社，2001：93．

首先,生殖技术主体的道德责任。生殖技术主体就是研究、掌握和应用生殖技术的专业人士,主要包括该领域的科学家、医务人员等。生殖技术主体的思想和行为应当尊重生殖技术的道德目的和伦理诉求。生殖技术主体面临的问题集中体现为人们对生殖技术的质疑:由于生殖技术的任何应用都是涉及我们自身和我们后代的决定,因此最令人担忧的是生殖技术的干预对于人类来说是善还是恶。生殖技术主体为自己行为所负的责任主要就是对这个质疑的有效回应。

如何回应呢?必须寻找最为核心的问题根源。生殖技术主体的能力和思想行为不仅决定后代是否应该活,而且还影响甚至在某种程度上决定后代应该怎样活。因此,生殖技术应用所要达到的目标就成了问题的关键。生殖技术主体在考虑、规划未来生育个体的过程中,在和需要生殖技术帮助来满足生育诉求的夫妇的伦理商谈中,对于未来子女目标的确定方面将会面临巨大的困惑。无论如何,他们应该考虑未来子女乃至后代怎样更好地生活,应该对未来子女乃至后代必须具备的适应未来世界的基本素质有所预见。可是,"只要看一看未来之规划者部分荒诞不经的错误预测,就会知道,在实现这一意图时,失策的可能性该有多大"[1]。错误预测的根本原因在于个体所应具有的未来素质是不可规划的偶然预测。所以,未来后代的素质不能成为应用生殖技术主体的责任根据。那么,这个责任的根据是什么呢?

生殖技术主体在一定程度上决定着后代的生命和部分生存方式。从这个意义上讲,生殖技术主体的确在扮演准上帝的角色,由此产生的责任是任何其他责任都无法相比的。拜尔茨分析说:"我们后代的生命质量和生存机会主要取决于我们进行操纵时所依据的价值。当然,我们知识的可靠性和完整性、我们技术的作用范围和安全性也起着非常重要的作用;但是,一步一步地向前推进使得这些科学技术问题是可以解决的。在此前提下,纳入我们决定中的价值立刻就成了一个中心问题。"[2] 只有可以确定的价值法则才能成为责任的根据,所以有效回应的关键是探求应用生殖技

---

[1] 库尔特·拜尔茨.基因伦理学.马怀琪,译.北京:华夏出版社,2001:93.
[2] 库尔特·拜尔茨.基因伦理学.马怀琪,译.北京:华夏出版社,2001:185.

术所依据的价值法则。生殖技术主体责任是该主体具有运用生殖技术的力量（power）所产生的积极回应。对于其参与的生殖技术的事件而言，该事件成为生殖技术主体的事件，因为生殖技术主体的力量使然，即生殖技术主体的力量和业已发生的事件具有因果性联系。在这个因果性链条中，生殖技术主体直接面对的是人，是和自己同类的应当存在。由此产生的是一种应当存在之间的自由因果性联系。因此，这种价值必须具有形式上的普遍性和内容上的无害性。生殖技术主体必须在对人的普遍理解中把握这种普遍价值。

把握这种普遍价值的途径是，生殖技术主体悬置各种人（包括应用生殖技术所诞生的人如试管婴儿等）的偶然性，探求人的普遍性，最终把人的存在理解为目的论的应当存在。这种应当存在在生殖技术主体的一切行为与意图中起着支配作用。生殖技术主体借此把自己理解为对人的存在和行为负责的主体。是故，与未来人的行为和主体相对应的伦理命令诚如约纳斯所言：“要这样行动，使你的行为后果和真正人类生活的恒久不息协调一致；或者否定性表述为：要这样行动，使你的行为后果不要对当下如此生活的未来可能性造成毁坏。”[1] 这是生殖技术主体必须遵循的道德法则和价值依据。具体而言，其一，它要求生殖技术主体积极行动，为确保没有生育能力者的生育权利而思考研究和应用生殖技术。其二，生殖技术主体仅仅为没有生育能力且自愿要求生育权利者履行责任。其三，生殖技术主体在不危害人类生存境遇和生活质量的前提下履行责任。其四，生殖技术主体必须禁止自己为那些具有生育能力者提供生殖技术应用服务。因为这些人具有生育能力，如果他们放弃了生育权利，就应当自己承担相应的生育责任。同时，如果为他们提供生殖技术服务，就会带来诸多不可预测的消极甚至有害后果，如家庭矛盾、利益冲突、后代同辈之间的伦理关系混乱等。

其次，生殖技术客体的道德责任。生殖技术客体是生殖技术主体应用

---

[1] Hans Jonas. The Imperative of Responsibility: In Search of an Ethics for the Technological Age. Hans Jonas, David Herr, trans. Chicago & London: Chicago University Press, 1984: 11.

生殖技术所服务的对象以及产生的生命如试管婴儿及其父母等。所以，这里的核心问题是生育目的以及由此而来的诸多责任。对此，皮尔森说："由于生育目的应当是创造父母子女间的关系，未来的父母们应当竭尽全力提升处理子女与父母关系的能力。"① 这个诉求同样适用于通过生殖技术而产生的父母子女间的关系以及相应的责任。在尊重生殖技术客体（无生育能力的夫妇）意愿的前提下，生殖技术对生殖过程的干预所带来的直接后果（父母和子女关系的出现）要求生殖技术客体（父母和子女）承担相应的责任。这是由普遍意义上的父母子女之间的关系（包括自然生殖和生殖技术所产生的父母和子女关系）所决定的。

父母子女之间的关系是一种互为"我他"的权利责任关系。一般来说，人的生命的意义和价值是通过自我对他者诉求的回应不断加以确证、不断加以提升的。在互为"我他"的关系境遇中，他者的诉求向我显现出其目的价值，把我引向他人的存在境遇。如萨特（Jean-Paul Sartre）所说，对于自己来说，"他人是我们身上最为重要的因素"②。他人的存在目的向我发出予以回应的责任的权利诉求。在尊重目的价值和回应的权利诉求中，我接受他者的命令，把他者的命令转化为责任并遵守践行即为此负责。这正是生命存在的价值和意义所在。所以，列维纳斯认为："我的生命有意义的确是因为我遇到需要我并要求我给予帮助的他者，我因此支持他们，对他们负责，在我的欠缺和回应中，仁善和圣洁融入我的生命。"③

相反，如果自我与他者的关系被异化为工具关系，如果父母与子女的关系被扭曲破坏，那么父母只能是子女的地狱。或者，子女是父母的地狱。1995年发生的著名的奥斯丁杀婴案就是典型的践踏父母子女之间的权利责任关系的恶性事件，其实质是"我他"关系的工具性异化的恶果。同样，作为生殖技术客体的子女如试管婴儿一旦成人并具有行为能力，就

---

① Yvette E. Pearson. Storks, Cabbage Patches, and the Right to Procreate. Bioethical Inquiry，2007，4（2）：107.

② 萨特. 他人就是地狱. 周煦良，等译. 西安：陕西师范大学出版社，2003：9-10.

③ Emmanuel Levinas. God and Philosophy//Adriaan T. Peperzak, Simon Critchley, Robert Bernasconi. Basic Philosophical Writings. Bloomington：Indiana University Press，1996：140.

必须承担和自然生殖的成人同样的责任，当然也享有和自然生殖的成人同样的权利。尽管责任不可细数，难以具体确定，但是底线责任是可以确定且必须承担的伦理命令。底线责任应当"懂得某些事情不能做是因为这些事是不正当的"①。道德责任的底线要求是否定性的禁止作恶的伦理命令。在父母与子女（包括以生殖技术为中介的父母子女）的关系中，不得相互伤害是基本的道德法则，也是基本的道德责任。而且，这种责任必须从道德责任转化为法律责任。其前提是，必须在法律上承认通过生殖技术而产生的人和自然生殖的人具有同样的人格尊严，享有基本的人权如生命权等，因此也承担同样的法律责任。

生育权利是一种生而具有的"应当"的诉求，回应这种诉求的就是以生育能力为基础的生育责任。自然并没有赋予所有的人生育能力，这就剥夺了一部分人的正当诉求使其成为极度脆弱的存在者。人类不是自然的奴隶，具有拒绝自然选票的自由和能力。约纳斯就说："向自然说不的能力是人类自由具有的特殊权利。"② 生殖技术正是人类反抗自然宿命、维系生育权利的有力武器，尤其是维护极度脆弱者生育权的坚强保障。有鉴于此，尽管应用生殖技术和拒斥生殖技术都会受到谴责和称赞，但是不应当囿于这样的道德悖论中裹足不前。相反，应当以祛弱权为价值基准，在把握生育权利和生育责任的内涵与二者内在联系的基础上，利用先进的生殖技术正当地维系生育权利，勇敢地承担相应的生育责任，彰显崇高无上的人性尊严。

生命的延续不仅需要生育权利和生育责任，也需要食物权或食品的日常维系。因此，食物伦理也是生命伦理的必要一环。

---

① Scott M. James. An Introduction to Evolutionary Ethics. Chichester: John Wiley & Sons Ltd., 2011: 51.

② Hans Jonas. The Imperative of Responsibility: In Search of an Ethics for the Technological Age. Hans Jonas, David Herr, trans. Chicago & London: Chicago University Press, 1984: 76.

第五章　祛弱权之食物伦理

食物①是人类日常生活的基本要素，亦是人类生命存在的基本条件。食物也给生命带来诸多问题，所谓"病从口入""饥不择食"等主要就是指食物给生命带来的负面后果。《孟子·告子上》所谓"食，色，性也"。朱熹认为"饮食者，天理也"②。亚里士多德也说"欲求食物乃自然本性"③。或许正因如此，与食物相关的吃喝似乎是理所当然、毋庸置疑之事，好像是和伦理无甚关联的自然行为。诚如费尔巴哈（L. A. Feuerbach）所言，"吃和喝是普通的、日常的活动，因而无数的人都不费精神、不费心思地去做"④。与（充满神秘感、不可知的）死亡伦理的反思相比，对（日用不知、维系生存的）食物伦理的追问似乎成了某些哲学家不屑一顾的形而下的边缘话题。

食物伦理的雏形蕴含在人类的食物习俗之中。一般来说，人类的食物习俗倾向于健康快乐的自然目的，并逐步形成相应的节制德性。当食物习

---

① 需要特别说明的是：食物通常指未经加工的可食用之物即自然食物。食品通常指人工加工的可食用之物即人工食物。在不严格的意义上，食品也包括自然食物，因为任何自然物要成为食物都不能完全避免人工（如挑选、剥皮、入口等）。鉴于此，在难以严格区分"食物"与"食品"之处，本书统一用"食物"一词。

② 黎靖德，编. 朱子语类：卷一三. 北京：中华书局，1986：224.

③ Aristotle. The Nicomachean Ethics. David Ross, tran. Oxford：Oxford University Press，2009：57.

④ 西方哲学原著选读：下卷. 北京大学哲学系外国哲学史教研室，编译. 北京：商务印书馆，1982：488.

俗和节制德性追求社会目的时，节制德性也就突破自身限制，走向外在食物伦理规范的轨道。在特定历史阶段（主要是中世纪），食物习俗和节制德性转化为神圣食物法则与世俗食物伦理的颉颃。二者的颉颃在农业科技大变革的历史境遇中演进为食品科技对人类伦理精神的挑战和后者对前者的反思。如此一来，食物伦理学也就应运而生。食物伦理学既应当为人类健康快乐的个体生活提供理性行为规则，也应当为食物立法提供哲学论证和法理支撑，亦能够为生命伦理学开拓出深刻宽广的研究领地。

当然，我们还要讨论食物伦理学和生命伦理学的关系。主要问题是：为什么把食物伦理纳入生命伦理学？祛弱权视域的食物伦理与食物伦理学有何关系？我们将在把握食物伦理生成过程后讨论这些问题。

第一节　食物伦理演进

食物（food）与伦理学（ethics）似乎是两个毫无关联的概念：伦理学属于实践哲学，食物则是满足饥饿需求的可食用物品。或许正因如此，直到20世纪末，人们才把food和ethics组合为"foodethics"（食物伦理学）。不过，食物伦理学绝非凭空而来，它具有传统食物伦理生活的深厚历史根基。诚如胡塞尔（Edmund Husserl）所说，"在实际生活中，我具有的世界是作为传统的世界"[①]。食物伦理学正是源自人类实际生活中具有伦理传统的食品生活世界，它具有其独特的内在逻辑和历史进程。那么，食物伦理学是如何生成的呢？

一、食物习俗与节制德性

如同伦理学源于风俗习惯一样，食物伦理学的最初形式就蕴含在人类的食物习俗中。人类的食物习俗倾向于健康快乐的自然目的，并逐步形成了相应的节制德性。

---

① 胡塞尔. 欧洲科学的危机与超越论的现象学. 王炳文，译. 北京：商务印书馆，2001：356.

（一）食物习俗何以可能？

食物的本质不仅是食物自身独自具有的，而且是相对于食者而言的。人之外的其他动物是自然食物的被动消费者，因为它们摄入食物时依赖其自然偏好和本能需求。真正人的生活不是被动接受自然食物的本能活动。人不仅是自然食物的被动消费者，还是自然食物的选择改造者。在长期的食物实践过程中，人们逐步认识到好（善）的食物就是能够给食者带来健康快乐的食物。

自然提供的食物常常需要人类的加工提炼。如果人们摄入未经加工的粗糙食物，很有可能带来诸多可怕的痛苦疾病，甚至严重威胁身体健康乃至剥夺生命。为了避免自然食物带来的痛苦疾病、维系人类健康福祉，食物选择成为人类生活的日常行为。人所具备的理性能力使人能够主动自觉地把理性精神渗透到自然食物之中，使自然食物成为人的对象性客体。为此，人们必须发现、判断并选择适宜日常生活和身体健康的潜在食物，进而自觉栽培乃至改造自然作物，使之成为适宜人类美好生活的食物来源。在选取、生产和消费食物的生活实践中，人类逐步成为自然界天然食物的主人。这种行为是为了保持生命健康以抗争自然的利己利人的生活实践。在这样的生活实践中，人们逐步认同某些生活规则，达成某种程度的行为共识，形成一定范围内适宜个人生理结构和生存需求的食物习惯或风俗。食物习俗作为人类生活的最基本生存方式，蕴含着丰富的食物伦理内涵。

食物习俗伦理奠定在未经反思的日常行为之上，因此各个部落、各个民族或国家的食物规范呈现出千差万别的形态。尽管如此，普遍共识依然存在：保持健康快乐是人类食物习俗的基本目的。在谈到饮食习惯时，毕达哥拉斯（Pythagoras）特别强调说："不要忽视你的身体的健康。"[①] 人们为了健康目的而听命于某一种食物习俗，以此逐步培育相应德性并确证自身的道德身份。

---

① 西方伦理学名著选辑：上卷．周辅成，编．北京：商务印书馆，1964：17.

(二) 食物习俗中的节制德性

在食物习俗中,健康快乐是指食者而言的。这也就不难理解,营养学(dietetics)是食物伦理学的主要古典理论形式。在古希腊营养学(Greek Dietetics)中,古希腊基本的道德原则——依据自然(本性)生活和行动——同样适用于古希腊食物伦理。在人类的食物活动中,为了健康快乐,基本的行为规范就是避免食物的过度和不及,选择禁止与放纵之间的所谓中道。这就是节制。节制有两个层面的基本要求:一是注意避免食物的过度和不及,二是履行食物的中道或适度原则。换言之,节制是饮食有节的生活德性。

节制首先是对不节制食物行为的拒斥。不节制的生活方式"摇摆于过度和不及之间,有时消费过多饮食,有时又陷于饥饿和匮乏"[1]。节制常常以诫命的形式要求禁止食用某些特定的食物。孔子讲到祭品的准备和礼仪时就说:"食饐而餲,鱼馁而肉败,不食。色恶,不食。臭恶,不食。失饪,不食。不时,不食。割不正,不食。不得其酱,不食。肉虽多,不使胜食气。惟酒无量,不及乱。沽酒市脯,不食。不撤姜食,不多食。"(《论语·乡党》)毕达哥拉斯曾经要求其弟子禁食豆类、动物心脏等,他对弟子们说:"要禁食我们所说的食物。"[2] 禁食常常和某种行为规范联系起来,如孟子所说,"非其道,则一箪食不可受于人"(《孟子·滕文公下》)。禁食还要求拒斥饮食过度或口腹之欲的享乐放纵。朱熹说:"盖天只教我饥则食,渴则饮,何曾教我穷口腹之欲?"[3] 放纵供给的是豪奢失当的筵席,穷口腹之欲、追求美味悖逆自然之道,是应当禁止的行为。

满足基本的生理需求是食物行为的自然之道。为了尊重生命或其他道德目的,在拒斥过度和不及的前提下,节制就是顺从自然、饮食有节。朱熹说:"'饥食渴饮,冬裘夏葛',何以谓之'天职'?曰:'这是天教我如

---

[1] Hub Zwart. A Short History of Food Ethics. Journal of Agricultural and Environmental Ethics,2000,12(2):113-126.
[2] 西方伦理学名著选辑:上卷.周辅成,编.北京:商务印书馆,1964:17.
[3] 黎靖德,编.朱子语类:卷九六.北京:中华书局,1986:2473.

此。饥便食，渴便饮，只得顺他。'"① 和自然一致的生活就意味着节制的生活，节制的生活就是理性和道德的生活。② 节制的底线要求是不给身体带来苦难或伤害。毕达哥拉斯说："饮，食，动作，须有节。——我所说有节，即不引来苦难之程度。"③ 在避免苦难的前提下，人们应当知足，应当顺应自然生活。伊壁鸠鲁（Epicurus）说："凡是自然的东西，都是最容易得到的，只有无用的东西，才不容易到手。当要求所造成的痛苦取消了的时候，简单的食品给人的快乐就和珍贵的美味一样大；当需要吃东西的时候，面包和水就能给人极大的快乐，……不断地饮酒取乐，享受童子与妇人的欢乐，或享用有鱼的盛宴，以及其他的珍馐美味，都不能使生活愉快；使生活愉快的乃是清醒的理性。"④ 增进健康的一大因素是"养成简单朴素的生活习惯"⑤。饮食有节的人用灵魂和理性引领健康的饮食习惯。人们通过节制和生活的宁静淡泊达到增进健康快乐的目的。

节制供给的不仅是健康适度的筵席，它还把道德精英和大众或普遍的食品消费者区别开来，"绅士在任何境遇中都保持所认为良好的生活方式，既不完全沉溺于欲望，也不完全放弃欲望"⑥。可见，节制在食物行为中造就人的身份和地位。这是因为健康快乐的目的不仅是私人的，同时也是社会的。或者说，食物伦理行为总是在特定境遇中的社会行为，不仅仅是孤零零的个体行为。

一般而言，自我的生活总是蕴含着他者的期望。如列维纳斯所说，"我们把这称为他者伦理学呈现出的自我的自发性存在的问题"⑦。善的生活不但是自我的生活，而且也包括他者的善的生活。如果没有他者的善的生活，自我的善的生活就失去了存在的根基和价值。同理，食物伦理是食

---

① 黎靖德，编．朱子语类：卷九六．北京：中华书局，1986：2473.
② Aristotle. The Nicomachean Ethics. David Ross, tran. Oxford: Oxford University Press，2009：57-59.
③ 西方伦理学名著选辑：上卷．周辅成，编．北京：商务印书馆，1964：17.
④ 西方伦理学名著选辑：上卷．周辅成，编．北京：商务印书馆，1964：104.
⑤ 西方伦理学名著选辑：上卷．周辅成，编．北京：商务印书馆，1964：104.
⑥ Hub Zwart. A Short History of Food Ethics. Journal of Agricultural and Environmental Ethics，2000，12（2）：116.
⑦ Emmanuel Levinas. Totality and Infinity: An Essay on Exteriority. Alphonso Lingis, tran. Pittsburgh: Duquesne University Press，1969：43.

物习俗和节制德性在自我和他者的交互呈现中形成的。当食物习俗和节制德性追求社会目的时，节制德性也就突破自身限制，走向外在食物伦理规范的轨道。

二、神圣食物法则与世俗食物伦理

人类历史的发展逐步呈现出食物的社会性，食物习俗和节制德性必然受到社会群体规则的冲击和影响。在特定历史阶段（主要是中世纪），人自身的健康快乐失去了食物的目的性地位，取而代之的是某种外在的行为法则：符合某种法则的食物是允许的，悖逆某种法则的食物则是禁止的。就是说，食物伦理推崇的不是私人的节制德性，而是特定团体（如宗教团体）的规则诫命，因而呈现出明显的外在他律倾向。这种倾向的典型现象就是神圣食物法则与世俗食物伦理的颉颃（或者食物禁欲主义与食物纵欲主义的冲突）。

在《希伯来圣经》（Hebrew Bible）中，食物伦理的根据不再是个人的健康快乐、营养或其他实用的世俗目的。《希伯来圣经》引入了一个新的食物伦理的重要规则："食品被看作从根源上被污染了，不是因为它们不健康，无味道，难于消化，或诸如此类的缘故，而是因为它们自身是非法的。和古希腊的'多些'和'少些'不同，我们面对的是禁止和允许的二元对立的逻辑。"[1] 这种规则追求的是遮蔽身体健康的超验宗教目的：它要求教徒们通过遵守食物法则把自己与异教徒区别开来，在自我与他者的对立中确立自己的身份认同，进而获得与众不同的伦理身份和宗教地位。从其道德逻辑看，最为重要的禁止食用某种食物（如猪肉）的原因仅仅因为他律的法的禁止。达尔文（Charles Darwin）在《人类起源》中说，当时的印度人也具有类似情形："一个印度人，对于抗拒不了诱惑因而吃了脏东西的悔恨，与其对偷盗的悔恨，很难区别开来，但前者可能更甚。"[2] 就是说，外在的团体行为法则成为衡量食物道德价值的根据：合

---

[1] Hub Zwart. A Short History of Food Ethics. Journal of Agricultural and Environmental Ethics, 2000, 12 (2): 117.

[2] 西方伦理学名著选辑：下卷. 周辅成，编. 北京：商务印书馆，1987：287.

乎道德法则的食物是洁净的,违背道德法则的食物则是肮脏的。质言之,根据某种团体认同的法则判定为洁净的食物是合乎道德的,判定为肮脏的食物则是违背道德的。

这样一种食物伦理思想在《新约圣经》的《福音书》中得到强化并走向极端:食物的自然价值(健康快乐)在道德上彻底失去了举足轻重的价值地位,比食物和生命更为重要的是超验的上帝和希望。诚如斯瓦特(Hub Zwart)所说,"基督把所有希望寄托在上帝王国之中,他只是要求追随者摒弃所有对食物生产和消费的关切"[1]。对于基督的追随者而言,根本不必关心食物或饮料,因为食物和人的道德身份无关,只有上帝才是终极目的。中世纪僧侣的食物伦理在某种意义上接近基督原则即食物本身是不重要的,食物及其摄入仅仅是戒律训练的工具。如此一来,古希腊的食物节制德性被食物禁欲主义取代,食物道德规则遭到漠视、践踏甚至废弃。僧侣对食物的漠视逐步达到极端性的入魔状态,节食甚至成为自身正当目的或宗教使命。为了上帝这个终极目的,食物伦理致力于肉体的塑造和所有欲望的灭绝。

禁欲主义规则不可避免地与现实纵欲主义发生了尖锐冲突。过度禁欲节食悖逆了基本的人性要求,带来的是截然相反的现实生活世界的纵欲享乐。过度禁欲主义的官方意识形态在现实中造就了吃喝无度的纵欲形象:大腹便便、饕餮贪吃的僧侣随处可见。僧侣的禁欲食物伦理在16世纪遭到了文艺复兴时期精英们的无情批判。伊拉斯谟(D. Erasmus)尖锐地批评说,基督教似乎和愚蠢同类、和智慧为敌,教士弃绝快乐,饱受饥饿痛苦,乃至恶生恋死,"由于教士和俗人之间存在着如此巨大的差异,任何一方在另一方看来都是疯狂的——虽然根据我的意见,的确,这个字眼用于教士比用于别人要正确些"[2]。这些精英们拒斥中世纪僧侣的禁欲生活,推崇世俗道德生活,试图恢复古罗马奢华的烹饪传统,开始出现更为积极地欣赏推崇食品的思潮。拉伯雷(F. Rabelais)借高康大之口说:人们不

---

[1] Hub Zwart. A Short History of Food Ethics. Journal of Agricultural and Environmental Ethics,2000,12 (2):117.

[2] 西方伦理学名著选辑:上卷.周辅成,编.北京:商务印书馆,1964:398.

是根据法律、宪章或规则生活，而是根据自愿和自由，"想做什么，就做什么"，喜欢什么时候吃喝，就什么时候吃喝，"没有人来吵醒他们，没有人来强迫他们吃、喝，或者做别的事情"[1]。食物伦理不再仅仅追求满足自然需求与简单回归古希腊的健康和节制，而是逐渐提升到追求美味和快乐。古典时代的"美味"或"人欲"由贬低、禁止转变为一种生活时尚和身份标志。这一时期，精英们主张抵制饥饿，满足口腹之欲，给身体康宁带来快乐。他们通过消耗大量肉类把自己和乡村大众区别开来，肉类及其食用方式也因此得到社会精英的重要关注。

为了更好地享用肉类食品，人们在食用前，把肉分成小块、剥皮、分解，然后加工成美味食品以供享用。与此相应，肉类及其他食品的生产加工等生产预备地点和食用食品地点的距离也随之大为增加。食品生产和消费距离的加大"成为疏远和怀疑的根源，促发了食品生产自身正当性的道德关照"[2]。屠杀动物的道德顾虑开始出现并日益增强，结果导致素食主义者的忧虑和反驳。在素食主义者看来，被拒绝的污染性食物不是自然意义的污染而是道德意义的污染。肉类被拒绝不是因为不健康、无味道、难以消化，而是因为源自动物，"这是一种内在污染的形式"[3]。这种素食主义观点在一定程度上能够受到现代科学的支持。食品科学表明，猪牛等动物消耗的卡路里（calorie）比它们最后产出的多，降低肉类消费就意味着减轻全球食物匮乏问题。在此境遇中，古典的"君子远庖厨"（《孟子·梁惠王上》）之类的道德直觉有可能成为自觉的伦理行为规则。一旦进入现代科学视域，禁欲主义与纵欲主义的冲突也就彻底唤醒了人类的食物伦理意识，人类食物伦理学的建构也就提上了议事日程。

三、食物伦理学的出场

17世纪以来，科技要素日益融入日常生活的食品健康中。到了20世纪，传统农耕生活形式基本消失，取而代之的是农业工业化的质的转变。

---

[1] 西方伦理学名著选辑：上卷.周辅成,编.北京：商务印书馆,1964：403.

[2] Hub Zwart. A Short History of Food Ethics. Journal of Agricultural and Environmental Ethics，2000,12(2)：119.

[3] Hub Zwart. A Short History of Food Ethics. Journal of Agricultural and Environmental Ethics，2000,12(2)：123.

人类依靠农业机械化较为有效地消除了食物匮乏带来的全球性饥饿威胁。从此,"农业成为和其他工业密切相关的一个生产单元"①。在农业科技大变革的历史境遇中,禁欲主义与纵欲主义的颉颃演化为食品科技对人类伦理精神的挑战和后者对前者的反思。人类共同的食物道德意识被逐步唤醒,食物伦理的哲学反思日益深化。这就为食物伦理学的出场奠定了理论和实践的坚实基础。

(一)食品科技唤醒人类共同的食物伦理意识

总体上讲,"古代营养学基本上是一种私人道德"②。17世纪以来,古代营养学发展为现代养生学或美食学,其主要著作如意大利医师散克托留斯(Sanctorius)的《医学静力学格言》(1614年出版)、德国柏林大学胡弗兰(Christoph Wilhelm Hufeland)教授的《益寿饮食学》(1796年出版),等等。诸如此类的现代养生学著作不但是医学科学的理论和技术进展(如研究食物摄入和饮用、睡眠、谈话等其他生活习惯对体重的影响等),而且把医学、道德和延年益寿联系起来,力图把道德因素渗透于日常饮食生活的养生健身活动。现代营养学依靠精确的测量(体重观察)和食品标签,告知饮食消费者相关食品的成分和元素、身体需要维生素和蛋白质的数量限制等,把食品生产、食物摄入卡路里和体重(磅或公斤)体现在一种直接的数学关系中。现代营养学为饮食摄入和现代食物伦理提供了科学技术的新元素,把饮食营养和食物节制德性转化为一种可以量化的客观标准和科学要求,使传统的食物节制德性摆脱了个人主观经验的偶然性和随意性,为寻求人类共同的食物伦理法则奠定了基础。

17世纪末至19世纪,食品供应的社会水平开始成为国际争论的重要话题。全球规模的饥饿灾难威胁着人类的生活,食品成为人类面对的主要生存和道德问题。马尔萨斯(Thomas Robert Malthus)在《人口规则论》中认为:"所有生命的增长都具有超越为之提供营养的界限。就动物而言,

---

① Christian Coff. The Taste for Ethics: An Ethic of Food Consumption. Edward Broadbridge, tran. Dordrecht: Springer, 2006: 69.

② Hub Zwart. A Short History of Food Ethics. Journal of Agricultural and Environmental Ethics, 2000, 12(2): 114.

其数量的增长迟早会为食物匮乏所限制,人类或许可以依赖远见、算计和道德寻求一种更为理性的解决途径。通过当下的牺牲,或许可以阻滞全球灾难和饥饿。所有欲望中最强烈的是食物欲望,紧随其后的是两性间的欲求。"[1] 食品匮乏不仅仅是个人问题,也不仅仅是某些领域或某些地域的社会问题,更是关乎全球食品需求和人类生存的重大国际问题。幸运的是,马尔萨斯的可怕预测被新的食品科技阻挡而未能成为现实。19世纪,科尔(Thomas Cole)、布莱克韦尔(Robert Blackwell)等人成功地发展食品科技。在食品科技的推动下,食品生产体系发生了重大转变。农业产品大幅度增长,全球饥饿的可能灾难得到有效遏制。先进精良的食品生产技术在避免灾难、促进道德的同时,也增强了人类对生命和环境的控制力量。新的食物污染形式随之出现,农药、人工饲料、转基因、防腐剂以及其他形式的生物技术产生了道德上令人质疑的至少是潜在的食品生产问题。面对备好的食品,"我们关注其经济和技术的起源及根源,因为这是决定其道德地位的"[2]。出于安全原因和生物多样性的考虑,人们开始忧虑并担心食品科技是否会导致物种灭绝、环境污染以及其他全球问题。这就表明:食品科技和人类生存重叠交织的历史进程共同唤醒了人类共同价值追求的食物伦理意识,这种意识最为深刻地体现在食物的哲学反思和道德批判之中。

(二) 食物的哲学反思和道德批判

现代营养学和食品科技带来的食物伦理问题引发了哲学领域的深刻反思。早在18世纪,德国古典哲学的开创者康德就把普遍性人类意识抽象提升为著名的哲学问题:"人是什么?"[3] 这既是哲学的根基问题,也是食物伦理必备的理论追问。在康德看来,人是有限的理性存在者。人们把食品科技运用于健康只是技术应用,而非道德实践。与此相关的福利或健

---

[1] Hub Zwart. A Short History of Food Ethics. Journal of Agricultural and Environmental Ethics,2000,12(2):121.

[2] Hub Zwart. A Short History of Food Ethics. Journal of Agricultural and Environmental Ethics,2000,12(2):124.

[3] 康德.逻辑学讲义.许景行,译.北京:商务印书馆,1991:15.

康仅仅是饮食审慎的生理消费后果,并非实践理性或伦理行为。① 因此,食物和食品科技不具有道德价值,营养学也不是伦理学的形式。康德的这一观点遭到了费尔巴哈等人的激烈反对。

在"人是什么?"这个问题上,费尔巴哈并不认同康德的观点,他主张"人是其所食(Man is what he eats)"②。实证食品科学给费尔巴哈的这一极端命题提供了一定程度的科学证据:摄入少铁食物的人,则血液中缺铁;摄入脂肪多的食物的人,则肥胖;吃简单食物的人,则消瘦;吃健康食物的人,则健康;等等。事实上,我们知道我们并不完全成为我们所食的东西,"人和其所食大不相同"③。不过,费尔巴哈并没有简单地把人等同于其所食,而是赋予食物以伦理意蕴。费尔巴哈认为,根据道德(包括康德的道德),延续自己的生命是义务,因此,"作为延续自己的生命的必要手段的吃饭也是义务。在这种情况下,按照康德的说法,道德的对象只是与延续自己的生命的义务相适应的吃的东西,而那些足够用来延续自己的生命的食品就是好(善)的东西"④。和食物相关的吃喝等行为是道德养成的必要途径,人"吸食母亲的奶和摄取生命的各种要素的同时,也摄取道德的各种要素,例如相互依赖感、温顺、公共性、限制自己追求幸福上的无限放肆"⑤。无独有偶,斯宾塞(Herbert Spencer)在1892年出版的《伦理学原理》中也把母亲喂养婴孩食物作为绝对正当的行为,"在以自然的食物喂养婴孩的过程中,母亲得到了满足;而婴孩有了果腹的满足——这种满足,促进了生命增长,以及加增享受"⑥。费尔巴哈还把食物、美味和道德密切联系起来,他认为如果有能力享受美味,"并且不因此而忘记对他人的义务和责任,那末吃美味的东西无论何时也不会就是不

---

① 康德著作全集:第6卷.李秋零,主编.北京:中国人民大学出版社,2007:436-438.

② Christian Coff. The Taste for Ethics: An Ethic of Food Consumption. Edward Broadbridge, tran. Dordrecht: Springer, 2006:9.

③ Christian Coff. The Taste for Ethics: An Ethic of Food Consumption. Edward Broadbridge, tran. Dordrecht: Springer, 2006:9.

④ 西方伦理学名著选辑:下卷.周辅成,编.北京:商务印书馆,1987:460.

⑤ 费尔巴哈哲学著作选集:上卷.荣震华,王太庆,刘磊,译.北京:三联书店,1959:573.

⑥ 西方伦理学名著选辑:下卷.周辅成,编.北京:商务印书馆,1987:308.

道德的；但是，如果剥夺别人或不让他们享受如你所享受的那么好，那末，这就是不道德的"①。在此意义上，食物甚至是"第二个自我，是我的另一半，我的本质"②。其实，食物是一系列行为的产物，其中关键的一环是"吃"。在某种程度上，人类通过"吃"确证自我的存在方式。用萨特的话说："吃，事实上就是通过毁灭化归己有，就是同时用某种存在来填充自己。"③ 对食物的综合直观本身是同化性毁灭，"它向我揭示了我将用来造成我的肉体的存在。从那时起，我接受或因恶心吐出的东西，是这存在物的存在本身，或者可以说，食物的整体向我提出了我接受或拒绝的存在的存在方式"④。吃或食物作为人的重要存在方式，在一定程度上彰显了人的本质。人的本质也在吃或食物中得到一定程度的磨砺和实现。问题是，在食品科技境遇中，食品生存实践是如何把人的存在和本质联结为一体的？

（三）公平与自律的双重建构

在食品科技境遇中，食物成为工业化产品，也就意味着不从事食品生产的人们只是远离食品生产体系的消费者。因此，食品生存实践把人的存在和本质联结为一体的基本途径在于：（1）为了维系人人应当享有的食品权益；（2）食品生产者必须考虑消费者的喜好和正当诉求；（3）食品消费者（食品生产者同时也是食品消费者）应当具有相应的食品知情选择的权利。这就需要个体自律和社会公平的双重建构。

食物和人的存在是处于社会结构中的自我与他者的交互实践。因此，"必须把食物伦理看作在公平的食品生产实践中，和他者一起为了他者的好的生活的观点"⑤。只有公平的社会制度，才可能达此目的。罗尔斯特

---

① 西方伦理学名著选辑：下卷. 周辅成，编. 北京：商务印书馆，1987：479.
② 费尔巴哈哲学著作选集：上卷. 荣震华，王太庆，刘磊，译. 北京：三联书店，1959：530.
③ 萨特. 存在与虚无. 陈宣良，等译. 北京：三联书店，2007：743.
④ 萨特. 存在与虚无. 陈宣良，等译. 北京：三联书店，2007：743.
⑤ Christian Coff. The Taste for Ethics: An Ethic of Food Consumption. Edward Broadbridge, tran. Dordrecht: Springer, 2006: 24.

别强调说:"公平是社会制度的首要德性。"①

在公平的社会制度中,食物伦理遵循为了自我和他者的善的生活的道德观念,古典的节制德性转化为食品自律(或者甚至是"自主权")。罗尔斯说:"自律行为是出自我们作为自由平等的理性存在者将会认同的、现在应当这样理解的原则而做出的行为。"② 自律本质上和正当客观性相一致,它是"要求每一个人都遵循的原则"③。自律是一个补偿诚信遮蔽的食物伦理原则,这个原则的价值基准是人人生而具有的食品人权。食物伦理权益的保障也就是对食品负责的追求。胡塞尔说:"人最终将自己理解为对他自己的人的存在负责的人。"④ 这种责任是对食品权益的重叠综合性的回应和承担,主要包括食品消费者和食品生产者的责任、食品生产销售监督等相关机构的责任乃至国家政府和国际组织的相应责任。自律和公平共同构成追求食物权益、维系食物伦理以及把存在与本质联结为一体的伦理实践力量。

人类共同食品价值的维系、食品科技的道德批判、食物伦理权益的诉求和相应的责任体系的思考建构奠定了食物伦理学的基本理论框架。在食物伦理的实践诉求和理论反思的双重推动下,食物伦理学呼之欲出。

(四)食物伦理学的应运而生

食物伦理学深深植根于饮食风俗习惯中,饮食风俗习惯既能呈现分歧差异又能强化共识联系。古典节制德性正是中道的共识联系,它所抵制的则是不及和过度两个极端。中世纪的食物禁欲主义和纵欲主义是古典节制德性所反对的两个极端的膨胀和叛逆。食品科技的冲击、食物伦理的反思是对禁欲主义和纵欲主义两个极端的实证消解、理论批判,而自律和公平

---

① John Rawls. A Theory of Justice. Cambridge, Mass.: Harvard University Press, 1971: 3.

② John Rawls. A Theory of Justice. Cambridge, Mass.: Harvard University Press, 1971: 516.

③ John Rawls. A Theory of Justice. Cambridge, Mass.: Harvard University Press, 1971: 516.

④ 胡塞尔. 欧洲科学的危机与超越论的现象学. 王炳文,译. 北京:商务印书馆, 2001: 324.

则是在此前提下解决节制和极端（禁欲主义和纵欲主义）的冲突、寻求良好的善的生活的食物伦理建构。如此一来，食物伦理学也就水到渠成了。

20世纪末，作为应用伦理学重要分支领域的食物伦理学应运而生，其标志性著作是1996年出版的《食物伦理学》（Food Ethics），该书由密赫姆（Ben Mepham）主编。密赫姆特别强调说，在诸多应用伦理学领域，食物伦理学关涉普遍的、长期的、具有说服力的伦理问题。[1] 自《食物伦理学》出版以来，食物伦理学的研究和实践日益成为重要的国际课题。一些重要的食物伦理组织机构相继成立：1998年，食物伦理委员会（The Food Ethics Council）在英国成立；1999年，欧洲农业和食物伦理学协会成立；2000年，荷兰创办农业和食物伦理学论坛，联合国食品和农业组织成立了研讨食物伦理学和农业的杰出专家小组[2]；等等。同时，一些重要著作也相继出版，如：荷兰考沙尔斯（Michiel Korthals）的《饭餐之前——食物哲学和伦理学》（2004年出版），丹麦柯弗（Christian Coff）的《伦理的味道——食物消费伦理》（2006年出版），德国戈德瓦尔德（Franz-Theo Gottwald）、尹晋希玻（Hans Werner Ingensiep）和曼哈特（Marc Menhardt）主编的《食物伦理学》（2010年出版）。尤其值得注意的是美国汤姆森（Paul B. Thompson）和凯普兰（David M. Kaplan）主编的巨著《食物和农业伦理学百科全书》，该书2014年出版，近2000页，几乎囊括了食物伦理学涉及的主要问题，堪称当下食物伦理学的百科全书。

时至今日，食物伦理学凭借其理论成就和实践业绩已经成为应用伦理学的重要分支领域。随着食品科技的日益发展和国家间经济文化政治的深刻交融，食品问题凸显出前所未有的复杂景象。因此，食物伦理学依然任重而道远。

食物伦理学是以食品人权为价值基准、以寻求食物实践和食物行为之善为目的的学问。它既能够为人类健康快乐的个体生活提供理性行为规

---

[1] Ben Mepham. Food Ethics. London：Routledge，1996：xiii.
[2] Christian Coff. The Taste for Ethics：An Ethic of Food Consumption. Edward Broadbridge，tran. Dordrecht：Springer，2006：21.

则，也能够为食品立法提供哲学论证和法理支撑，亦能够为应用伦理学和哲学的发展开拓出深刻宽广的领地。

特别需要提及的是，作为独立的应用伦理学领域，食物伦理学致力于全面深刻地系统研究食物伦理学领域的范畴、规范、原则、道德实践和伦理程序等诸多问题，建构独立的食物伦理学理论体系与食物伦理实践的章程。与此不同，在祛弱权伦理范畴内，研究食物伦理的基本任务是探究祛弱权视域的食物伦理律令以及当下食物伦理冲突与和解问题，或者说，主要反思作为生命要素的食物或食品的基本伦理问题。

第二节 食物伦理律令

继罗尔斯的《正义论》之后，国际伦理学界的另一学术盛事是：帕菲特（Derek Parfit）的皇皇巨著《论重要之事》以及一批当代重要伦理学家围绕此著所进行的热烈、持续而深刻的研讨。[1] 这些学者们共同关注的重要伦理问题可以用帕菲特的话概括如下：为了"避免人类历史终止"[2]，维系理智生命存在，应当如何面对各种生存危机？遗憾的是，正如帕菲特本人坦率地承认的那样，该著对这一类大事的直接讨论极其薄弱。[3] 其实，人类历史延绵的要素固然复杂，依然可以将其归为两类：（A）人类历史延绵的基础要素；（B）人类历史延绵的发展要素。显然，当且仅当

---

[1] Does Anything Really Matter? Essays on Parfit on Objectivity. Peter Singer, ed. Oxford: Oxford University Press, 2017. 参与讨论的学者主要有：Larry S. Temkin, Peter Railton, Allan Gibbard, Simon Blackburn, Michael Smith, Sharon Street, Richard YetterChappell, Andrew Huddleston, Frank Jackson, Mark Schroeder, Bruce Russell, Stephen Darwall, Katarzyna de Lazari-Radek, Peter Singer。

[2] Derek Parfit. On What Matters: Vol. 2. Oxford: Oxford University Press, 2011: 620. 其他相关论述请看：Derek Parfit. On What Matters: Vol. 1. Oxford: Oxford University Press, 2011: 419; Derek Parfit. On What Matters: Vol. 3. Oxford: Oxford University Press, 2017: 436.

[3] Derek Parfit. On What Matters: Vol. 3. Oxford: Oxford University Press, 2017: 436. 在第三卷中，帕菲特曾承诺在第4卷对此予以重点讨论。遗憾的是，他在2017年1月1日去世了。不过，其三卷本著作所提出的问题已足以引起学界的重视。

(A) 得以保障，(B) 才有可能。所以，(A) 优先于 (B)。

就 (A) 来说，人类历史延绵的两大基础要素包括 (C) 饥饿与 (D) 生殖。比较而言，饥饿是人人生而固有且终身具有的现实能力要素，生殖则并非如此，如婴幼儿或没有生殖能力的成年人等却具有饥饿能力。换言之，饥饿是生殖得以可能的必要条件：当且仅当 (C) 得以可能，(D) 才有可能。如果没有或丧失了饥饿能力，人类必然灭亡。就此而论，解决生存危机、延续人类历史的首要问题是饥饿问题。饥饿问题不能仅仅依赖人类自身予以解决，也不能仅仅依赖外物予以解决，只有在人与物的关系中才可能得以解决。饥饿与外物之关系的可能选项是：

(E) 饥饿是否与所有外物无关？如果答案是否定的，那么

(F) 饥饿是否与任何外物相关？如果答案是否定的，那么

(G) 饥饿如何与外物相关？

众所周知，外物并不自在地拥有与饥饿相关的目的，因为外物"自身根本不具有目的，只有其制作者或使用者'拥有'目的"①。人们根据满足饥饿的目的，把外物转变为一种是否选择的食用对象。或者说，在满足饥饿目的的生活选择的实践境遇中，外物成为一种是否应当食用的对象。借用福柯（Michael Foucault）的话说：某一外物是否成为应当食用的对象（食物），"不是一种烹饪技艺，而是一种重要的选择活动"②。与此相应，饥饿与外物关系的可能选项 (E) (F) (G) 分别转化为食物伦理的三个基础问题：

(H) 是否应当禁止食用任何对象？如果答案是否定的，那么

(I) 是否应当允许食用任何对象？如果答案是否定的，那么

(J) 应当食用何种对象？

---

① Hans Jonas. The Imperative of Responsibility: In Search of an Ethics for the Technological Age. Hans Jonas, David Herr, trans. Chicago & London: Chicago University Press, 1984: 52-53.

② Michael Foucault. Ethics: Subjectivity and Truth. Paul Rabinow, ed. Robert Hurley, et al., trans. London: Penguin Books, 1997: 259.

把握它们蕴含的食物伦理关系就是食物伦理律令所要回应的问题。①食物伦理第一律令、第二律令、第三律令分别回应这三个问题。回答了这三个问题，事关人类历史延绵的食物伦理律令也就水到渠成了。

一、食物伦理第一律令

凭直觉而论，食物伦理第一律令可以暂时表述为：为了生命存在，不应当禁止食用任何对象或不应当绝对禁食。这既是祛除饥饿之恶的诉求，又是达成饥饿之善的期望，亦是饥饿之善恶冲突的抉择。

（一）祛除饥饿之恶的诉求

饥饿是每个人生而具有的在特定时间内向消化道供给食物的生理需求与自然欲望，因此也构成人类先天固有的脆弱或欠缺。在弥补和抗衡这种脆弱或欠缺的历程中，"饥饿可能成为恶"②。饥饿之恶既有其可能性，又有其现实性。

强烈的满足饥饿欲求的自然冲动可能使善失去基本的生理根据，为饥饿之恶开启方便之门。虽然受到饥饿威胁的人不一定为恶，但是饥饿及其带来的痛苦却能够严重削弱甚至危害为善的生理前提与行为能力，因为"痛苦减少或阻碍人的活动的力量"③。在极度饥饿的状态下，个人被迫丧失正常为善的生理支撑，乃至没有能力完成基本的工作甚或正常动作（如饥饿使医生很难做好手术、教师很难上好课、科学家很难做好试验等）。相对而言，忍饥挨饿比温饱状态更易倾向于恶，不受饥饿威胁比忍饥挨饿的状态更易倾向于善。尽管为富不仁、饱暖思淫欲之类的恶可能存在，但是饥寒为盗、穷凶极恶之类的恶则具有较大的可能性。更为严重的是，在食物不能满足饥饿欲求的境遇中，大规模的饥饿灾难可能暴戾出场。饥饿

---

① 需要特别说明的是，在不与人发生直接联系的境遇中，人之外的其他生命的食物是延续和保持其自然生命的自然物，几乎无所谓道德问题。鉴于此，我们这里所讨论的食物范围主要限定在与人类相关的食物。

② Nigel Dower. Global Hunger：Moral Dilemmas//Ben Mepham. Food Ethics. London：Routledge, 1996：6-7.

③ 斯宾诺莎. 伦理学·知性改进论. 贺麟, 译. 上海：上海人民出版社, 2009：109.

灾难还极有可能诱发社会动荡甚至残酷战争，给人类带来血腥厄运与生命威胁。设若没有食物供给，饥饿则必然肆虐，人与其他生命可能在饥饿的苦难煎熬中走向灭绝。从这个意义看，饥饿首先带来的是具有可能性的恶——为善能力的削弱甚至缺失，以及为恶契机的增强。

饥饿不仅仅囿于可能性的恶，在一定条件下还能造成现实性的恶。在食物匮乏的境遇中，饥饿具有从可能的恶转化为现实的恶的强大动力与欲望契机。饥饿能够引发疾病，破坏器官功能，危害身体健康，使人在生理痛苦与身心折磨中丧失生命活力和正常精力。一旦饥饿超过身体所能忍受的生理限度，人体就会逐步丧失各种功能并走向死亡（饿死）。对此，拉美特利（Julien O. de La Mettrie）描述道：人体是一架会自己发动的机器，"体温推动它，食料支持它。没有食料，心灵就渐渐瘫痪下去，突然疯狂地挣扎一下，终于倒下，死去"[1]。值得注意的是，对于未成年人来说，饥饿还会导致其身体发育不良（或畸形），使其在极大程度上失去或缺乏基本的生存能力，以及随之而来的无助感，也有可能因饿死而夭折。诚如内格·道尔（Nigel Dower）所说："饥饿尤其是苦难中的极端形式。"[2] 出于对饥饿等痛苦的伦理反思，斯宾诺莎甚至把恶等同于痛苦。他说："所谓恶是指一切痛苦，特别是指一切足以阻碍愿望的东西。"[3] 显然，斯宾诺莎不自觉地陷入了自然主义谬误，因为痛苦（事实）并不等同于恶（价值）。尽管如此，依然不可否认：在自我保存和自由意志的范围内，饥饿带来的疾病、死亡等痛苦直接危害甚至剥夺个体生命的存在，因而成为危及人类和生命存在的现实性的恶。

饥饿直接危害甚至剥夺生命的同时，也严重损害道德力量与人性尊严。在某些地域的某些时代，饥饿与痛苦成为穷人的身份象征，饱足与快乐则成为富人的身份象征。爱尔维修（Claude-Adrien Helvétius）说："支配穷人、亦即最大多数人的原则是饥饿，因而是痛苦；支配贫民之上

---

[1] 西方哲学原著选读：下卷. 北京大学哲学系外国哲学史教研室，编译. 北京：商务印书馆，1982：107.

[2] Nigel Dower. Global Hunger：Moral Dilemmas//Ben Mepham. Food Ethics. London：Routledge, 1996：3.

[3] 斯宾诺莎. 伦理学·知性改进论. 贺麟，译. 上海：上海人民出版社，2009：111.

的人、亦即富人行动的原则是快乐。"① 一般情况下，人仅仅接受食物的施舍，其尊严就已经在某种程度上受到损害，更遑论乞食。极度饥饿可以迫使人丧失尊严，甚至剥夺试图维系尊严者的生命。对此，费尔巴哈说："饥饿不仅破坏人的肉体力量，而且损害人的精神力量和道德力量，它剥夺人的人性、理智和意识。"② 饥饿（尤其是极度饥饿）逼迫人丧失理智，摧毁人的意志，使人在自然欲望的主宰下无所顾忌地蔑视或践踏行为准则与法令规制。拉美特利痛心疾首地说："极度的饥饿能使我们变得多么残酷！父母子女亲生骨肉这时也顾不得了，露出赤裸裸的牙齿，撕食自己的亲骨肉，举行着可怕的宴会。在这样残暴的场合下，弱者永远是强者的牺牲品。"③ 人们常常在极度饥饿的痛苦煎熬中丧失理性和德性，蜕变为弱肉强食的自然法则之工具。

然而，人不应当仅仅是饥饿驱使下的自然法则之奴仆，还应当是自然法则与饥饿之主人。在极有可能被饥饿夺去生命的境遇中，依然有不愿被饥饿奴役者。为了维护人性尊严，他们与饥饿誓死抗争，即使饿死也绝不屈从。在尊严抗争饥饿的过程中，人的自由意志和德性彰显出其善的光辉。这正是达成饥饿之善的期望之根据。

（二）达成饥饿之善的期望

在边沁看来，"自然把人类置于两位主公——快乐和痛苦——的主宰之下。只有它们才指示我们应当干什么，决定我们将要做什么"④。尽管饥饿及其带来的痛苦更倾向于恶，但并不能完全遮蔽其善的潜质。饥饿及其带来的痛苦更易于摧毁道德的自然根基，但也可能成为建构道德的感性要素。另外，饥饿也能带来相应的快乐。赫拉克利特（Heraclitus）曾说：

---

① 西方哲学原著选读：下卷．北京大学哲学系外国哲学史教研室，编译．北京：商务印书馆，1982：179．
② 西方哲学原著选读：下卷．北京大学哲学系外国哲学史教研室，编译．北京：商务印书馆，1982：488．
③ 西方哲学原著选读：下卷．北京大学哲学系外国哲学史教研室，编译．北京：商务印书馆，1982：108．
④ 边沁．道德与立法原理导论．时殷弘，译．北京：商务印书馆，2000：57．

"饿使饱成为愉快。"① 这种快乐使人可能倾向于善。更为重要的是，饥饿既是人之存在的原初动力，也是人类生活价值的自在根据。就此而论，饥饿之善依然是可以期望的。

如果说人是有欠缺的不完满的存在，那么饥饿则是人先天固有的根本性欠缺。在萨特看来，存在论（或本体论）揭示出饥饿之类的欠缺是价值的本原。他说："本体论本身不能进行道德的描述。它只研究存在的东西，从它的那些直陈是不可能引申出律令的。然而它让人隐约看到一种面对困境中的人的实在负有责任的伦理学将是什么。事实上，本体论向我们揭示了价值的起源和本性；我们已经看到，那就是欠缺。"② 作为生命本原的欠缺，饥饿是自然赋予人与其他生命自我保持、自我发展的基本机能之一。某种程度而论，人之存在就是一个持续回应饥饿诉求、追求免于饥饿的绵延进程。在此进程中，饥饿成为人类生活价值的自在根据之一。

饥饿首先是人类存在的原初要素之一。从生命存在的形上根据而言，缺乏是生命之为生命的必要条件。诚如黑格尔所言："只有有生命的东西才有缺乏感。"③ 作为缺乏的一种基本要素，饥饿无疑是生命存在的必要条件。从经验的角度看，"饥饿是人的一种自然需要，满足这种需要的欲望是一种自然而且必要的感情"④。欠缺意味着需求，没有饥饿的缺乏感，人将丧失生存的原初动力。爱尔维修深刻地指出："如果天满足了人的一切需要，如果滋养身体的食品同水跟空气一样是一种自然元素，人就永远懒得动了。"⑤ 缺乏或丧失饥饿的欲求，食物将不复存在，人也将不成其为人，并将蜕变为失去生命活力和存在价值的非生命物。正是饥饿启动生命机体欲求食物的发条，使之转化为生命存在和自我发展的原初动力。在饥饿欲求的自然命令下，人类学习并掌握最为基本的生存技巧。毫不夸张

---

① 西方哲学原著选读：上卷．北京大学哲学系外国哲学史教研室，编译．北京：商务印书馆，1981：24.

② 萨特．存在与虚无．陈宣良，等译．北京：三联书店，2007：754.

③ 黑格尔．自然哲学．梁志学，等译．北京：商务印书馆，1980：536.

④ 西方哲学原著选读：下卷．北京大学哲学系外国哲学史教研室，编译．北京：商务印书馆，1982：227.

⑤ 西方哲学原著选读：下卷．北京大学哲学系外国哲学史教研室，编译．北京：商务印书馆，1982：179.

地说,"在各个文明民族中使一切公民行动,使他们耕种土地,学一种手艺,从事一种职业的,也还是饥饿"①。可见,饥饿是人类和其他生命得以存在并延续的诉求和命令之一。

在维系生命存在的过程中,饥饿及其带来的快乐在某种条件下转化为有益人类与生命存在的善。为了满足自身存在的饥饿欲求,人们永不停歇地劳作。在劳作过程中,饥饿不仅带来痛苦,而且也带来追求食物和生存的愉快和动力。尽管"痛苦与快乐总是异质的"②,实际上"痛苦与快乐极少分离而单独存在,它们几乎总是共同存在"③。相对而言,快乐比痛苦更倾向于善,因为"快乐增加或促进人的活动力量"④。饥饿带来的快乐为善奠定了某种程度的自然情感基础。斯宾诺莎把痛苦等同于恶的同时,亦把快乐直接等同于善。他说:"所谓善是指一切的快乐,和一切足以增进快乐的东西而言,特别是指能够满足欲望的任何东西而言。"⑤ 尽管快乐(事实)并不等同于善(价值),但是,当人们获得饥饿满足的快乐的时候,更易倾向于善。饥饿带来的用餐愉悦、生存动力等快乐在自我保存和行为选择中可能具有一定程度的善的道德价值。

（三）饥饿之善恶冲突的抉择

祛除饥饿之恶、达成饥饿之善是饥饿之恶与饥饿之善相互冲突的抉择历程。饥饿之恶与饥饿之善的矛盾集中体现为绝对禁食(饥饿之恶的表象)与允许用食(饥饿之善的表象)的剧烈冲突,其实质则是食物伦理领域的生死矛盾。

以"敬畏生命"著称的施韦泽(Albert Schweitzer)曾提出生命伦理的绝对善恶标准:"善是保存生命,促进生命,使可发展的生命实现其最高价值。恶则是毁灭生命,伤害生命,压制生命的发展。这是必然的、普

---

① 西方哲学原著选读:下卷. 北京大学哲学系外国哲学史教研室,编译. 北京:商务印书馆,1982:178.
② John Stuart Mill. On Liberty & Utilitarianlism. New York:Bantam Dell,2008:166.
③ John Sruart Mill. On Liberty & Utilitarianlism. New York:Bantam Dell,2008:202.
④ 斯宾诺莎. 伦理学·知性改进论. 贺麟,译. 上海:上海人民出版社,2009:109.
⑤ 斯宾诺莎. 伦理学·知性改进论. 贺麟,译. 上海:上海人民出版社,2009:111.

遍的、绝对的伦理原理。"① 这一绝对伦理原理在饥饿之善与饥饿之恶的冲突面前受到致命的挑战。人与其他生命既可能是食用者，也可能是被食者（食物）。在饥饿的驱使下，各种生命相互食用，生死博弈势所难免。诚如柯弗所说："吃是一场绵延不绝的杀戮。"② 如此一来，绝对禁食或允许用食似乎都不可避免地悖逆自然之善——保存生命的基本法则③，因为人类必然面临如下伦理困境：

（1）如果绝对禁食，则必定饿死或被吃而丧失生命。

（2）如果允许用食，则意味着伤害其他生命。值得一提的是，极端素食主义者毕竟是极少数。而且，植物也是有生命的，至少是生命的低级形式。就此而论，素食其实也是伤害生命。

（3）无论绝对禁食还是允许用食，都意味着生死攸关的生命选择：杀害其他生命或牺牲自己的生命。

那么，应当如何抉择呢？显而易见，这种生死冲突的根源是饥饿。饥饿促发的绝对禁食与允许用食的冲突本质上是生死存亡之争："饥饿要么导致我们的死亡，要么导致他者的死亡。"④ 化解这种生死冲突的抉择必须回应两个基本问题：绝对禁食是否正当？允许用食是否正当？

绝对禁食表面看来似乎是尊重（被食者）生命的仁慈行为，实际上它违背生命存在的基本法则与自然之善的基本要求，无异于饥饿之恶的肆虐横行。因为绝对禁食既是对饥饿这种自然命令的悖逆，也是对用食（吃）这种自然功能的完全否定。如果一个人绝对禁食被饿死，这是对个体免于饥饿权的践踏，更是对人性的侵害和生命权（最为基本的人权）的剥夺。诚如斯宾诺莎所言："没有人出于他自己本性的必然性而愿意拒绝饮食或自杀，除非是由于外界的原因所逼迫而不得已。"⑤ 如果所有人绝对禁食

---

① 阿尔贝特·施韦泽. 敬畏生命：五十年来的基本论述. 陈泽环，译. 上海：上海社会科学院出版社，2003：9.

② Christian Coff. The Taste for Ethics：An Ethic of Food Consumption. Edward Broadbridge, tran. Dordrecht：Springer，2006：9.

③ 此命题的相关论证将在后文进行。

④ Christian Coff. The Taste for Ethics：An Ethic of Food Consumption. Edward Broadbridge, tran. Dordrecht：Springer，2006：12.

⑤ 斯宾诺莎. 伦理学·知性改进论. 贺麟，译. 上海：上海人民出版社，2009：127.

被饿死，人类就陷入彻底灭亡的绝境。灭亡人类是比希特勒式的灭亡某个种族更大的恶，因为它是灭绝物种的恶。如果所有生命绝对禁食，人类和其他所有生命都将灭绝，这是生命整体死亡的绝对悲剧。可见，绝对禁食既违背祛除饥饿之恶的诉求，又践踏实践饥饿之善的目的、悖逆保存生命的自然之善法则的伦理诉求。换言之，绝对禁食是饥饿之恶对饥饿之善的践踏，因为它杜绝了自然赋予生命存在的基本前提，绝对彻底地践踏了自然的最高善——保存生命。约纳斯特别强调说，伦理公理"绝不可使人类实存或本质之全体陷入行为的危险之中"①。绝对禁食是以毁灭个体为目的的嫉恨生命，由此带来的毁灭生命不但"使人类实存或本质之全体陷入行为的危险之中"，而且直接导致人类历史终止的严重后果。是故，绝对禁食是否定生命存在正当性进而毁灭生命的终极性的根本恶，拒斥绝对禁食是食物伦理的绝对命令。

那么，允许用食是否正当？饥饿是最为经常地支配人类行动的自然力量，"因为在一切需要中，这是最经常重视的，是支配人最为紧迫的"②。饥饿是食物得以可能并具有存在价值的原初根据，达成饥饿之善的关键途径是食物。人类历史经验所积累的食物价值基于一个自明的事实："食物即是生命（food is life）。为了继续活着，所有生命必须消耗某种食物。"③虽然未加反思的盲目的饮食（事实上也大致如此）会杀死个别生命甚至可能灭绝个别物种，但是它使人类和所有生命获得生存机会，并有效地避免或延迟生命整体灭亡的残酷后果或绝对悲剧。

在弱肉强食、适者生存的自然法则中，弱肉强食只是手段，适者生存才是目的。如果弱肉强食是目的，最强大的动物如恐龙之类就不会灭绝。事实恰好相反，弱肉强食最终必然导致超级食者（如恐龙之类）因无物可食而逐步走向灭绝。从个体而言，保存自我是人和其他生命的内在本质，

---

① Hans Jonas. The Imperative of Responsibility: In Search of an Ethics for the Technological Age. Hans Jonas, David Herr, trans. Chicago & London: Chicago University Press, 1984: 37.

② 西方哲学原著选读：下卷. 北京大学哲学系外国哲学史教研室，编译. 北京：商务印书馆，1982: 178.

③ Gregory E. Pence. The Ethics of Food: A Readers for the Twenty-First Century. Lanham, New York: Rowman & Littlefield Publishers, Inc., 2002: vii.

饥饿正是这种内在本质的原初力量。斯宾诺莎说:"保存自我的努力不是别的,即是一物的本质之自身。"① 正因如此,康德把"以保存个体为目的的爱生命"规定为最高的自然的善。② 密尔也认为,最大幸福原则的终极目的就是追求那种最大可能地避免痛苦、享有快乐的存在。他说,"终极目的是这样一种存在(an existence):在量和质两个方面,最大可能地免于痛苦,最大可能地享有快乐",其他一切值得欲求之物皆与此终极目的相关并服务于这个终极目的。③ 食物的价值在于满足生命存在的饥饿欲求,避免饥饿之恶的痛苦威胁,达成维系生命存在和活力的目的。免于饥饿、获取足够食物以维系生命,是珍爱生命的最为基本的要素,是最高的自然善的基本内涵,亦是适者生存法则的内在要求。可以说,用食(吃)以血腥的恶(杀死生命)作为工具,是为了达成保存生命之善的目的。因此,允许用食或拒斥绝对禁食是自然之善法则的应有之义,也是适者生存法则下化解生死存亡冲突的实践律令。

鉴于上述理由,我们把直觉意义上的食物伦理第一律令修正为:不应当绝对禁食,因为(1)生命存在是最高的自然善;(2)绝对禁食既是对生命的戕害,亦是对自然善的践踏;(3)绝对禁食必然导致人类历史的终止,因而是对人类最为重要之事的最大危害。

二、食物伦理第二律令

如上所论,不应当绝对禁食也就意味着应当允许用食。我们自然要问:是否应当允许食用任何对象?此问题涵纳两个基本层面:是否应当以人之外的所有对象为食物?是否应当以人为食物?食物伦理第二律令对此予以回应。

人类具有一套精密的消化系统与强大的消化功能,并借此成为兼具素食与肉食能力的杂食类综合型生命。或者说,人类能够享有的食物类别与范围远远超出地球上的其他生命,是名副其实的食者之王。值得注意的

---

① 斯宾诺莎. 伦理学·知性改进论. 贺麟,译. 上海:上海人民出版社,2009:159.
② 康德著作全集:第7卷. 李秋零,主编. 北京:中国人民大学出版社,2008:270-271.
③ John Stuart Mill. On Liberty & Utilitarianlism. New York:Bantam Dell,2008:167.

是，尽管人的生理结构与消化功能赋予人以强大的食用能力，但是这种能力在无限可能的自然中依然具有其脆弱性。对人而言，每一种食物都不是绝对安全的，都具有不同程度的危险性。既然人类的食用能力是有限的，而且每一种食物对人而言都具有危险性，那么人的食物对象必定有所限制。

（一）是否应当以人之外的所有对象为食物？

这个问题可以从人的身体功能及食物规则两个层面予以思考。

其一，从身体功能来看，人不应当食用人之外的所有对象。

身体功能的脆弱性、有限性、差异性，决定着人不能食用人之外的所有对象。

饥饿并非身体之无限的生理欲求。就是说，身体生理功能所欲求的食物的量是有一定限度的。一旦达到这个限度，食欲得到满足，食物就不再必要。如果超越这个限度，身体便不能承受食物带来的消化压力与不良后果。一般而论，身体对于满足饥饿的直接反应是，饥饿感消失即不饿或饱足状态。此时，不得强迫身体过度进食。亚里士多德早就认为，用食过度是欲望的滥用，因为"自然欲望是对欠缺的弥补"[1]。孟子也说："饥者甘食，渴者甘饮，是未得饮食之正也，饥渴害之也。"（《孟子·尽心上》）饥不择食、渴不择饮之类的生活方式，因其过量而增加了危害健康的可能性。如果不加限制地进食，还可能便利甚至加剧病菌等有害物对身体的危害，使身体受损甚至死亡。

身体对于食物的质亦有严格要求。食物成为满足人类饥饿需求、维系生命的物质，是以食物的质为前提的。从身体或生理的层面看，满足饥饿需求、有益身体健康是选择食物的第一要素。没有基本质量保证的食物可能使人呕吐或反胃（恶心），给人带来疾病、痛苦与危害。如果食物包含肮脏成分，或者食物配备不当，人就可能遭受食物污染甚至食物中毒，严

---

[1] Aristotle. The Nicomachean Ethics. David Ross, tran. Oxford: Oxford University Press, 2009: 57.

重者可能因此失去生命。面对食物欲求与食物危险之间的紧张关系,人们必须根据一定的质的标准(有益健康)谨慎严格地选择、生产、消费食物。不但人如此,"其他动物也区分不同食物,享用某些食物同时拒绝某些其他食物"[1]。一般而言,所有人都不可食用的东西即对身体健康有害无益的东西如毒蘑菇、石头、铁等,被排除在食物之外。对人体健康有益无害的东西,才可能成为人们食物选择的对象。比如,人们选择某类水果、谷物或动物等作为自然恩赐的天然食物,主要原因是它们可以维持生命和健康甚或提升快乐与满足感。

身体功能的自然限制决定着人类的食物不可能是任何自然物,即人类的食物只能是有所限定的某些自然物。这也是食物规则形成的自然基础。

其二,从食物规则来看,人不应当食用人之外的所有对象。

表面看来,每种食物源于自然又复归于自然。究其本质,食物既是自然产物,也是自由产物。费尔巴哈在分析酒和面包时说:"酒和面包从质料上说是自然产物,从形式上说是人的产物。如果我们是用水来说明:人没有自然就什么都不能做,那么我们就用酒和面包来说明:自然没有人就什么都不能做,至少不能做出精神性的事情;自然需要人,正如人需要自然一样。"[2] 面包之类的食物作为自然产物和自由产物的实体是离不开人的,否则就不能成为人的食物。在人类生产、制作与享用食物的过程中,食物成为人们赋予各种价值要求和食用目的的价值载体,各种食物规则也随之形成。

作为食物消费者,人既食用自己生产的食物,又享用他者生产的食物。农业时代的乡村生活方式,常常体现在以面包、馒头、啤酒、白酒乃至红酒等为媒介所构成的各类社会团体之中。在工业时代,啤酒甚至成为公众场合表达社会团结和谐的桥梁。食用方式或食物种类,标志并确证着

---

[1] Aristotle. The Nicomachean Ethics. David Ross, tran. Oxford: Oxford University Press, 2009: 58.

[2] 西方哲学原著选读:下卷. 北京大学哲学系外国哲学史教研室,编译. 北京:商务印书馆, 1982: 487.

食物主体的个体身份和价值认同。格弗敦（Leslie Gofton）说："共同享用食物，是最为基本的人类友爱、和善的表达方式。"① 共同进食者通过这种行为方式建立一种权利与义务的食物规则共同体。于是，人们自觉或不自觉地造就并归属于各种不同的食物规则共同体，比如西餐规则共同体、中餐规则共同体等等。每一个规则共同体都有自己的食物判断、选择、生产与消费的规则体系和行为规范。在食物规则共同体中，人们根据自己赋予食物的价值意义，设置并遵守一定的食物行为规则（比如允许食用某类食物或禁食另一类食物），而不是毫无规则地盲目食用任何食物。孔子讲到祭品的准备和礼仪时说："食不厌精，脍不厌细。食饐而餲，鱼馁而肉败，不食。色恶，不食。臭恶，不食。失饪，不食。不时，不食。割不正，不食。不得其酱，不食。肉虽多，不使胜食气。惟酒无量，不及乱。沽酒市脯，不食。不撤姜食，不多食。"（《论语·乡党》）彭斯（Gregory E. Pence）也说："基督教要求食用之前，必须祷告祈福。……伊斯兰教禁食猪肉；印度教禁止杀牛。"② 人们通常用传统习俗去规定食物的途径和形式，以此解决各种食物伦理问题。基于饥饿及其带来的快乐和痛苦的自然情感，人们逐渐认识到："对食物进行选择，采用食物时有所节制，则是理性的结果；暴饮暴食是违背理性的行为；夺去另一个人所需要的、并且属于他的食物，乃是一种不义；把属于自己的食物分给另一个人，则是一种行善的行为，成为美德。"③ 在回应饥饿诉求的进程中，人类不断反思趋乐避苦的各种食物行为，逐步形成并完善各种饮食习俗与行为规则如节制等，进而把饥饿从自然欲求转化为具有某种道德价值的力量。

需要注意的是，同一种（类）食物对不同食物规则共同体的人具有不同的价值。由于价值的差异，常常出现"一（类）人之美味可能是另一

---

① Leslie Gofton. Bread to Biotechnology: Cultural Aspects of Food Ethics//Ben Mepham. Food Ethics. London: Routledge, 1996: 121.

② Gregory E. Pence. The Ethics of Food: A Readers for the Twenty-First Century. Lanham, New York: Rowman & Littlefield Publishers, Inc., 2002: viii.

③ 西方哲学原著选读：下卷. 北京大学哲学系外国哲学史教研室，编译. 北京：商务印书馆，1982：227-228.

(类）人之毒药"的伦理冲突。我们不禁要问：这些食物行为是否蕴含着普遍的基本道德法则呢？黑格尔道出了其中的真谛，他说："瘦弱的素食民族和印度教徒不吃动物，而保全动物的生命；犹太民族的立法者唯独禁止食血，因为他们认为动物的生命存在于血液中。"① 把某些动物作为禁食食品（如基督食物谱系禁食猪肉）的基本伦理法则是为了保存生命。如今，虽然各种允许和禁食食物的传统习俗受到严重挑战，但是人类仍然根据当下食物规范进行判断和选择，而非毫无限制地吃任何东西。设置并遵守食物规则是人类自由精神融入自然食物的标志，人类通过这些规则使食物成为自然产物和自由产物的实体。食物规则意味着食物的选择和限制：其根本目的是维系健康和保存生命，其伦理底线则是不得伤害健康，更不允许危害生命。

简言之，为了维系健康和保存生命，人不能以人之外的所有对象为食物。

（二）是否应当以人为食物？

既然不能以人之外的所有对象为食物，那么是否应当以人为食物？

不可否认，作为自然存在者，人之身体既具有把其他生命（如羊、牛、猪等）或自然物（如盐、水等）作为食物的可能性，也具有成为人或其他生命（如狼、老虎、豹子等）之食物的可能性。在历史和现实中，也不乏某些人成为他人或其他生命之食物的实证案例。就是说，人既可能是食用者，又可能是被食用者。因此，我们必须回答由此带来的重大食物伦理问题：是否应当以人为食物？这个问题可以分为两个层面：（1）人是否应当成为其他生命（主要指食肉动物）的食物？（2）人是否应当成为人的食物？或者说，人是否应当吃人？

（1）人是否应当成为其他生命的食物？具体些说，人是否应当被人之外的其他动物（尤其是大象、狮子、老虎等珍稀动物）猎杀而成为其他动物的食物？或人是否应当被饿死而成为其他动物的食物？

如果人仅仅是自然实体，人与其他生命一样可以成为食物。因为人的

---

① 黑格尔. 自然哲学. 梁志学, 等译. 北京：商务印书馆，1980：513.

肉体作为可以食用的自然实体，具有成为其他食者的食物的可能性。但是，人之肉体（自然实体）同时也是其自由实体，因为人同时还是自由存在者。诚如费尔巴哈所说："肉体属于我的本质；肉体的总体就是我的自我、我的实体本身。"① 人的肉体因其自由本质而是自在目的，而非纯粹的自然工具。康德甚至主张："人就是这个地球上的创造的最后目的，因为他是地球上唯一能够给自己造成一个目的概念、并能从一大堆合乎目的地形成起来的东西中通过自己的理性造成一个目的系统的存在者。"② 如果人成为其他动物的食物，那么这不仅仅是其自然实体（肉体）的湮灭，同时也是其自由实体的消亡。或者说，人成为食物意味着把人仅仅看作自然工具而不是自由目的。然而，人作为自由存在的目的否定了其成为其他动物的食物（自然工具）的正当性。换言之，人的自由本质不得被践踏而降低为自然工具，免于被其他动物猎杀或食用是人人生而具有的自然权利或正当诉求。

当下突出的一个现实问题是：当人命和珍稀动物的生命发生冲突时，何者优先？究其本质，动物保护乃至环境保护的根本目的是人，而非动物或环境。③ 人不仅仅是动物保护的工具，也不仅仅是珍稀动物保护的直接工具——食物，人应当是动物保护的目的。当珍稀动物与人命发生冲突时，不应当以保护珍稀动物或者动物权利等为借口，置人命于不顾。相反，应当把人的生命置于第一位。作为自由存在者，人不应当被其他生命（包括最为珍贵的珍稀动物）猎杀或食用。

同理，人也不应当被饿死而成为其他生命的食物。

（2）人是否应当成为人的食物？

同类相食在自然界极为罕见。仅凭道德直觉而论，人类相食（人吃人）违背基本的道德情感和伦理常识。不过，这种道德直觉需要论证。

---

① 西方哲学原著选读：下卷．北京大学哲学系外国哲学史教研室，编译．北京：商务印书馆，1982：501．

② 康德．判断力批判．邓晓芒，译．北京：人民出版社，2002：282．

③ 人是环境和动物保护目的的相关论证，请参看：任丑．人权应用伦理学．北京：中国发展出版社，2014：144-147．

首先，在食物并不匮乏的情况下，人是否应当食人？事实上，即使食物并不匮乏，个别野蛮民族或个人也可能会把俘虏、病人、罪犯、老人或女婴等作为食物，某些民族甚至有易子而食的恶习。这是应当绝对禁止的罪恶行为。诚如约翰逊（Andrew Johnson）所说："人们普遍认为吃人是不正当（错误）的。"① 有食物时，依然吃人的行为是仅仅把人当作（食用）工具或仅仅把人当作物。或者说，吃人者与被吃者都被降格为丧失人性尊严的动物。在具备食物的情况下，不吃人必须是一条绝对坚守的道德法则，也应当是人类食物伦理的基本共识或道德底线。

其次，在食物极度匮乏甚至食物缺失的困境中，如果不吃人，就会有人被饿死；如果吃人，就会有人被杀死。那么，面临饿死威胁的人是否应当食人？或者说，人命与人命发生冲突的生死时刻，人是否应当食人？这大概是人类必须直面的极端惨烈的食物伦理困境。

一般说来，在没有任何其他食物、不吃人必将饿死的境遇中，人们面临两难抉择：

遵循义务论范式的绝对命令：尊重每个人的生命和尊严，绝对禁止以人为食物。其代价是在场的所有人都可能饿死，这似乎与保持生命的自然善的法则是矛盾的。

遵循功利论范式的最大多数人的最大善果原则：以极少数人（某个人或某些人）为食物，保证其余的最大多数人可能不会饿死。其代价是践踏极少数人的生命和尊严，同时贬损其余最大多数人的人性尊严并把他们蜕变为低劣的食人兽。

面对这个挑战人性尊严的极其尖锐的终极性伦理问题，我们应当如何抉择呢？

表面看来，既然其他动物可以被人吃，如果人仅仅作为自然人或纯粹的动物，好像并没有正当理由不被人吃。另外，在食物极度匮乏的情况下，人吃人的行为和现象也是存在的。然而，这并不能证明此种行为是应

---

① Andrew Johnson. Animals as Food Producers//Ben Mepham. Food Ethics. London：Routledge，1996：49.

当的。

  大致而论，在自然界的食物链中，植物是食草动物的食物，食草动物是食肉动物的食物。食草动物抑制植物过度生长，食肉动物限制食草动物贪吃而使植物得到保护免于毁灭，也使食草动物免于饥饿而灭绝。同时，食草动物的存在也为食肉动物提供了生存的食材，食肉动物的猎杀行为最终维系着其自身的生存。人则是综合并超越食草动物和食肉动物的自由存在者，"人通过他追捕和减少食肉动物而造成自然的生产能力和毁灭能力之间的某种平衡。所以，人不管他如何可以在某种关系中值得作为目的而存在，但在另外的关系中他又可能只具有一个手段的地位"[1]。作为有限的理性存在者，人具有超越于物（包括食物、肉体）的精神追求与道德地位。在人与物的关系中，人是物的自在目的（所以，人不应当成为动物的食物，如前所述）；在人与人的关系中，人不仅是手段，而且还是目的。作为目的的人就是具有人性尊严的人。[2]

  在面临饿死威胁的境遇中，人命与人命冲突的实质是人的自然食欲和人性尊严的冲突。人命是自然食欲的目的，同时又是人性尊严的手段。所以，自然食欲是人性尊严的手段，人性尊严是自然食欲的目的。就是说，人性尊严优先于自然食欲。当人性尊严和自然食欲发生冲突之时，应当维系人性尊严而放弃自然食欲：即使饿死或牺牲自己的生命也绝不吃人。在这个意义上，个体生命成为人性尊严的手段，人性尊严则成为个体生命的目的。值得注意的是，绝不吃人不仅是尊重可能被食者的人性尊严，亦是尊重那些宁愿饿死也不吃人者的人性尊严。在任何情况下，人具有不被人吃的自然权利，同时也必须秉持不得吃人的绝对义务。就此而论，饥饿或极度饥饿是考验道德能力和人性尊严的试金石，而非推卸责任与义务的理由。这也在一定程度上意味着功利论范式不具有正当性。

  功利论范式的选项是以极少数人作为最大多数人的食物，也就是以极少数人的死亡或牺牲，换取最大多数人的生命。其根据可以归纳为：极少

---

  [1] 康德. 判断力批判. 邓晓芒, 译. 北京：人民出版社，2002：282.
  [2] 有关人性尊严的讨论，请参看：任丑. 人权视阈的尊严理念. 哲学动态，2009（1）.

数人生命之和的价值小于最大多数人生命之和的价值。表面看来，这似乎是无可辩驳的正当理由，实则不然。在食物伦理领域，自然食欲是功利论的基础。饥饿与食欲相关的痛苦、快乐或幸福等必须严格限定在经验功利的工具价值范围内。一旦僭越经验功利的边界，它就失去存在的价值根据。我们知道，物或工具价值可以量化，可以比较大小。但是，人的生命不仅仅是物，也不仅仅具有工具价值。人既是自然人（具有工具价值），又是自由人（具有目的价值）。是故，诚如康德所言："人和每一个理性存在者都是自在目的，不可以被这样或那样的意志武断地仅仅当作工具。"[①]基于自由的人命具有目的价值，并非仅仅具有工具价值，故不可以用数量比较大小。就是说，人命并非经验领域内可以计量的实证对象，其价值和意义超越于任何功利而具有神圣的人性尊严，故不属于功利原则的评判范畴。设若把极少数人作为最大多数人的食物，就把被吃者和吃人者同时仅仅作为饥饿欲望的工具，进而野蛮地践踏人性尊严的目的。如此一来，一方面，极少数人（被吃者）在被吃过程中仅仅成为最大多数人（吃人者）维系生命的纯粹工具（食物），其人性尊严被完全剥夺；另一方面，最大多数人（吃人者）在贬损他者为食物的同时，也把自己蜕变堕落为低劣无耻的食人兽，把自己异化为满足饥饿食欲的自然工具。在这个意义上，吃人者完全丧失了自己的人性尊严，把自己降格为亚动物——或许这就是人们说的禽兽不如。归根结底，支配这种行为的是弱肉强食的丛林法则，而非尊重人性尊严的自由法则。值得一提的是，动物行为无所谓善恶，动物吃人不承担任何责任。人命和人命冲突的境遇属于目的价值领域，人吃人是大恶，吃人者必须承担相应的法律责任与道德义务。

即使从功利主义角度看，以极少数人（某个人或某些人）作为其他最大多数人食物的选项也是难以成立的。鉴于最大多数人最大幸福的原则严重忽视甚至践踏极少数人的幸福，功利主义集大成者密尔把这一原则修正为"最大幸福原则"。此原则明确主张功利主义的伦理标准"并非行为者

[①] Immanuel Kant. Foundations of the Metaphysics of Morals. Lewis White Beck, tran. Beijing: China Social Sciences Publishing House, 1999: 46.

自己的最大幸福，而是所有人的最大幸福"①。显然，以极少数人的死亡或牺牲作为其余最大多数人食物的选项悖逆了最大幸福原则。另外，从牺牲（sacrifice）本身来看，密尔认为，没有增进幸福的牺牲是一种浪费。唯一值得称道的自我牺牲是对他人的幸福或幸福的手段有所裨益。因此，"功利主义道德的确承认人具有一种为了他人之善而牺牲自己最大善的力量。它只是拒绝认同牺牲自身是善"②。显而易见，我们这里所说的人命与人命冲突中的极少数人的死亡或牺牲（作为其他人的食物）并非自我牺牲，即使是自我牺牲也不会对其他人的幸福有所裨益，唯一可能的似乎只不过是对其他人幸福的手段有所裨益。然而，这种可能违背最大幸福原则，因而是不能成立的。

有鉴于此，应当尊重并保持每个人（自己和他人）的生命和人性尊严，拒斥把人作为食物或把人贬低为食人兽的恶行。是故，我们选择遵循义务论范式而拒绝遵循功利论范式。质言之，无论食物是否匮乏，都应当绝对禁止把人当作食物（不得吃人）。或者说，人性尊严是食物行为的价值目的，人在任何情况下均不得被贬损为工具性食物。禁止吃人是食物伦理的绝对命令。

综上，是否应当以所有对象为食物？答：不应当以所有对象为食物，尤其不得以人为食物，因为人性尊严是食物的价值目的。这就是食物伦理第二律令。

三、食物伦理第三律令

既然不能以所有对象为食物，那么应当食用何种对象呢？或者说，以何种对象为食物的伦理律令是什么？这是食物伦理第三律令要回应的问题。此问题可以分解为三个层面：人与物关系中的食物伦理规则是什么？人与自己关系中的食物伦理规则是什么？人与他人关系中的食物伦理规则是什么？

---

① John Stuart Mill. On Liberty &. Utilitarianism. New York：Bantam Dell, 2008：167.
② John Stuart Mill. On Liberty &. Utilitarianism. New York：Bantam Dell, 2008：173.

(一) 人与物关系中的食物伦理规则

我们这里所说的"人与物"中的"物"是指(人之外的)具有食用可能性或现实性的对象,它本质上是人的可能食物或现实食物。

在自然系统中,自然是人得以可能的根据,人是其消化系统得以可能的实体。消化系统是饥饿、食欲与食物得以可能的有机系统,也是生命得以可能的关键。没有自然,就没有人类及其消化系统,更遑论饥饿、食欲或食物。反之亦然,没有饥饿、食欲或食物,就没有消化系统、生命或人类,同时也就没有人类意义上的自然。拜尔茨说:"自达尔文以来,有关人类起源的进化理论都首先指出,人的自然体是从非人自然体起源的,在生物学上我们是一种哺乳动物。即便把所有的进化起源问题抛开,单就我们作为自然生物的继续存在以及作为人之主体的继续存在来说,我们对外界的倚赖丝毫也不少于对我们自身的倚赖;在疑难情况下,我们宁肯舍弃我们自然体的一部分(如毛发或指甲,甚至肢体或器官),也不能舍弃外部自然界的某些部分(如氧气、水、食物)。"[1] 因为食物是人赖以生存的必要条件,特定条件下,舍弃食物,就等于放弃生命。那么,"我们的食物中到底含有什么宝贵的东西使我们能够免于死亡呢?"[2] 这是诺贝尔物理学奖得主薛定谔(Erwin Schrödinger)发出的关于食物价值的科学追问。薛定谔认为,自然界中正在发生的一切,都意味着它的熵的增加。从统计学概念的意义来看,熵是对原子无序(混乱)性的定量量度,负熵是"对有序的一种量度"[3]。生命有机体在不断增加自己的熵或产生正熵,"从而趋向于危险的最大熵状态,那就是死亡"[4]。生命活着或摆脱死亡的根据是,不断地从环境中吸取负熵,因为"有机体正是以负熵为生的",或者说"新陈代谢的本质是使有机体成功消除了它活着时不得不产生的所

---

[1] 库尔特·拜尔茨. 基因伦理学. 马怀琪,译. 北京:华夏出版社,2001:221.
[2] 埃尔温·薛定谔. 生命是什么?. 张卜天,译. 北京:商务印书馆,2014:75.
[3] 埃尔温·薛定谔. 生命是什么?. 张卜天,译. 北京:商务印书馆,2014:77.
[4] 埃尔温·薛定谔. 生命是什么?. 张卜天,译. 北京:商务印书馆,2014:75.

有熵"①。一个有机体使自身稳定在较高有序水平（等于较低的熵的水平）的策略就在于从其环境中不断吸取秩序。这种秩序就是那些为有机体"充当食物的较为复杂的有机化合物中那种极为有序的物质状态"②。食物凭借负熵使生命（人）消除其正熵，并使生命（人）免于陷入最大熵状态（死亡），或者说食物使生命（人）避免无序或混乱状态而维系其自身的有序状态（生存）。

　　作为人赖以生存的必要条件，食物在吃的行为中转化为人的直接存在方式。如果说尚未食用的食物还是潜在的可能食物，那么吃则是使可能食物转化为现实食物的具体行动。萨特说："吃，事实上就是通过毁灭化归己有，就是同时用某种存在来填充自己。……它向我揭示了我将用来造成我的肉体的存在。从那时起，我接受或因恶心吐出的东西，是这存在物的存在本身，或者可以说，食物的整体向我提出了我接受或拒绝的存在方式。"③ 吃是把作为他者的食物转化为自我身体的存在要素的关键一环。当食物被吞噬后，并不立刻成为身体的一部分，而是停留在身体的一个特殊部分——消化道中。消化道既是外界的他者可以进入身体的中介，也是内在机体连接外部环境的桥梁。消化系统通过内在化的消化吸收过程，把他者（食物）转化为自我的肉体（flesh），使食物为人提供能量支撑进而维系生命的有序状态。或者说，食物在消化并成为肉体的过程中成为生命的一部分，使人得以存在与发展。对此，柯弗说："在吃的过程中，我们物理环境的要素被身体接受和吸纳。在吃的行为中，外部世界变成食者的一部分，在这个意义上，吃使外界和内部相互交织。"④ 吃的食物进入身体并成为身体的有机部分的同时，人们又持续不断地选择、生产和消费食物以维系并增强生命活力。这就把我们所处的外在环境中的食物（他者）转化为自我要素。在他者和自我的融合过程中，食物与身体深刻地联结为人的直接存在方式。

---

　　① 埃尔温·薛定谔. 生命是什么？. 张卜天，译. 北京：商务印书馆，2014：75.
　　② 埃尔温·薛定谔. 生命是什么？. 张卜天，译. 北京：商务印书馆，2014：77-78.
　　③ 萨特. 存在与虚无. 陈宣良，等译. 北京：三联书店，2007：743.
　　④ Christian Coff. The Taste for Ethics: An Ethic of Food Consumption. Edward Broadbridge, tran. Dordrecht: Springer, 2006：7.

作为人的直接存在方式，食物融入身体的旅途在某种程度上也是它以死求生、维系生存的实现过程。人类食物中，只有一小部分是无机物（如盐），绝大部分则是有机物。而"有机物是活着的——或者至少曾经是活的。我们吃的食物曾经有生命而现在死了或将要死了。一些事物是活着被吃的，一些事物是死后被吃的。动物通常是死后被吃的，人们吃的植物既是死的又是活的（就是说，蔬菜或水果离开土壤或植物枝干后，其新陈代谢过程仍在继续）"①。某一生命把另一生命作为食物享用之时，也是另一生命（被食者）死亡之时。柯弗说："在吃的过程中，死亡和生命总是结伴同行。吃可以看作一种杀害，或者也可以看作一种必然而又美妙的生命给予生命的新陈代谢。"② 每一生命既可能是食者，又可能是被食者（食物）。吃（食物）是一个杀死生命与保存生命的生死交替过程。一方面，所吃食物曾经活着，当被吃后，它失去生命而死了。另一方面，吃食物时，食物通常已经死了，当我们吃下后，它作为我们的身体又复活了，死亡的生命转化成的食物维系着食者的生命。在此意义上，食物是生命从一种形式（被食者）转化为另一种形式（人）的生命载体。如果说生命个体的新陈代谢是以个体部分的死换取个体整体的生，那么生命整体的新陈代谢则是个体之间的相互食用即个体死亡换取生命整体的存在。诚如黑格尔所说："只有这样不断再生自己，而不是单纯地存在，有生命的东西才得以生存和保持自己。"③ 每个生命个体在食者和被食者身份的重叠交织中，在死亡和生存的延绵过程中，在吃和被吃的生死对决甚或无可逃匿的宿命中共同维系着生命整体的生生不息。如此一来，杀死并吃掉生命个体的血腥的恶，在历史的长河中积聚转化成保存生命整体存在的善。

如果说方生方死、方死方生是自然法则的运行形式，那么以死求生、死而后生则是生命存在的价值和意义。这种以死求生、以恶求善的生存方

---

① Christian Coff. The Taste for Ethics: An Ethic of Food Consumption. Edward Broadbridge, tran. Dordrecht: Springer, 2006: 12.

② Christian Coff. The Taste for Ethics: An Ethic of Food Consumption. Edward Broadbridge, tran. Dordrecht: Springer, 2006: 13.

③ 黑格尔. 自然哲学. 梁志学，等译. 北京: 商务印书馆, 1980: 496.

式正是自然之善的内在规定——保存生命。或许正因如此,费尔巴哈断定延续自己的生命是道德义务。他论证道:"作为延续自己的生命的必要手段的吃饭也是义务。在这种情况下,按照康德的说法,道德的对象只是与延续自己的生命的义务相适应的吃的东西,而那些足够用来延续自己的生命的食品就是好(善)的东西。"① 如果说保存生命是人与物关系中食物伦理的内在本质,那么维系并延续人与其他生物的生命就是食物的自然之善。食物融入身体的道德价值其实就是实现其自然之善即维系人之自然生存。或者说,食物是自然之善法则为了达到保持生命的自然目的的实践路径。是故,人与物关系中的食物伦理规则是:自然之善。

自然之善是一种抽象的善、自在的善。这就是说:(1)自然之善只是保持生命的实践路径,它仅仅为道德的善提供了一种可能性。如果仅仅停留在维系生命的层次上,它只不过是一种潜在的善。(2)被食者之死换来的食者之生对于食者而言是一种善。然而,对于被食者而言,其生命被剥夺无疑是最为残忍的恶。可见,这种善是你死我活的血腥冷酷的自然法则造就的蕴恶之善。或者说,这仅仅是丛林法则支配下带来的保存生命的未经反思的可能之善,还不是经过自觉反思继而主动追求好的生活、好的生命的现实之善。(3)自然之善依然潜伏着恶的威胁,因为食者不可避免地面临所吃食物带来的自然危险。某些食物因各种原因有一定程度的危害,在极度恶化时可以杀死我们。倘若如此,外界就不再成为我们的身体,反而以我们的身体为工具成就其自身。

尽管如此,如果没有这种潜在的善,现实之善就会失去生命依据而绝无实现之可能。只有在自然之善的基点上,食物才有可能在人与自己的关系中演进为自我之善,进而在人与他人的关系中提升为人类之善。

(二)人与自己关系中的食物伦理规则

食物的伦理价值不仅仅是保持生命或能够活着(自然之善),更重要的是,食物是为了满足自我食欲而维系自我存在的为我之物,因为食物不但彰显着人和物的伦理关系,而且更深刻地蕴含着人与自己的道德

---

① 西方伦理学名著选辑:下卷. 周辅成,编. 北京:商务印书馆,1987:460.

关系。

　　人与自己的道德关系肇始于追问并确证人的自我认同和价值意义，这也一直是哲学家们探赜索隐的传统话题。康德曾把它凝练为一个著名的哲学人类学问题："人是什么？"① 针对康德提出的这个问题，费尔巴哈明确地回答道："人是其所食。"② 费尔巴哈的这一断言在食品科学领域具有一定的科学证据与某种程度的科学支撑，如摄入铁少者血液中缺铁，摄入脂肪多者肥胖，吃简单食物者瘦，吃健康食物者健康，等等。显然，"人是其所食"夸大了食物经验材料方面的效用，因为人的感觉、记忆、理性、行为等要素在食物及人的自我塑造中具有重要作用。就是说，除食物外，人的自我认同和价值意义还包括其他诸多要素。不过，我们这里讨论的范围仅限于食物蕴含的人与自己的关系。

　　食物只有成为自我理解、自我实现的要素，才具有哲学意义和伦理价值。当身体纳入食物、消化食物，使食物与身体合而为一之时，食物似乎消失了，但是感觉与记忆却把食物内化为身体的一种主观的味道体验。食物味道渗透于感官，并保留在身体的记忆与感觉之中。或者说，食物味道是味觉和嗅觉对食物的感觉与记忆。萨特认为："味道并不总是些不可还原的材料；如果人们拷问它们，它们就对我们揭示出个人的基本谋划。就是对食物的偏好也都不会没有一种意义。如果人们真正想认为任何味道不是表现为人们应该辩解的荒谬的素材而是表现为一种明确的价值，人们就会了解它。"③ 寓居于身体之内的食物味道的感觉、记忆构成历史性的食物意识即食物印迹。

　　食物印迹本质上就是食物的某种暂时性。当下的自我既需要意志力又需要洞察力把食物看作印迹，也就是把自我置于食物的某种暂时性之中。自我的当下就是把过去和未来联结为一体的此在的暂时性，它既是过去的现实，又是未来的可能。梅洛-庞蒂（Maurice Merleau-Ponty）说："对我

---

① 康德. 逻辑学讲义. 许景行，译. 北京：商务印书馆，1991：15.
② Christian Coff. The Taste for Ethics: An Ethic of Food Consumption. Edward Broadbridge, tran. Dordrecht: Springer, 2006：9.
③ 萨特. 存在与虚无. 陈宣良，等译. 北京：三联书店，2007：743.

而言的过去或未来就是此世的当下。"① 食物既是当下自我的历史元素（过去），也是当下自我的可能元素（未来）。在恰当的机遇中（如某种食物呈现在自我面前），封存于身体之中的遥远时空的食物印迹通过感官知觉重新开启过去之门。自我根据食物印迹对当下食物产生愉快感或痛苦感，感知食物相关的福祸得失或苦乐甘甜。当下食物则把过去与未来重叠交织为自我的"先在"（pre-existence）与"存在"（survival）的共在状态。自我基于此获得生命存在感与食物道德直觉，使食物成为自我理解、自我实现的重要元素，也使自我成为一个朝向伦理世界生成绵延的主体。在此意义上，如费尔巴哈所说，食物是"第二个自我，是我的另一半，我的本质"②。自我作为把食物的过去与未来联结在当下的行为主体，理解并实现着食物蕴含的道德意识与伦理精神。

在朝向伦理世界生成的过程中，自我把（欲求食物的）自我和（追寻食物规则的）自我建构为追寻自我之善的主体。作为有理性的自由存在者，"我们对食品的决定规定了我们曾经是谁，我们现在是谁，以及我们打算成为谁。我们如何做出这些选择更多地传达着我们的价值观念、我们与生产食品者的关系，以及我们期望的世界类型"③。食物既是自我做出的一系列决定，又是自我审视世界的预定方式的思想框架。通常情况下，刚刚吃过的食物已经进入身体运行之中，为未来准备的食物还在食物储存处。自我既要关注当下食物的生产历史（食物的过去），又要考虑当下食物的保质期限或未来食物的生产规划（食物的未来）。在力所能及的范围内，自我凭借食物印迹日复一日地感知、理解、判断、选择食物，进而生产、销售、购买、消费食物。这一系列行为既是生活经验与饮食习俗的积累传承，又是自我认同与食物伦理的自觉反思。可见，这就是人与自己关系中的食物伦理规则的追寻。

---

① Maurice Merleau-Ponty. Phenomenology of Perception. London：Routledge，1989：412.

② 费尔巴哈哲学著作选集：上卷. 荣震华，王太庆，刘磊，译. 北京：三联书店，1959：530.

③ Gregory E. Pence. The Ethics of Food：A Readers for the Twenty-First Century. Lanham，New York：Rowman & Littlefield Publishers，Inc.，2002：vii.

在食物伦理视域内，人与自己的关系最终体现为欲求食物的自我与追寻食物规则的自我之间的关系。亚里士多德认为，就人与自己的关系而论，"他是自己最好的朋友，因此应该最爱自己"①。自爱或爱自己意味着应该追求人性尊严的高贵目的，食物与这个目的密不可分。真正的自爱包括食物之爱：把食物作为身体健康以达成高贵目的的要素，这也是自己成为自己的朋友之重要一环。食物之爱本质上就是自我探求并尊重一定的食物规则，就是追寻食物规则的自我。相应地，把食物与自然相联系的身体就是欲求食物的自我。追寻食物规则的自我把身体建构为食物目的而非纯粹工具。就是说，身体不仅是食物成就其自然之善的工具，而且也是食物自然之善所要追求的目的。同时，自我在追求善（或好）的生活的生命历程中，把食物的自然之善提升为主观自觉的自我之善。换言之，追寻食物规则的自我，把食物的自然之善提升为建构自我认同与人性尊严的自我之善。通俗些说，自我根据食物印迹与自我之善的食物规则，否定劣质或有害食物，存疑不明食物，选择培育优质健康食物，不断促进并改善食物营养结构，进而保障身体健康、优化生活品位，以成就人性尊严的高贵目的——这就是自我之善，即人与自我关系中的食物伦理规则。

自我之善是主观的自为的善。这也就是说：

（1）自我之善是道德自我的主观建构，因为"每一个人必然追求他所认为是善的，避免他所认为是恶的"②。当我们想象一种美味时，"我们便想要享受它、吃它"，当我们享受美味时，肠胃过于饱满，"我们前此所要求的美味，到了现在，我们便觉得它可厌"③。因此，自我之善并不必然是客观现实的。用柯弗的话说："（食物）消费者所要求的与他们实际所做的之间的鸿沟，的确体现着善的生活观念与实际生活观念的鸿沟。"④ 比如：进餐者根据自我之善的标准要求某种类型或味道的食物，而事实上没

---

① Aristotle. The Nicomachean Ethics. David Ross, tran. Oxford: Oxford University Press, 2009: 174.
② 斯宾诺莎. 伦理学·知性改进论. 贺麟, 译. 上海: 上海人民出版社, 2009: 157.
③ 斯宾诺莎. 伦理学·知性改进论. 贺麟, 译. 上海: 上海人民出版社, 2009: 127.
④ Christian Coff. The Taste for Ethics: An Ethic of Food Consumption. Edward Broadbridge, tran. Dordrecht: Springer, 2006: 5.

有或缺乏这种食物。当有这种食物之际，进餐者根据自我之善的标准可能需要的是另一种食物。自我之善的主观性与现实生活的客观性之间存在着某种程度的差异甚至冲突。这种冲突本质上是自我之善的主观规则所追求的生活善与自我之善所面对的客观现实的生活善之间存在的应然和实然的矛盾。此矛盾只有超越道德自我的主观建构才有可能得以和解。

（2）特定条件下，食物伦理领域中的主观自我与客观现实之间或应然与实然之间可以达到某种程度的和解。康德举例说，哲学学者独自进餐耗损精力，不利健康。进餐时，如果有一同桌不断提出奇思异想，使他得到振奋，他就会获得活力而增进健康。① 尽管主观自我与客观现实的差异也可能转化为"和而不同"的境界，但是，通常情况下，秉持自我之善的道德个体之间存在着不可避免的各种分歧。如：个体的口味、出身、禀赋、能力、身份、地位等千差万别，用餐的时间、地点、食物类别、规格等对于不同进餐者而言具有不同甚至相反的意义。因此，内格尔·道尔（Nigel Dower）告诫道："我们必须意识到我们所食（吃）影响他人所食（吃）。"② 自我之善的主观自我之间的冲突，要求不同自我通过一定的程序遵循共同之善。

（3）前二者的冲突根源于自我内在的善恶矛盾即自我之善与自我之恶的矛盾。如前所论，食物之爱是自我之善的基本形式，也是自己成为自己朋友的基本标志之一。相反，缺失食物之爱，就会伤害身体甚至生命，成为自己的敌人。贪食、禁食或废寝忘食等现象往往是不自爱的自我敌对行为，也常常是自我之恶的表象。绝食则另当别论：为了高贵目的的绝食，依然是自我之善，否则，就可能成为自我之恶。问题在于，主观自我不可能完全客观地判定自我之善或自我之恶：它可能把自我之恶误判为自我之善，如把严重的废寝忘食甚至以身饲虎等当作道德高尚加以推崇；也可能把饮食有节或正常的某类食物欲求等误判为自我之恶，如素食主义者把食

---

① 康德著作全集：第 7 卷．李秋零，主编．北京：中国人民大学出版社，2008：274-275.

② Nigel Dower. Global Hunger：Moral Dilemmas//Ben Mepham. Food Ethics. London：Routledge，1996：7.

肉当作恶，等等。

自我之善与自我之恶的矛盾内在地蕴含并呼唤着超越主观自我、裁定自我善恶的客观伦理法则——人与他人关系中的食物伦理规则。

（三）人与他人关系中的食物伦理规则

自我之善所具有的矛盾，深刻地预示出食物蕴含着人与他人之间的伦理联系。在这种伦理联系中，食品科技发挥着重要的引领和实践功能。如拜尔茨所说："人不是直接去适应环境，而是借助于技术去适应环境。"①古希腊时期，作为古典食品科技范式的营养学同时也是食物伦理学的古典形态。营养学中的道德观念是希腊公民日常伦理生活的重要部分。与古希腊时代不同，"如今二者都必须拓展到极其宽广的范围"②。当下食品科技全面深刻地影响并改变着人类的身心健康和生活质量。与此同时，食品科技带来的伦理问题（如转基因食品问题等）已经远远超出个别民族或国家的区域，成为世界公民必须共同面对的关乎人类生活质量的国际问题。在这样的国际境遇中，食物伦理规则不能仅仅囿于某些个体或群体的主观善（特殊善），而应当追求人类命运共同体视域的普遍善或人类之善。

食物伦理规则应当追求的人类命运共同体视域的普遍善或人类之善是什么呢？

柯弗曾从语言学的角度分析了食物与食物权之间的内在联系。他认为，在一些语言（如丹麦语的 ret，瑞典语的 rätt，挪威语的 rett，德语的 Gericht）中，食物中的"菜肴"（course）具有双重含义：既具有 dish 之类的美食学意义，又具有 law 或 justice 之类的法学意义。一方面，这些词的词根都源自古德语词 rextia，其意为伸直或变得平坦，可以引申为公平公正；另一方面，这些词的美食学意义都受到与它们具有相同词根的词 richte 的影响。richte 具有权利的含义。可见，这些词的法学意义和美食学意义具有联系：享用菜肴之类的食物是一种公正分配的权利。柯弗据此

---

① 库尔特·拜尔茨. 基因伦理学. 马怀琪，译. 北京：华夏出版社，2001：107.
② Christian Coff. The Taste for Ethics: An Ethic of Food Consumption. Edward Broadbridge, tran. Dordrecht: Springer, 2006: 148.

断言："在某些文化中，最基本权利或许一直是食物权（the right to food）。"① 何为食物权呢？

食物权的理念较早源自 1941 年美国总统罗斯福（Franklin D. Roosevelt）关于四个自由的演讲。其中，满足基本需求的自由就包括获得充足食物的权利。② 自 1948 年《世界人权宣言》颁布以来，食物权在国际协议中得到普遍认可。1966 年《经济、社会和文化权利国际公约》第 11 款明确把食物权规定为"每个人都具有免于饥饿的基本权利"③。从外延来看，"食物权属于整个人类全体，属于每个人"④。从内涵看，食物权是一种最为重要、最为普遍的维系生存的自然权利。食物权既是免于饥饿危害的权利，又是享有足以维系生活健康的食物的权利（这对于贫穷偏远地区的农民尤为重要）。概言之，食物权是人人生而具有的获得食物或享有食物的正当诉求，是人类共享的神圣不可剥夺的共同伦理价值。因此，食物权是人类命运共同体必须尊循的基本伦理规则。或者说，食物权具备人类之善的资格。

不过，如果缺乏切实有效的实践保障，食物权则无异于空中楼阁。或者说，食物权意味着相应的责任。那么，如何保障食物权即实践人类之善的共同价值？或者说，谁是食物权的具体责任承担者呢？胡塞尔说："人最终将自己理解为对他自己的人的存在负责的人。"⑤ 食物权的责任承担者只能是人：要么是个体，要么是个体组成的各种共同体（主要是国家）。个体责任与共同体责任共同构成保障食物权的责任规则体系。

---

① Christian Coff. The Taste for Ethics: An Ethic of Food Consumption. Edward Broadbridge, tran. Dordrecht: Springer, 2006: 16.

② Anne C. Bellows. Exposing Violences: Using Women's Human Rights Theory to Reconceptualize Food Rights. Journal of Agricultural and Environmental Ethics, 2003, 16 (3): 254.

③ Anne C. Bellows. Exposing Violences: Using Women's Human Rights Theory to Reconceptualize Food Rights. Journal of Agricultural and Environmental Ethics, 2003, 16 (3): 265.

④ Anne C. Bellows. Exposing Violences: Using Women's Human Rights Theory to Reconceptualize Food Rights. Journal of Agricultural and Environmental Ethics, 2003, 16 (3): 265.

⑤ 胡塞尔. 欧洲科学的危机与超越论的现象学. 王炳文，译. 北京：商务印书馆，2001：324.

个体责任主要是指具有获取食物能力者对自己、家庭成员以及其他相关个体的食物权承担着不可推卸的责任，尤其对尚不具备获取食物能力者或丧失劳动能力者的食物权负有责任。最基本的个体责任是父母应当承担保障幼年子女之食物权的责任。彭斯说："由于食物对生命是必不可少的，从父母向子女的食物转让具有第一位的重要性。这种重要性的最重要标志就是喂乳。母亲就是在亲自喂养婴儿的过程传递着这种重要意义。这种行为中的食品传递着利他、愉悦、滋育、爱和安全。"① 斯宾塞也认为："在以自然的食物喂养婴孩的过程中，母亲得到了满足；而婴孩有了果腹的满足——这种满足，促进了生命增长，以及加增享受。"② 此种行为使母婴都快乐，反之二者都痛苦。可见，母亲喂养婴孩或父母保障子女食物权是绝对正当的行为，也是不可推卸的责任。同理，子女对年迈父母或丧失劳动能力的长辈也应如此。另外，尊重食物权的责任和个人职业密切相关，它直接涉及田间劳作，间接涉及其他职业行为。农业工作者的基本责任是种好田地并保证庄稼收获。当下尤为重要的是，农业工作者中的科学家必须自觉承担农业科技领域保障食物权的重大责任，如承担农药、转基因食品等领域的相关责任等。尽管当今社会职业繁多，但是无论从事何种职业，在力所能及的范围内，每个人都应当通过自己的职业奉献获得必要的食物资源，并主动承担保障食物权的相应责任。

个体承担保障食物权的责任，不仅仅限于提供食物，更重要的是对人格尊严的敬重。通常情况下，当食物充足时，个体并不负责向陌生人提供食物。只有处在食物匮乏状态的陌生人祈求食物时，有能力提供食物的个体才有责任向陌生人提供食物。但是，这并不意味着提供食物者可以不尊重祈求食物者的人格尊严，也绝不意味着祈求食物者为了获得食物而必须丧失个人尊严。孟子说："一箪食，一豆羹，得之则生，弗得则死。呼尔而与之，行道之人弗受；蹴尔而与之，乞人不屑也。"(《孟子·告子上》)孟子甚至凭其道德直觉提出刚性的食物规范："非其道，则一箪食不可受

---

① Gregory E. Pence. The Ethics of Food: A Readers for the Twenty-First Century. Lanham, New York: Rowman & Littlefield Publishers, Inc., 2002: viii.

② 西方伦理学名著选辑：下卷．周辅成，编．北京：商务印书馆，1987：308.

于人。"(《孟子·滕文公下》)遗憾的是，孟子并没有论证秉持此规则的伦理根据。其实，这类极端境遇是食物规则的自然之善与自我之善、人类之善的冲突。相对而言，人类之善、自我之善是目的，自然之善是手段。只有以人类之善、自我之善为目的，自然之善才具有工具价值。或者说，自然之善只有经过自我之善提升为人类之善（食物权）才具有真正的伦理价值。是故，人类之善、自我之善优先于自然之善。换言之，食物权应当要求把人格尊严置于自然欲求之上，不应当把人仅仅当作饥饿或食物的工具。费尔巴哈曾经说过："吃喝是一种神圣的享受。"① 在我们看来，这种神圣不仅仅是食物及其美味的享用或美好生活的追求，更应该是对神圣不可践踏的食物权的敬畏和践行。不尊重人格甚或侮辱人格的食物供养本质上如同饲养禽兽，所谓"食而弗爱，豕交之也"(《孟子·尽心上》)。这种行为并不是履行食物权的责任，而是对食物权的蔑视甚至踩躏。不过，履行责任应当是个体能力范围内的行为，因为个人承担责任的能力是有限的。比如，在食物极度匮乏的情况下，易子而食之类的事件极不人道——这种行为最大限度地暴露出个体履行责任的局限性和脆弱性。

超出个体能力的责任应当由相对强大的国家政府与国内国际组织等伦理共同体承担，因为履行保障食物权的责任是这些伦理共同体存在的基本合法根据之一。其中，国家是公民食物权的主要责任承担者（为简洁计，我们这里只限于讨论国家保障食物权的责任，因为国家是伦理共同体的实体典范，也是伦理共同体责任的直接承担者，其他形式的伦理共同体的责任不同程度地与国家类似）。根据食物权的基本诉求，国家维系食物权的责任应当包括两大基本层面：尊重公民食物权的消极责任、保障公民食物权的积极责任。

国家首先应当承担尊重公民食物权的消极责任。孟子曾经从经验生活的角度考虑过这个问题。他说："鸡豚狗彘之畜，无失其时，七十者可以食肉矣；百亩之田，勿夺其时，数口之家可以无饥矣；谨庠序之教，申之以孝悌之义，颁白者不负戴于道路矣。七十者衣帛食肉，黎民不饥不寒，

---

① 西方哲学原著选读：下卷．北京大学哲学系外国哲学史教研室，编译．北京：商务印书馆，1982：479.

然而不王者，未之有也。"（《孟子·梁惠王上》）这里所讲的"无失其时""勿夺其时"等，可以说是古典时代的思想家对国家或统治者消极责任的经验要求。作为强有力的伦理共同体，国家最为基本的责任就是维系个体尊严与人类实存。在约纳斯看来，在人类历史绵延中，人类实存是第一位的，维系人类实存是先验的可能性的自在责任。[①] 食物权是人类实存的根本环节之一，国家不得以任何借口去危害或剥夺个体食物需求的权利。这是国家维系人类实存的无条件的最低责任或绝对责任。当下最为关键的是，国家不能滥用公共权力干涉甚至破坏食物来源或自然环境，更不能为了某种政治目的或利益目的而牺牲公民食物权乃至危害人类实存。

在履行消极责任的前提下，国家必须承担保障公民食物权的积极责任。当公民个体的食物权受到侵害时，国家应当运用公权阻止侵害食物权的行为并依据法律规定给予侵害者相应惩罚，同时给予受害者合法补偿。对于那些没有能力获得食物者或因为非个人因素不能获得食物者（如自然灾害、瘟疫、战争等灾难中的饥民），国家有责任直接给他们提供食物。为此，国家应当有预见性地颁布正义的规章制度以提前禁止可能导致危害或剥夺食物的行为。这就要求国家真正理解人们是如何获得食物的（如谁在从事农业？谁在从事渔业？谁在从森林中收集食物？谁在喂养家畜或从市场购买食物？等等），并据此建构健康良好的食物运行系统。拉姆柏克（Nadia C. S. Lambek）建议说："食物系统需要民主和民主价值来统治，民主价值要求尊重生产者和消费者以及人与食物之间的关系。"[②] 食物权的核心是公民必须有权力参与影响其生活和食物的有关决定，国家有责任保证公民真正参与农业食物相关的整个决策过程而不是蒙混过关。良好的食物系统不仅仅是为了保护农民、渔夫等免于饥饿或获得食物，更重要的是使每个公民从农业、作坊和渔业转向有偿工作，保证每个公民"获得最

[①] Hans Jonas. The Imperative of Responsibility: In Search of an Ethics for the Technological Age. Hans Jonas, David Herr, trans. Chicago & London: Chicago University Press, 1984: 99.

[②] Nadia C. S. Lambek, et al. Rethinking Food Systems. Dordrecht: Springer, 2014: 120.

低工资，建构社会保障体系"①。国家必须尊重人们的生活资源基础，确保人们拥有土地和水等自然资源，以便人们能够生产自己的食物，或确保人们有购买食物的经济来源，保障任何人任何时候都能够有尊严地获得安全可靠、健康营养的优质食物。在经济效益、政治目的和食物权发生冲突时，国家应当秉持食物权优先的基本伦理理念。

简言之，食物权及其相应责任是人类之善的两个基本层面，人类之善是人与他人关系中的食物伦理规则。

综上所论，人与物、人与自己、人与他人关系中的食物伦理规则分别是：自然之善、自我之善、人类之善。这三条规则秉持的共同伦理理念是：人是食物的目的和价值根据。所以，食物伦理第三律令为：应当秉持人为目的的食物伦理法则。

至此，食物伦理律令已经呼之欲出。不过，要把握食物伦理律令的真正蕴涵，还需要进一步追问：食物伦理的三个基础问题（H）（I）（J）的提出有何伦理根据？

或许是司空见惯的缘故，食物似乎是与伦理无甚关联的自然之物。相应地，食物伦理便成为某些哲学家不屑一顾的形而下的边缘话题。事实上，人以食为天，食物是人类存在的基本根据，人类从来没有也不可能回避食物伦理问题。著名食物伦理专家彭斯说："食物把所有人造就成哲学家。死亡亦同样如此，不过大部分人避免思考死亡。"② 死亡只能来临一次且是未可知状态，人们可能因此推迟甚至避免思考死亡问题，如孔子曾说道："未知生，焉知死？"（《论语·先进》）但是，哲学家们对死亡的道德反思似乎远甚于对食物的伦理探究。其实，死亡和生存是哲学的永恒话题，因为二者都是人和生命的根本要素③，或者说，二者都是生活世界的

---

① Nadia C. S. Lambek, et al. Rethinking Food Systems. Dordrecht: Springer, 2014: 120.

② Gregory E. Pence. The Ethics of Food: A Readers for the Twenty-First Century. New York: Rowman & Littlefield Publishers Inc., 2002: vii.

③ 关于"死亡是生命要素"的相关论证，请参看：任丑. 死亡权：安乐死立法的价值基础. 自然辩证法研究，2011（2）.

重要支撑。如果说哲学是对死亡的训练，也就意味着哲学是对生存的训练，这就不可避免地要直面普特南（Hilary Putnam）所说的"生活-世界自身应当如何"①的问题。在人类历史进程中的生活世界里，人们最基本的生存要素是满足饥饿需求的食物。因此，向死而生的最基本的存在形态就是向饿而食。

如此一来，人类必然面临向饿而食的三大伦理困境：（K）人命与死亡的矛盾——生死冲突；（L）人命与人命或其他生命的矛盾——生命冲突；（M）好（善）生活与坏（恶）生活的矛盾——生活冲突。应对这三大伦理困境分别是食物伦理的三个基础问题（H）（I）（J）的"应当"根据。据此，可以把它们分别修正为：（H）面对生死冲突，是否应当禁止食用任何对象？（I）面对生命冲突，是否应当允许食用任何对象？（J）面对生活冲突，应当食用何种对象？

相应地，回应（H）的食物伦理第一律令修正为：面对生死冲突，不应当绝对禁食；回应（I）的食物伦理第二律令修正为：面对生命冲突，不应当以所有对象为食物；回应（J）的食物伦理第三律令修正为：面对生活冲突，秉持人为目的的食物伦理法则。

第一律令、第二律令是规定食物伦理"不应当"的否定性律令，其实质是食物伦理的消极自由（免于饥饿或不良食物伤害的自由）。第三律令是规定食物伦理"应当"的肯定性律令，其实质是食物伦理的积极自由（为了好的或善的生活而追求优良食物的自由）。三大伦理律令分别从不同层面诠释出食物伦理的根本法则——食物伦理的自由规律，这就是食物伦理的总律令即"食物伦理律令"。

食物不仅仅是人类拒斥死亡、维系生存的可食用的自然之物，更是人类在其能力范围内不断否定自然的必然限制并自由地创造善（好）的生活的精神之物。生活世界的三大食物伦理困境归根结底是自然规律和自由规律在人类生活领域中的矛盾。②食物伦理律令正是人类从自然界及其必然

---

① Hilary Putnam. The Collapse of the Fact/Value Dichotomy and Other Essays. Massachusetts：Harvard University Press，2002：112.

② 关于自然规律和自由规律关系的研究，请参看：任丑. 应用德性论及其价值基准. 哲学研究，2011（4）.

性中解放出来的满足饥饿欲求的生存实践活动的自由法则。有鉴于此，其基本内涵可以归结为：在应对诸多食物伦理问题（包括当下人类共同面对的日益尖锐复杂的各种食物伦理问题）时，人类不应当屈从于自然规律，而应当遵循自由规律——秉持免于饥饿的基本权利，追寻正当的生存诉求和善（好）的生活，进而提升生命质量，彰显人性尊严与生命价值。就此意义而言，食物伦理律令无疑是人类应对生存危机、维系生命存在、延续人类历史的基本伦理法则之一。

第三节　食物伦理冲突

衣食住行是人之为人的基本存在方式，诚如费尔巴哈所说："吃和喝是普通的、日常的活动，因而无数的人都不费精神、不费心思地去做。"[①]人们享用食品好像是理所当然、毋庸置疑的自然现象，似乎是和伦理无甚关联的生活事实。其实，自从人类出现以来，食物伦理就以饮食习俗的素朴方式渗透在人类历史进程之中，并逐步形成一定的食物伦理规则。20世纪90年代末，食物伦理学正式诞生并成为应用伦理学的一个重要领域。

近年来，随着食品科技高度发展和生态环境问题日益严重，频繁出现的转基因食品、三鹿婴幼儿奶粉、地沟油之类的事件把食物伦理冲突推向食物伦理学前沿。这些食物伦理问题集中在三个层面：素食与非素食的伦理冲突；自然食品与人工食品的伦理冲突；食品信息遮蔽与知情的伦理冲突。这就成为当下食物伦理学不可推卸的研究使命：透过纷纭复杂的食物伦理冲突的表象，反思食物伦理冲突之本质，进而探求和解之道。

一、素食与非素食的伦理冲突

依据食品构成的基本要素，食品可以分为素食与非素食（主要指肉类

---

① 西方哲学原著选读：下卷．北京大学哲学系外国哲学史教研室，编译．北京：商务印书馆，1982：488．

食品)。围绕素食与非素食引发的素食主义与非素食主义的冲突是一个亘古常新的食物伦理问题。比如,早在公元前450年,素食主义者古罗马诗人奥维德(Ovid)与古希腊哲学家恩培多克勒(Empedocles)对此问题就有过颇为激烈的争论。[①] 当下的食物伦理冲突主要来自素食主义者的挑战,用约翰逊的话说就是:除人之外,"吃其他动物又会怎样呢?"[②] 换言之,人类是否应当食用肉类?

在素食者(尤其是素食主义者)看来,吃肉必须以屠戮人类伙伴和邻居为代价,这是极不人道的侵害行为。甚至可以说,"吃肉就等同于谋杀"[③]。素食主义者奥斯瓦德(John Oswald)在其书《自然的哭泣,或基于迫害动物立场对仁慈和公正的诉求》中对此有较为详尽的深刻论述。[④]素食主义者的理由是:人类与其他动物类似,具有物种共同体的同感。既然人们普遍认为吃人是错误的,那么就应该禁食肉类。绝对素食主义者不仅要求禁食肉类和鱼类,甚至还呼吁禁食所有动物产品如鸡蛋、牛奶等。

与素食主义的悲悯思想不同,非素食主义其实是一种快乐主义。快乐主义把好(善)的饭餐的意义锁定在感官快乐的基点上,认为肉食及其带来的愉悦是对身体的鼓励。拉美特利说,饥饿者有了食物,就意味着"快乐又在一颗垂头丧气的心里重生,它感染着全体共餐者的心灵"[⑤]。餐桌的愉悦是对食肉者的褒奖,讨论肉食和所吃动物的来源有悖礼貌优雅,甚至不可想象。法国哲学家德里达(Jacques Derrida)一直秉持快乐主义思想。对他而言,"杀死动物是不需要考虑的——既然我们必须吃以维系生存。吃是对死亡的拒斥,吃的道德问题是关注好(善)的餐饭。……这是

[①] Christian Coff. The Taste for Ethics: An Ethic of Food Consumption. Edward Broadbridge, tran. Dordrecht: Springer, 2006: 12.

[②] Ben Mepham. Food Ethics. London: Routledge, 1996: 49.

[③] Christian Coff. The Taste for Ethics: An Ethic of Food Consumption. Edward Broadbridge, tran. Dordrecht: Springer, 2006: 12.

[④] Timothy Morton. Radical Food: The Culture and Politics of Eating and Drinking, 1790 - 1820: Vol. 1. London: Routledge, 2000: 143 - 170.

[⑤] 西方哲学原著选读:下卷. 北京大学哲学系外国哲学史教研室,编译. 北京:商务印书馆,1982: 107.

生命快乐的延绵——当然不是为了被食者，而是为了食者"①。在快乐主义者这里，吃肉是感官快乐的自然需求，根本不用考虑食用肉类或者杀死动物的道德问题，更不可能听命于素食主义者的哀婉苦求。

那么，如何化解素食主义和非素食主义（快乐主义）的冲突？素食主义和快乐主义的冲突源于二者对人和食品的单一片面的理解。其一，杂食性动物的人与素食动物有类似之处（人依靠素食也能够生活），也有所不同。素食动物的身体结构、消化系统等决定着其不能也不需要吃肉。素食动物吃的过程（如羊吃草）是一个纯粹的自然过程，素食主义者吃素却是以禁止食肉为前提的自由选择行为。作为有理性的存在者，人应当自觉地把自己与素食动物如草食动物牛羊等区别开来。另外，人也具有吃肉的能力和需求，这一点与肉食动物类似，而与素食动物迥然有别。从经验的角度看，大部分人主张食肉是人类自然的身体需求，是有益身心健康的行为。约翰逊说："绝大部分人认为吃肉是没有错的，尽管许多人或多或少地反对吃某类动物的肉，或者不要在吃动物前虐待它们。"② 由此看来，素食主义的理由（人类与其他动物类似且具有物种共同体的同感）不能成立，把素食偏好看作目的并要求所有人遵循是一种霸道的独断论。其二，虽然吃肉意味着某些动物的死亡，但是，从某种意义上看，"这是自然如何运行的方式，我们对此无能为力"③。狮虎等肉食动物活吃猎物是自然过程，它们不会考虑猎物（如牛羊等）绝望痛苦的哀号。但是，人作为道德主体，应当自觉地把自己与（非道德主体的）动物如狮虎等区别开来。质言之，人应当考虑动物感受性，而不是和肉食动物一样仅仅为了身体快乐而食肉。孟子说："君子之于禽兽也，见其生，不忍见其死；闻其声，不忍食其肉。是以君子远庖厨也。"（《孟子·梁惠王上》）快乐主义把人类混同于其他动物，其实是把人贬低为自然规律的奴隶而遮蔽了人的自由本性。由于动物能够感到痛苦，活吃动物是残忍冷酷的，"吃动物前杀死动

---

① Michiel Korthals. Taking Consumers Seriously: Two Concepts of Consumer Sovereignty. Journal of Agricultural and Environmental Ethics, 2000, 14 (2): 208.
② Ben Mepham. Food Ethics. London: Routledge, 1996: 49.
③ Michiel Korthals. Taking Consumers Seriously: Two Concepts of Consumer Sovereignty. Journal of Agricultural and Environmental Ethics, 2000, 14 (2): 208.

物是人道的"①。可见，快乐主义和素食主义一样，其理论和行为也是缺乏道德反思的独断论。其三，人吃素食或肉食是一个自然过程，同时也是自我能力范围内的理性选择行为。亚里士多德主张，人应当为其自愿选择、力所能及的行为负责。② 素食主义、快乐主义以及其他类型的人都应当对食品（无论是肉食还是素食）具有敬畏之心和感恩之情。这不仅仅是对食品的负责，更是对人类自己行为的负责。在固守不伤害的道德底线的前提下，素食主义和快乐主义可以坚持自己的言行和行为规则，但是应当尊重他人的食物选择方式和生活方式，不能强迫他者接受或听命于自己的食物信条和生活方式。其四，在选择素食还是肉食的问题上，只有极少数人是素食主义者和快乐主义者。这也从经验直观的角度否定了快乐主义食物信条和素食主义食物信条的正当性和普遍性。从理论上讲，奠定在感官的快乐或痛苦基础上的食物信条具有偶然性、多样性和不确定性，不可能成为出自实践理性的普遍道德价值法则。是故，少数素食主义者和快乐主义者不应该强求所有人以其特殊偏好为普遍性的食物伦理标准。把个别人的诉求和规范强加于所有人既是对平等人性的侮辱，也是对自由规则的践踏。

二、自然食品与人工食品的伦理冲突

从来源看，食物可以分为自然食物和人工食物。众所周知，绿色革命（其标志成就主要是高产小麦、高产大米等）以来，食品科学技术便成为食物来源的主要人工手段。与此相应，自然食物与人工食物也主要具体化为有机食品与科技食品。由于食品科技能够正当应用也可以不正当应用，科技食品与有机食品的伦理冲突也就不可避免。当今世界的这种冲突主要是有机食品与转基因食品的颉颃。二者颉颃的极端状况是：个别国家宣称宁愿饿死，也要坚定地拒斥转基因食品。拒斥转基因食品、选择有机食品似乎成为一种世界主义潮流。如此一来，自然食物与人工食物的冲突焦点也就凸显为转基因食品与有机食品之间的道德冲突。那么，转基因食品与

---

① Christian Coff. The Taste for Ethics: An Ethic of Food Consumption. Edward Broadbridge, tran. Dordrecht: Springer, 2006: 12.
② Aristotle. The Nicomachean Ethics. David Ross, tran. Oxford: Oxford University Press, 2009: 38-41.

有机食品存在何种伦理冲突？如何化解这种伦理冲突？

（一）何种伦理冲突？

转基因食品与有机食品存在两个层面的冲突：身体健康层面的冲突以及外在环境层面的冲突。

身体健康层面的冲突的核心问题是：有机食品是否比转基因食品更有营养？人们反对转基因食品的基本理由或内在理由是：有机食品属于小农场生产的地方型产品，所以是安全、有益人体健康的自然食物。与此不同，转基因食品是国际集团生产的科技产品，是一种危害人体健康乃至生命的危险食品。基因技术或许会导致感性知觉和现实之间的断裂，因为一种转基因食品（如一根胡萝卜）不仅是一种转基因食品（如一根胡萝卜），而且也携带着源自其他有机体的基因，这就可能对人体健康带来不利影响。对于这个问题，诺贝尔奖获得者植物学家鲍拉格（Norman Borlaug）明确地反驳说："如果人们相信有机食品更有营养价值，这是一个愚蠢的决定。相反，绝对没有任何研究表明有机食品能够提供更好的营养。"[1]同时，有机的自然食物并非都是有营养的或有利健康的食物。某些有机食品可能是不安全的，"有机的莴苣或菠菜，通常生长在粪肥浇灌的土壤中，包含有大肠杆菌，它能够导致出血性结肠炎、急性肾衰竭甚至死亡"[2]。与转基因食品相比，某些有机食品可能对人体健康危害更大或给人体带来更大危险。如果有的消费者相信从健康的角度食用有机食品更好，应当尊重他们的选择。虽然他们购买时必须付出更多费用，但是却很难依靠有机食品保证健康。

从外在环境的角度看，有机食品是否比转基因食品更有利于环境保护？反对转基因食品的外在理由是有机食品比转基因食品更有益于维系和保护人类赖以生存的自然环境。事实上，植物（包括小麦、玉米等）本身并不能判断氮离子来自人工化学制品还是分解的有机物质。如果有机农场

---

[1] Gregory E. Pence. The Ethics of Food: A Readers for the Twenty-First Century. New York: Rowman & Littlefield Publishers, Inc., 2002: 121.

[2] Gregory E. Pence. The Ethics of Food: A Readers for the Twenty-First Century. New York: Rowman & Littlefield Publishers, Inc., 2002: 118.

不能运用化学氮肥，那就只能用动物粪肥、人类粪肥给庄稼提供肥料。这不但不能给植物（包括小麦、玉米等）带来生长上的肥料优势，还必然会对自然环境造成严重污染和高度破坏。比如，主要向英格兰、冰岛等地区提供有机食品的种植者就破坏了厄瓜多尔的森林和草地。对于这类问题，诺贝尔奖获得者鲍拉格分析说："目前，每年使用大约8000万吨的氮肥营养物。如果你试图生产同样多的有机氮肥，你将会需要喂养50亿或60亿头牲畜来供应这些粪肥。这将要牺牲多少野外土地来供养这些牲畜？这简直是胡作非为。"[1] 当今世界境遇中，如果仅仅种植有机食品而绝不运用化学肥料和转基因技术，那么这既不可能维系人类赖以生存的自然环境，又不可能养活当下的世界人口。虽然食品不是武器，但是一旦食物匮乏，不但会导致部分人口挨饿的问题，还有可能引发饥荒灾难。为了争夺粮食资源，甚至还可能爆发血腥暴戾、危及人类的世界战争。

（二）如何化解这种伦理冲突？

转基因食品与有机食品冲突的实质是人们对非自然食物的排斥情绪与道德理性之间的冲突。彭斯说："总体上看，我们当下的食品检验体系对传统食品更多一些虚幻好感，对转基因食品更多一些排斥情绪。人们总是这样，惧怕街道上一个陌生的孩子，尤其是他的名字是'基因'的时候，更是增加了恐惧。"[2] 在这种排斥情绪与道德理性的冲突中，道德理性应当发挥其实践作用。

我们知道，休谟曾经把情感作为理性的主人，把理性作为情感的奴隶，并把情感作为道德的根据。康德颠倒了休谟的这个观点，主张实践理性是情感的主人，并把实践理性作为道德的基础。虽然我们应当尊重道德情感和道德直觉，但是我们依然同意康德的观点：实践理性应当是情感的立法者，是行为选择的道德基础。不可否认，转基因食品与有机食品的冲突本质上也是情感直觉和道德理性之间的冲突。在科学没有确证转基因食

---

[1] Gregory E. Pence. The Ethics of Food：A Readers for the Twenty-First Century. New York：Rowman & Littlefield Publishers，Inc.，2002：120.

[2] Gregory E. Pence. The Ethics of Food：A Readers for the Twenty-First Century. New York：Rowman & Littlefield Publishers，Inc.，2002：122.

品对人类具有严重危害的情况下,如果出于某种情感直觉轻率地拒斥转基因食品,由此带来的危害生命权和免于饥饿权的严重后果将是不可估量的。这是违背科学理性和道德理性的行为。如果科学确证了转基因食品的严重危害,从道德理性的角度看,生命权和免于饥饿权依然是优先的,因为一旦饥饿重新向生命开战,饿殍遍野、易子而食的人间悲剧就可能重新上演。那种宁愿饿死也要拒斥转基因食品之类的情绪在饥饿威胁面前是不堪一击的。更为严重的是,由此引发的粮食争夺、瘟疫疾病、环境危机、暴力冲突乃至血腥战争等不良后果将会给人类带来不可估量的惨重灾难。在没有其他科学途径解决饥饿问题之前,拒斥转基因食品可以在理论层面进行言论自由的辩论,但是付诸行动必须有充足的科学根据和切实可行的实践路径。就是说,付诸行动的有关措施和相应手段必须经过严密慎重的论证、正当合法的程序和切实可行的保证措施。行动的底线或实践理性的最低命令则是:只有在确保不会引发或不会直接导致饥饿威胁的前提下(即在不危害生命权和免于饥饿权的条件下),才应当完全拒斥转基因食品。

人类不应该在付出惨痛代价后再重新回到起点,应当遵循实践理性的命令,理性慎重地化解或缓解有机食品与转基因食品的冲突以及通常的自然食品与人工食品的冲突。

三、食品信息遮蔽与知情的伦理冲突

从动态运行的角度来看,食品是一个其信息遮蔽与知情之间不同程度冲突的历史进程。工业革命以来,食物要素发生了巨大改变。现代食品生产远离家庭和社区,改变了传统自给自足的食品生产和消费方式之间的信息透明的历史。同时,烹饪在一定程度上也成为遮蔽食物来源及其历史的活动。食品信息遮蔽与食品信息知情的伦理冲突日益凸显。而且,这种变化缺少相应的医学或科学引导。众多食品消费者没有接受食品营养原则的应有教育,缺少食品营养原则的基本常识。食品消费者既不知道食品来源及其生产历史信息,也不知道自己的食品消费对自然和历史造成的影响。食品生产和消费之间的联系由此断裂,食品信息遮蔽和食品信息知情的冲突也不断升级。近几年出现的食品事件(如地沟油等事件)都是这种冲突的不同表现。

目前，由于食品信息遮蔽的技术性不断提高，我们生而具有的感官知觉已经很难辨别甚至不能辨别食品的本来特性。于是，我们不能相信自身的感官，只能外在地"依赖我们读到的东西：食品说明。在未来，对我们更为重要的是：不要吃没有读到的东西"①。消费者的食品知识和食品选择在很大程度上降低为食品说明。一旦"我们吃信息"②，食品消费者的信息缺失和食品生产者的信息遮蔽之间的冲突或许会更加激烈。这种冲突的本质是对食品信任的消解，因此，祛蔽食品信息、重建食品信任就成为化解食品信息遮蔽与知情之间伦理冲突的根本路径。问题是：为何要重建食品信任？如何重建食品信任？

(一) 为何要重建食品信任？

首先，重建食品信任是食物伦理追求善的生活的应有诉求。虽然食物生产者和食物消费者有一定的利益冲突、认知矛盾，但这并非遮蔽食品信息的理由或托词。相反，遮蔽食品信息只会加剧双方的矛盾冲突。

食品信任并非单向度的个体活动，而是食物生产者和食物消费者双向认同的伦理行为。对此，柯弗从词源学的角度解释说："英文 com-panion 和法文 co-pain 都源自拉丁文，意思是指'和某人共食面包者'。既然市场上一人之美味常常是另一人之毒药，把消费者和生产者看作'伙伴'（companions）是不正常的。但是，就食物伦理学来说，意识到消费者和生产者在某种意义上共食面包是重要的。"③ 人们在这种社交活动中，实现其用餐权利的正当诉求，这其实也是社交（social）的基本意义。柯弗诠释道："社交的意义可以通过德语 Gericht 的运用来加以解释。Gericht 既有美食学的意义，又有法定权利的意义（具有英语 dish 和 right 的双重意义）。对于共同体而言，基本的 Gericht 可以解释成用餐权利（a right

---

① Christian Coff. The Taste for Ethics: An Ethic of Food Consumption. Edward Broadbridge, tran. Dordrecht: Springer, 2006: 92.
② Christian Coff. The Taste for Ethics: An Ethic of Food Consumption. Edward Broadbridge, tran. Dordrecht: Springer, 2006: 92.
③ Christian Coff. The Taste for Ethics: An Ethic of Food Consumption. Edward Broadbridge, tran. Dordrecht: Springer, 2006: 143.

to a dish），这意味着有权享用属于共同体的食品。因此食品和用餐权利是一种表达关心他人和共同体的方式。"① 可见，食品信任本质上是人之为人的正当诉求，因为食品生产和消费的共同目的是对善的生活目的的追求。在公平制度或社会机构中，善的生活既包括食品生产者的善的生活，也包括食品消费者的善的生活。如果没有后者善的生活，前者善的生活就是子虚乌有，反之亦然。尽管食品消费者是食品信息遮蔽的被动受害者，但是由此带来的对生产者的极度不信任即食品信任危机最终会危害食品生产者自身。如此一来，食品生产者和食品消费者将会互不信任、相互猜忌，结果必然在相互危害中陷入恶的生活困境的循环之中。为了食品生产者和食品消费者的善的生活，必须祛除食品信息遮蔽，重建食品信任。

其次，重建食品信任是人固有的脆弱性的内在要求。人在一定程度上凭借食品生产方式理解把握自己："我是食用这种或那种生产方式的食物的人。"② 实际上，当今多数人的自我理解是认识到他们从事的是工业化农业而非传统农业。这种自我理解意味着他们并不怎么知道所吃食品的生产历史："我是对自己所吃的工业化食品一无所知的人。"③ 对食品消费者而言，食品生产是一个食品信息被遮蔽的历史过程。这是因为人不是全知全能的存在者，而是天生的有限的脆弱性的存在者。在生产过程中，"我们发现了脆弱性（vulnerability）：人类、动物和自然作为生产过程的所有部分，通常能够被特别的生产历史伤害和践踏"④。食品信任意味着承认食品认知和实践的脆弱性，因为信任意味着对他者的依赖。如果没有脆弱性，食品信息就不会被遮蔽，食品信任就没有任何意义。就是说，食品信任关系只有通过脆弱性才可能建立起来。⑤ 实际上，食品信息遮蔽带来的

---

① Christian Coff. The Taste for Ethics：An Ethic of Food Consumption. Edward Broadbridge, tran. Dordrecht：Springer, 2006：161.
② Christian Coff. The Taste for Ethics：An Ethic of Food Consumption. Edward Broadbridge, tran. Dordrecht：Springer, 2006：162.
③ Christian Coff. The Taste for Ethics：An Ethic of Food Consumption. Edward Broadbridge, tran. Dordrecht：Springer, 2006：162.
④ Christian Coff. The Taste for Ethics：An Ethic of Food Consumption. Edward Broadbridge, tran. Dordrecht：Springer, 2006：167.
⑤ Niklas Luhmann. Trust：A Mechanism for the Reduction of Social Complexity. Chichester：John Wiley & Sons, 1979：62.

不确定性和茫然无知，正是食物信息知情的诉求的存在根据。就此而论，"在食物伦理学中，信任（trust）是一个关键概念，因为消费者倾向于依赖他们信任的来源信息而拒斥他们不信任的来源信息"①。所以，食品信任的使命是必须能够理解并接受食品消费者的基本期望，并为满足这些基本期望而合理地行动。

（二）如何重建食品信任？

食品信任本质上是食品消费者对食品生产者及其食品的信任。

食品信任的基本要素可以归结为：（1）食品生产主体，从事和食品相关的土壤培养、育种、排水作业、庄稼轮作、制作面包等食品生产的工作者，如专业食品师、农民、食用畜禽养殖者等。（2）食品消费主体，包括食品生产主体（同时也是食品消费者）和其他不从事食品生产的食品消费者，后者是狭义的食品消费者即通常意义上的食品消费者。（3）食品生产和食品消费的运行机制或组织实体。食品运行机制包括市场买卖、工作形式（如几个农场主的合作、工作日长度、分工等）、所有权形式、技能获得等。食品组织实体包括家庭、食品公司、食品研究单位、国家食品机构、国际食品组织等。据此看来，食品生产者的自律构成食品信任的伦理基础，食物消费者和食品运行机制或组织实体的他律则是纠正弥补自律失误或缺失的必要伦理条件。是故，重建食品信任、化解食品信息遮蔽与食品信息知情冲突的基本途径是实现自律与他律在食品生产和消费过程中的有机结合。

食品生产主体同时也是食品消费主体，其自律既是为了其他食品消费主体的善的生活，也是为了食品生产主体自身的善的生活。但是，食品生产主体的自律不足以构成可以指望的食品信任。通常而言，食品生产主体追求利益最大化的目的与其自律带来的（短期）利益降低之间的矛盾可能会抵消其自律的道德力量与实际效果。食品信息遮蔽及由此带来的食品不信任正是自律不可指望的实际证据，或者说正是食品生产主体自律缺失的

---

① Christian Coff. The Taste for Ethics: An Ethic of Food Consumption. Edward Broadbridge, tran. Dordrecht: Springer, 2006: 143.

不良后果。这就需要食品他律的力量予以纠正和弥补。食品消费主体的承认和信任在普遍价值导向领域具有首要的重要地位，在私人和公共生活领域具有经验的实证作用。因此，食品消费主体的承认或者否认，是检验食品生产主体的自律与食品消费主体的期望是否匹配的根本尺度。根据这个尺度，食品生产和食品消费的运行机制或组织实体必须采取措施平衡营养和健康的关系，以便把提高食品数量和提升食品营养质量有机结合起来。同时，必须制定并严格执行相应的食品法律和规章制度，确保食品生产安全健康和食品信息知情权，严格追究遮蔽食品信息者的相关道德责任或法律责任，切实有效地加强食品生产主体与食品消费主体的自律和他律的结合，重建并维系食品信任，有效正当地化解食品信息遮蔽和食品信息知情之间的矛盾冲突。

追根溯源，食物伦理的各种冲突本质上是对食物道德规则的悖逆。是故，化解冲突的基本路径是把握并坚守最为基本的食物道德法则：秉持生命权之绝对命令，保障免于饥饿的权利，基于此提升生存质量、实践善的生命追求。这既是食物伦理学的历史使命，也是人类追求善的生活的正当诉求。

第六章　祛弱权之身体伦理

　　生育、食物与伦理之间的关系是人类生命延续和维系的基本伦理关系。在人类生命延续和维系的历史进程中，身体的健康、疾病与伦理之间的关系同样关涉每个人或所有人的存在状态。如果说健康是身体脆弱性和坚韧性的谐和常态，疾病则是身体脆弱性对坚韧性具有相对优势的非常态的脆弱状态。因此，健康关爱权也就可能成为祛弱权的另一具体形式。

　　正因如此，健康、疾病与伦理之间的关系是一个古老而又全新的身体伦理的基本问题。这一问题错综复杂、矛盾重重，当代哲学家们为此展开了规模宏大的争论。用著名元伦理学家黑尔的话说，争论的焦点集中在：身体的健康或疾病"是一个纯粹描述性概念还是一个某种程度的评价性或规范性概念"[1]。其实质则是：身体的健康、疾病是否与伦理有关？如果答案是肯定的，那么身体的健康、疾病与伦理有何关系？健康关爱权是不是身体的价值基准？

第一节　身体是否与伦理有关

　　"身体是否与伦理有关"的实质是"身体的健康、疾病是否与伦理有关"的问题。围绕此问题，当代哲学家们探赜索隐，在相互辩论中形成了

---

[1] R. M. Hare. Health. Journal of Medical Ethics, 1986, 12 (4): 174.

三种基本理论范式：规范主义理论、自然主义理论和功能主义理论。

一、规范主义理论

规范主义理论认为，健康、疾病不仅是自然科学问题，而且是"重大实践问题并因此受到伦理关注"①，因此必须接受伦理价值的评判。

健康、疾病的伦理规范性问题主要源自哲学家。古希腊罗马时代的一些哲学家主张，只有有德性的人才是完全健康的。自柏拉图、亚里士多德（医生的儿子）以来，哲学家们开始运用医学类比来讨论道德问题。他们把善和健康相类比，认为"善人"（a good man）的行为在某种程度上就像"健康的人"（a healthy man）一样。柏拉图在《理想国》中主张，为了获得健康，人必须具有实践智慧以及节制、公正、勇敢等德性。② 如果缺失这些德性，就会导致疾病。因此，"恶人"（a bad man）的行为在某种程度上就像"疾病的人"（an ill man）一样。这种思想在当代规范主义这里得到深化和具体化。著名规范主义学者马丁（Mike Martin）认为道德德性和精神健康虽然并非完全重叠，但是仍然有相当大的共同部分。健康概念可以帮助我们做出道德选择，疾病概念可以帮助我们判断如何避免恶之行为。③ 规范主义的这种健康理念在世界卫生组织对健康的定义中得到权威性的经典表述："健康不仅仅是疾病和羸弱的不在场，更是一种生理、精神和社会福利的完美状态。"④ 相应地，疾病"不但需要描述和解释行为，而且是一种命令性行动。它标志着一种不被欲求但是需要战胜克服的状态"⑤。道德或不道德通常指人的行为、目的等和德性、恶性相关的性格特征。把健康、疾病和道德联系起来，就是把健康、疾病和行为、目

---

① Lennart Nordenfelt. The Concepts of Health and Illness Revisited. Medicine, Health Care and Philosophy, 2007, 10 (1): 5.
② R. M. Hare. Health. Journal of Medical Ethics, 1986, 12 (4): 174.
③ Per-Anders Tengland. Health and Morality: Two Conceptually Distinct Categories? . Health Care Analysis, 2012, 20 (1): 69.
④ Iain Law, Heather Widdows. Conceptualizing Health: Insights from the Capability Approach. Health Care Analysis, 2008, 16 (4): 304.
⑤ Thomas Schramme. The Significance of the Concept of Disease for Justice in Health Care. Theoretical Medicine and Bioethics, 2007, 28 (2): 123.

的、德性、责任等联系起来。如果说疾病是负面价值，健康则是相应的正面价值。这是一种典型的规范主义的伦理价值思路。

问题是，(1) 如果健康是世界卫生组织所谓的"完美状态"，由此可以推出法定的幸福权，这就把健康和幸福混为一谈了。因此，在实际的健康实践中，规范主义极易走向古老的幸福主义，尤其是推崇最大多数人的最大幸福的功利主义。这就等于取消了健康的独立意义和道德价值。(2) 由于规范主义奠定在伦理价值基础上，易于拓展疾病概念。在其极端理论形式中，疾病完全独立于生理考量，对于各种人类的生命问题的病理方面几乎没有任何限制。① 这就无异于取消了疾病的基本概念。(3) 伦理价值多元论给规范主义的价值判断带来重重难题甚至是尖锐的矛盾冲突。某些正面价值并不一定是健康的，甚至是损害健康的，如在特定境遇中，某些宗教的割礼或其他对身体的伤害甚至残害等却得到正面伦理价值的推崇。有些问题如同性恋、宗教信仰等极其复杂，规范主义难以辨明其价值性质，易于陷入摇摆不定或进退两难的困境。是故，规范主义遭到了自然主义的严厉批评。

二、自然主义理论

自然主义理论源自身体和灵魂相分离的古典哲学观念。柏拉图早就主张灵魂可以独立于身体而存在。此论在笛卡儿（René Descartes）的身心二元论中得以深化，他认为身体是一架生理机器，灵魂是独立于身体的实体，"即使身体不复存在，灵魂亦将不会受丝毫影响"② 康德试图解决笛卡儿式的身体与灵魂的对立问题，他把身体划归现象界，把灵魂（和自由、上帝一起）划归物自体领域。基于此，康德说："医生的工作是直接关注身体而从不必关注心灵（mind），除非心灵通过关爱身体受到影响

---

① Thomas Schramme. The Significance of the Concept of Disease for Justice in Health Care. Theoretical Medicine and Bioethics, 2007, 28 (2): 124.

② René Descartes. A Discourse On the Method of Correctly Conducting One's Reason and Seeking Truth in the Sciences. Ian Maclean, tran. Oxford: Oxford University Press, 2006: 29.

（触动）。如果医生试图通过心灵力量治愈身体，他就是在扮演哲学家的角色。"① 康德虽然没有真正解决身体和灵魂的内在关系，但是解决了肇始于休谟的事实与价值的分界问题，厘定了身体的自然功能的范围，否定了价值干涉身体自然功能的合法性。这种事实与价值相互独立的思想为当代自然主义理论奠定了深厚的哲学基础。

当代自然主义者布尔斯（Christopher Boorse）、史莱姆（Thomas Schramme）以及斯卡丁（J. G. Scadding）等人秉持传统哲学价值中立的客观论，反对规范主义对健康或疾病问题的价值干预。其主要思想可以归结为：健康和疾病是一种和价值判断无关的纯粹客观的自然事实，它们属于自然科学范畴，不受任何伦理价值判断、社会规范的影响和限制。在布尔斯等自然主义者看来，健康、疾病是植根于进化生物学基础上的客观的自然科学范畴的概念，进化生物学能够为健康和疾病提供准确客观的自然科学解释。② 因此，健康和疾病只能由生理器官的客观特征、自然的客观标准来评判和决定，绝不听命于个人的主观欲求或价值规则。究其实质，自然主义的健康或疾病观念植根于解剖学对尸体分析的基础上，进而从纯粹自然科学的角度把身体看作因果性的机械装置，主张"疾病是一种自然状态，听命于自然科学研究"③。换言之，根据有机体正常运转能力的生物统计标准，疾病是一种低于标准或正常水平的偏离状态，是人体器官的生理过程的客观性错误或功能紊乱，"健康则消极性地被规定为疾病的缺乏"④。治愈疾病、恢复健康仅仅是一个重建器官的自然平衡过程。用史莱姆的话说，在自然主义这里，健康、疾病"独立于价值评论问题"⑤。这种纯粹生理统计标准和评价路径把健康、疾病看作与价值判断毫无关系

---

① Immanuel Kant. Anthropology, History, and Education. Mary Gregor, et al., trans. Cambridge: Cambridge University Press, 2007: 189.

② Christopher Boorse. Health as a Theoretical Concept. Philosophy of Science, 1977, 44 (4): 556 – 557.

③ Bjørn Hofmann. Simplified Models of the Relationship between Health and Disease. Theoretical Medicine and Bioethics, 2005, 26 (5): 368.

④ Thomas Schramme. The Significance of the Concept of Disease for Justice in Health Care. Theoretical Medicine and Bioethics, 2007, 28 (2): 128.

⑤ Thomas Schramme. The Significance of the Concept of Disease for Justice in Health Care. Theoretical Medicine and Bioethics, 2007, 28 (2): 123.

的自然事实。值得肯定的是，自然主义能够限制仅仅奠定在社会伦理规范基础上的健康或疾病概念的扩展，能够支撑整个健康关爱系统所依赖的主要概念的自然科学地位，进而弥补并修正规范主义过于主观、忽视价值限制而带来的随意性和空洞性的缺陷。

不过，如果纯粹依据自然主义，人的健康和疾病问题就只能停留在动物水平。这既违背人性尊严，也和作为自由艺术的医学逻各斯背道而驰。具体而言，自然主义存在如下几个问题：(1) 物种的特定行为是较为完美地适应某种环境的行为（如生殖和生存等），却极有可能并不能适应另外一种环境。必须注意的是，人类在不断地改变生存环境，这种环境可能带来新的健康或疾病问题。对于当下的自然科学和医学而言，这是它们未曾涉及而必须研究的新问题。医学科学可能对某种疾病一无所知，但这种疾病却能造成极大危害（如2003年SARS病毒造成的严重后果）。自然主义的标准很难适用于这些新问题，这就需要伦理价值的判断：一旦出现危害健康的症状或后果，无论是否符合自然主义现有的客观标准，都应该从人性尊严的价值视角予以高度重视，集中力量解决此类问题。(2) 根据自然医学标准，某些症状并非疾病，但却可能对健康带来威胁（如不自愿怀孕并非疾病，却有可能导致比一般疾病还严重的一系列后果）。(3) 自然主义的健康、疾病观念是价值和事实的关系问题即休谟问题在身体伦理学领域的典型再现，而价值和事实相互独立的命题在人这个集价值和事实于一体的存在者这里是不能成立的。[①] 自然主义的这种理论错误在实践中会产生一系列问题，"既然自然主义不包括价值评判，它也就不能为如下问题提供一个基础：直接确证每一种疾病的治疗都是个体享有的权利资格"[②]。自然主义并不包括把每种疾病都看作一个伤害的事件这个前提，只有规范主义主张把疾病规定为伤害。因此，自然主义的健康或疾病理论需要真正的伦理价值考量作为补充和支撑。

自然主义未能真正驳倒规范主义存在的根据，反而带来了更大的难

[①] 具体论证请参见拙文：任丑. 祛魅休谟问题：生态伦理学的奠基. 科学技术与辩证法，2008 (6)：40-43.

[②] Thomas Schramme. The Significance of the Concept of Disease for Justice in Health Care. Theoretical Medicine and Bioethics，2007，28 (2)：129.

题。为了解决规范主义和自然主义相互颉颃所带来的诸多问题，功能主义试图从古典目的论的角度思考健康、疾病与伦理的关系。

三、功能主义理论

功能主义理论植根于古典目的论。万物有灵论、神学目的论以及道德目的论是三种经典的古典目的论，它们主张灵魂（亚里士多德等）、上帝［阿奎那（T. Aquinas）等］或道德（康德等）是万物之目的。值得一提的是，康德把身体划归现象领域，把灵魂不朽、上帝存有和自由意志划归物自体领域的真正用意就是论证道德是身体乃至世界的目的。① 在谈到身体时，康德曾明确地说："照料身体并不是娇惯自己（总是放纵我们的性情），以避免艰苦和烦恼之事，如同那些软弱溺爱的人那样。而是，如同履行诺言一样，我们要保持身体处在良好的修缮状态以维系其完好的目的，就是说，无论我们在生活中必须做什么，无论是困境重压下的煎熬还是忍耐劳作的艰辛，我们都保证自己能够胜任。"② 尽管这种思想并没有很好地解决身体自身的健康、疾病与伦理的关系问题，但是却肇始了试图综合自然主义和规范主义的思路，直接预制了当今身体伦理学领域以功能目的诠释健康、疾病与伦理关系的功能主义理论。

功能主义者诺登菲尔（Lennart Nordenfelt）、科瓦奇（Joszef Kovacs）和伯彻（Johannes Bircher）等人，既不完全认同自然主义价值中立的思想（用自然科学的客观标准判定健康或疾病，否定健康、疾病与伦理的关系），也不完全肯定规范主义价值至上的思路（用价值尤其是伦理价值规定健康或疾病，忽视自然科学尤其是医学标准的客观作用），而是试图用功能目的论诠释健康、疾病与伦理之间的关系。功能主义者认为健康并不等同于主观的幸福价值，亦非客观的自然事实，而是拥有达到生命目的的各种功能的能力（capability），疾病则是这种能力的丧失或匮乏。在功能主义者这里，能力是一个人能够成其为人的各种功能和被社会境遇决定的能够行使的各种功能，它主要包括身体的自然生理功能和价值目的功能。

---

① Immanuel Kant. Critique of Judgment. James Creed Meredith, tran. Oxford: Oxford University Press, 2007: 263.

② Immanuel Kant. Anthropology, History, and Education. Mary Gregor, et al., trans. Cambridge: Cambridge University Press, 2007: 188.

用阿玛蒂亚·森（Amartya Sen）的话说，能力是一个人能够实现和达到自身目的的各种功能，即一个人具有的能够完成生命目的的各种有价值的实际功能。① 伯明翰大学哲学系的艾恩·劳（Iain Law）和威多斯（Heather Widdows）根据阿玛蒂亚·森的这一理论，主张健康不是单个功能，而是各种可能功能所建构的指向价值目的的能力，或者说，健康"是能够以多种途径建构的一系列价值要素"②。能力成为联系健康和价值的基本根据。在此基础上，诺登菲尔提出了对健康最为精致的功能论诠释："当且仅当 A 在标准境遇中具有达成其所有生命所必需的目标的能力时，A 才是完全健康的。"③ 所谓标准境遇——如科瓦奇所说，就是"典型的环境，即大部分人在给定的社会中生活的环境"④。标准境遇意味着大部分的个体通过自身努力能够达到或实现其生命目的的境遇。在此境遇中，健康个体拥有各种功能，这些功能共同构成认识和完成其生命目的的能力。据此，瑞典马尔默大学的滕格兰德（Per-Anders Tengland）说："一个人有能力达到其所处环境中的所有目标，就是完全健康的。"⑤ 就是说，健康是个人在所处环境中，实现其重要目标和长远幸福以及满足更高一级的价值标准的能力。如果说健康是一种满足生命需求的能力或是一种发挥其关键功能的能力，疾病就是一种在自我生存环境中达到目的的行动能力的不足或丧失。伯彻从功能论的角度阐明了健康和疾病的这一内在关联："健康是一种以生理的、精神的以及社会的潜力为特征的福利安乐的充满活力的状态，是和年龄、文化以及个人责任相当的生活要求的满足。如果这种潜力不能满足这些要求，这种状态就是疾病。"⑥ 能力和人之发

---

① Amartya Sen. Capability and Well-being//Martha C. Nussbaum, A. Sen. The Quality of Life. Oxford: Clarendon Press, 1993: 30.

② Iain Law, Heather Widdows. Conceptualising Health: Insights from the Capability Approach. Health Care Analysis, 2008, 16 (4): 311.

③ Lennart Nordenfelt. The Concepts of Health and Illness Revisited. Medicine, Health Care and Philosophy, 2007, 10 (1): 7.

④ Joszef Kovacs. The Concept of Health and Disease. Medicine, Health Care and Philosophy, 1998, 1 (1): 36.

⑤ Per-Anders Tengland. Health and Morality: Two Conceptually Distinct Categories?. Health Care Analysis, 2012, 20 (1): 71.

⑥ Johannes Bircher. Towards a Dynamic Definition of Health and Disease. Medicine, Health Care and Philosophy, 2005, 8 (3): 336.

展目的相关，人之发展通过拓展能力而拓展人之自由选择的各种可能路径——这是功能主义的健康状态，疾病则是与此相反的状态。

既然能力包括自然功能和伦理价值功能，以能力为基点的功能目的论实际上就具有了综合（推崇自然功能的）自然主义和（推崇伦理价值功能的）规范主义的可能性。健康、疾病与伦理之间的关系在功能、能力这里具有了可能得以确证的存在根据。功能、能力作为健康、疾病与伦理关系的存在根据，肯定了健康、疾病与伦理之间的关系，弥补了自然主义和规范主义尖锐对立存在的一些问题。然而，功能主义并没有解决健康、疾病的规范性和事实性的内在本质关系，也没有关涉如何维系健康、祛除疾病的伦理实践路径，健康、疾病与伦理具有何种关系的问题依然有待论证。

第二节 身体与伦理有何关系

身体与伦理关系的实质也就是健康或疾病与伦理的关系。身体功能既具有自然目的（动物性目的如繁殖目的等），又具有自由的道德目的（这是人之身体不同于动物之处）。同理，身体的健康或疾病不但具有自然目的，而且具有道德目的。问题是，在特定境遇中，不道德的目的也可能成为身体的重要目的。对此，人们自然要追问：达到这种不道德目的的能力也是健康吗？能力指向目标的正当性何在？或能力的正当性何以可能？这就指向了健康、疾病与伦理的关系问题。实际上，功能主义已经触及了健康、疾病与伦理关系的本质。因为所谓功能，即人的身体之功能。康德说得好："问题和答案必定源自共同的根据。"[①] 身体既是规范主义、自然主义和功能主义的本体根据，也是健康、疾病以及伦理的共同存在根据。

亚里士多德说，"人之功能是生命的特定本质，是灵魂遵循理性规则的行为或行动，善人之功能就是善和高贵之践行"，善之功能就是德性。[②]

---

① Immanuel Kant. Critique of Pure Reason. Paul Guyer, Allen W. Wood, trans. Cambridge: Cambridge University Press, 1998: 503.
② Aristotle. The Nicomachean Ethics. David Ross, tran. Oxford: Oxford University Press, 2009: 12.

身体的各种功能或能力的健全完美就是身体的德性即健康。作为身体的德性，健康既是医学逻各斯的伦理法则，又是正价值的规约性概念，疾病则与之相反。这就是健康、疾病与伦理的关系。

一、身体之德性与恶性

健康、疾病是身体确证人类在世的基本方式，脱离身体的孤零零的健康、疾病是不存在的。身体不仅仅是生理性的肉体，更是涵纳精神和肉体于一体的生命有机体——此即哲学意义的"我"。因此，法国哲学家梅洛-庞蒂说："我不在身体之前，我在身体之内，或者毋宁说，我就是身体。"[①] 作为具有各种功能的身体，并不完全听命于自然科学和自然规律，因为"我"是一个朝向世界生成的自我规定的身体，"我"能够理解一个活着的身体的生理、语言和伦理等功能。质言之，"成为身体，就成为和特定世界的联结"[②]。身体和特定世界的联结有自然联结和伦理联结两种基本方式。如果只有自然联结，身体就仅仅是遵循自然规律的肉体——这和其他动物是一样的。身体只有在与自然和伦理的联结中，才能自我证成为自由的主体性存在。主体性身体的基本在世方式呈现为健康和疾病重叠交织的实践过程。这就决定了健康、疾病和道德相关的基本范式：一般而言，健康是身体的德性（virtue），疾病则是身体的恶性（vice）。

健康是身体在世的常态方式，因为它是生命器官的内在平衡和外在环境相谐和的良好境况，也是生命的生理、心理和伦理诸尺度之间的平衡状态。健康在追求快乐、福祉和正当的过程中彰显出对抗必然规律（主要体现为疾病、死亡等）的自由本性。列维纳斯诠释说，身体的存在是具体的生命存在，"成为身体，一方面挺立起来成为自我的主人，另一方面，挺立于地球之上，居于他者之中，并因此为身体所拖累（负担）。但是——

[①] M. Merleau-Ponty. Phenomenology of Perception. Colin Smith, tran. London: Routledge & Kegan Paul Ltd., 1962: 133.

[②] M. Merleau-Ponty. Phenomenology of Perception. Colin Smith, tran. London: Routledge & Kegan Paul Ltd., 1962: 131.

我们重复一下——这种拖累并非一种纯粹的依赖，它构成人所享受的幸福"①。幸福既是健康的一种平衡状态，又是健康所渴求的一种善的目的。道德直觉、道德情感、道德判断、道德决定、道德行为等一系列道德链条和道德程序的执行和实施，只有以健康为基础才能真正落到实处。质言之，身体所具有的道德能力（道德的理解能力、判断能力尤其是实践能力）是健康的应有之义。因此，健康是身体的优良本质即德性。和健康不同，疾病是身体偶发性的非常态的在世方式，是对身体正常在世方式的扰乱或毁坏，是身体的负在世方式或祛在世方式。所以，列维纳斯说："在其深居的恐惧中，生命具有把身体主人（body-master）倒置为身体奴隶（body-slave）、把健康倒置为疾病的可能性。"② 一旦这种可能性变为现实，疾病就扰乱了我和肉体之间的关系，它不但威胁着我之肉体，而且也威胁着我之人格、自我平衡乃至我的各种伦理关系，致使健康这种德性遭受践踏和破坏。在此境遇中，如康德所说："身体独自承担着昨天的恶。"③ 可见，疾病是对身体善的践踏，是身体之恶性。

不过，健康和疾病并不简单地等同于善和恶。实际上，健康和疾病、善和恶在身体中处于一种重叠交织、难分难解的复杂关联之中。究其本质，健康是疾病的载体，它通过疾病来展现自我、实现自我并消解自我，从而确证自身的存在。也就是说，疾病是健康自身的一个要素。对于个体而言，疾病是对身体平衡的扰乱，也是对身体与环境之间的谐和关系的毁坏，并通过消解健康，促发个体对健康的渴求和维系，这种消解由此成为健康自我实现的一种途径。不过，个体健康最终被疾病消解的后果是死亡，健康和疾病在死亡之处同时化为虚无。就此而言，死亡是个体健康的终极之恶。但是，从类的角度看，死亡正是健康的"狡计"，因为它在使某些个体的健康和疾病同归于尽的途中，为其他生命个体主要是新生命个

---

① Emmanuel Levinas. Totality and Infinity：An Essay on Exteriority. Alphonso Lingis, tran. The Hague/Boston/London：Martinus Nijhoff Publishers，1979：164.

② Emmanuel Levinas. Totality and Infinity：An Essay on Exteriority. Alphonso Lingis, tran. The Hague/Boston/London：Martinus Nijhoff Publishers，1979：164.

③ Immanuel Kant. Anthropology，History，and Education. Mary Gregor, et al., tran. Cambridge：Cambridge University Press，2007：189.

体预制出代代相传的存在境遇，从而使健康通过代代相传的个体新生命生生不息，使生命在摆脱陈旧形式而充满活力地更新换代的绵延途中日新月异。此乃善（健康）利用恶（疾病）而求善之大道即伦理逻各斯，这就为医学逻各斯的伦理法则奠定了基础。

二、医学逻各斯之伦理法则

虽然身体依靠自身的自然功能可以消极地祛除某些轻微的疾病以维系健康，但这是极其有限的。超出自然能力范围的维系健康、祛除疾病则要求医学实践理性的技术和价值关照。显而易见的是，和人没有直接联系的动物的健康或疾病不存在价值取向，医学在这些动物那里也没有存在的根据。设若不存在身体对维系健康、祛除疾病的技术和价值诉求，医学根本就没有必要存在，也不可能存在。

当代医学已经把古老医学发展为一门精细的专业自然科学（这主要是自然主义的学科依据），其当下的重要使命是把医学恢复进而提升为一门关注身体健康的自由实践艺术，即遵循实践医学逻各斯的伦理价值法则的艺术（这主要是规范主义和功能主义的学科依据）。医学逻各斯的伦理价值法则就是身体自身的价值取向即健康，疾病则是对这一法则的悖逆。换言之，医学逻各斯的伦理价值法则是祛除疾病、维系健康。早在古希腊时期，哲学家们就开始思考医学的道德价值取向问题。亚里士多德在《尼各马可伦理学》的开篇就说，善是万物之目的，每一种艺术和研究，每一种行为和选择都以某种善为目的，目的不同，与之相应的善也不同，"医学艺术的目的就是健康"[1]，健康是医学的善或医学逻各斯的价值法则。福柯认同亚里士多德的这一思想，认为医学不仅是一种技术，而且是消除疾病、修复身体的自由艺术，因为医学本质上是"一种生存途径，是一种和身体、食物、清醒睡眠、各种活动以及环境等密切相关的反思方式"[2]。

---

[1] Aristotle. The Nicomachean Ethics. David Ross, tran. Oxford: Oxford University Press, 2009: 1.

[2] Michel Foucault. The History of Sexuality: Vol. 3. Robert Hurley, tran. New York: Random House, Inc., 1986: 100.

医学逻各斯"每时每刻都在命令正当的生活法则（养生之道）"①。身体滋养并不是精神和肉体的对抗，而是精神遵循自由的伦理法则所进行的自我校正并引领肉体遵循自由法则的谐和平衡的实践过程。鉴于此，康德说："我们必须明白我们完美的身体之中拥有一个完美的心灵。在此情况下，医生的工作是通过关爱身体来帮助苦难的心灵；哲学家的使命是通过心灵的养身法则来帮助痛苦的身体。"② 医学这种自由艺术的伦理实践要求理性灵魂和精神发挥引导养身的价值导向作用，以达成维系健康或治愈疾病之目的。

达成维系健康或治愈疾病之目的的最为基本的途径是：在分析健康、疾病和善恶的错综复杂的关系的基础上，探究医学艺术的伦理法则的具体内涵和实践命令。康德曾把人之禀性分为自然禀性和道德禀性，他说："每种禀性要么是自然的，即和作为自然存在的人之选择能力相关的禀性；要么是道德的，即和作为道德存在的人之选择能力相关的禀性。"③ 其实，对于身体而言，健康和疾病就是其自然禀性和道德禀性的两种基本存在状态，它们和善恶重叠交织，构成极其复杂的存在关系。一方面，疾病和善恶有三个基本层面的关系（用 D 代表疾病 disease，D1 代表疾病和善恶的第一个层面的关系，以此类推）：(D1) 肉体疾病，精神、实践理性具有强烈的为恶倾向，这类人虽然可以作恶，但疾病能够在一定程度上消减其作恶的能力和危害程度；(D2) 肉体疾病，精神、实践理性可能是恶的、任性的，也可能是善的、自由的，此类人无论是行善或为恶，都是相对较弱的；(D3) 肉体疾病，精神、实践理性具有强烈的善的、自由的倾向，此类人祛恶趋善，但是疾病减弱乃至阻碍了他们对善的判断和践行。另一方面，健康和善恶有三个基本层面的关系（用 H 代表健康 health，H1 代表健康和善恶的第一个层面的关系，以此类推）：(H1) 肉体健康，但是精

---

① Michel Foucault. The History of Sexuality：Vol. 3. Robert Hurley, tran. New York：Random House, Inc., 1986：133.

② Immanuel Kant. Anthropology, History, and Education. Mary Gregor, et al., tran. Cambridge：Cambridge University Press, 2007：184.

③ Immanuel Kant. Religion within the Boundaries of Mere Reasons and Other Wrings. Allen Wood, George Di Givanni, trans. Cambridge：Cambridge University Press, 1998：54.

神、实践理性具有强烈的为恶倾向，此类人因肉体健康的支撑而增强了作恶能力和危害程度；(H2) 肉体健康，精神、实践理性可能是恶的、任性的，也可能是善的、自由的，此类人无论是行善或为恶，都是相对较强的；(H3) 肉体健康，精神、实践理性是善的、自由的，此类人是趋善祛恶的强劲之士，是医学逻各斯的自由法则的主体，是完全健康或真正意义上的健康。是故，(H3) 是医学艺术的积极性目的甚至是终极目的。据此而论，医学逻各斯的伦理法则或实践命令是：(1) 底线法则：以治疗肉体疾病为绝对命令，不得把善恶作为治疗肉体疾病与否的理由。这是自然主义理论的价值所在。(2) 目的法则：以 H3 为理想的道德目的，认真对待 D1 至 H3 的各类医疗实践，不得以底线法则否定目的法则。这是规范主义、功能主义的价值所在。(3) 优先原则：当 (1) 和 (2) 发生矛盾冲突时，(1) 优先于 (2)，因为不予治疗是违背医学逻各斯的基本恶。即使病人具有明显的为恶倾向或者就是大恶之人，如杀人犯，甚至被判定为危害人类罪的人，也不得以此为借口不予治疗。原因在于：恶人依然是人，他们承担的责任应当通过公正的法律途径予以追究，而不应当通过不予治疗予以惩罚。医学艺术的真谛是把哲学和伦理理念融通于医学的自由实践之中，在遵循上述法则的前提下祛除疾病、涵养灵魂和自由德性。这正是诸多哲学家和医学家孜孜以求的使身体获得自由并在自由中存在的医学艺术。

身体、医学层面的健康或疾病概念其实已经在一定程度上为回答黑尔所概括的"健康或疾病是纯粹描述性概念还是规范性概念"的问题奠定了坚实基础。

三、规约性概念

自然主义的价值中立论是以身体的自然功能为前提的。自然功能范畴的健康或疾病是不考虑这些功能对其他任何客体、任何人是否有利（善）或有害（恶）前提下的身体状况（常态或非常态），没有涉及道德选择和实践行为。因此，自然功能范畴的健康或疾病是描述性概念，不应该用道德价值妄加评判，而应当坚定地摒弃泛道德主义的暴虐。这就是自然主义的本义和价值所在。问题是，自然功能范畴的健康或疾病是否能够无条件地不产生任何利害关系或者不涉及道德选择和实践行为?

自然功能的范围是有限度的,超出自然功能的藩篱,固守自然主义就成了谬误。众所周知,在和人不发生任何联系的前提下,禽兽的健康或疾病和善恶无关,只是描述性事实。禽兽的自然功能一旦对人发生影响,就会受到伦理评价而具有善恶价值。如禽流感这种疾病一旦危及人类,就被赋予恶的负面价值。健康之禽如鸡鸭等对维系人类健康具有重要作用,就被赋予(并因而具有)善的正面价值。同理,人类的健康或疾病亦非孤零零的事实性存在。通常条件下,健康或疾病会给("自我"意义上的)身体乃至他人、社会带来利害影响或善恶后果,这就必然涉及道德价值判断和行为选择。健康和疾病就超越了描述性概念的藩篱,而成为道德价值的规约对象。或许正因如此,亚里士多德说:"身体之恶,若在我们能力范围内,则予以谴责,若在我们能力范围外,则不予谴责。"① 一般而论,善是哲学家对应当肯定、维系乃至发展的对象的规约性语词。健康是身体的谐和完善状态,是身体的应当和德性,也是医生和身体伦理学关注的目的。因此,健康是道德的存在根基和重要保证,通常承载善的价值(道德德性)。就是说,健康是善的规范性语词。与健康相反,疾病通常负载恶的价值(道德恶性)。黑尔说:"'恶'是道德哲学家称之为规范性或评价性的词(我自己常常用'规约性'这个术语)。称某物是恶就意味着在所论种类的事物中,它具有应当废止或修正的特质,其他事物亦是如此。"对于人而言,"如果一个人有病并能够祛除其根源或通过其他方式阻止此疾病,那么我们应当如此做,其他事情同样如此"②。疾病是恶的,因为它导致痛苦、苦难或者能力丧失(包括极端情况——死亡,因为死亡是完全的能力丧失)。实践理性匮乏的人是不健康的,悖逆实践理性、肆意妄为的人是恶的。就此而论,疾病是恶的规约性语词。

不过,问题是复杂的。健康、疾病与善恶价值并非绝对地一一对应,而是重叠交织的。在特定境遇中,健康可能是恶的,疾病也可能是善的。

---

① Aristotle. The Nicomachean Ethics. David Ross, tran. Oxford: Oxford University Press, 2009: 47.

② R. M. Hare. Health. Journal of Medical Ethics, 1986, 12 (4): 178.

黑尔举例说，南美的一个部落有一种螺旋体病，导致皮肤留下有色斑点，它在当地流行甚广乃至被看作正常现象（健康），无此斑点者则被看作病态，甚至不允许结婚。在此部落中，这种螺旋体病不再是疾病，反而是一种归宿性的文化象征和健康标志。[1] 另外，疾病是否一定是恶的，是否有善的疾病，疾病对谁而言是善的或恶的等问题都极其复杂，不可一概而论。从逻辑上讲，身体包括肉体和精神两个部分。肉体健康之人未必是道德的，但是大部分肉体健康之人更易于倾向道德实践。精神健康固然有很多要素，其中极为重要的一环就是纯粹实践理性即自由的道德能力或道德德性。肉体疾病之人设若是恶的，这种疾病在某种程度上减弱了恶的力度。即使这种人恢复健康、增强了恶的力量，但相对于善的、健康的力量而言，它依然是非主流的、微弱的。从总的趋势看，战胜疾病本身就是一种善的实践，大部分病人恢复健康后将成为善的力量。设若相反，恶的力量必将成为遏制善的主导力量横行于世，这个世界早已化为一片废墟。有鉴于此，在实际的善恶判断中，必须认真谨慎地考量、辨别和评判各种伦理要素与健康、疾病的内在关系。尽管如此，我们依然可以说，从其主要内涵来看，健康是善的正面的规约性概念，疾病是恶的负面的规约性概念。

合而言之，健康、疾病虽然在特定条件下可以是描述性事实，但是它们和人的价值判断密不可分，承载着价值判断的规约性事实，是以描述性概念为基础的规约性概念。追根溯源，健康或疾病的这种特质既蕴含在其存在根据——身体之中，又体现在研究身体的健康或疾病问题的自由艺术——医学的伦理实践之中，这也是当代哲学为之争辩不休的原因和价值所在。

健康、疾病和伦理构成身体在世的基本生命旋律。健康自身具有疾病的潜质，疾病是健康自身的恶，是健康不可逃脱的宿命。在健康占据主导地位的生命个体的历程中，疾病终将击败健康并获得优势，把生命个体推向其终极归属——死亡。与此同时，健康、疾病的这种博弈通过绵延不绝

---

[1] R. M. Hare. Health. Journal of Medical Ethics，1986，12（4）：175.

的个体的死亡换来生命整体的生生不息（"置之死地而后生"的"向死而生"）。质言之，健康是身体在对抗必然失败的死亡宿命的抗争历程中所彰显出的生命活力和道德价值，疾病则是身体对抗死亡命运历程中所遭受的大大小小的失败和道德恶。身体在直面死亡、向死而生的终极命运中，健康、疾病的重叠交织、此消彼长不仅仅是一个单向的遵循必然规律的自然过程，相反，在这一似乎必然失败的悲壮历程中，健康顽强地通过抗争疾病体现出实践理性的自由本质，彰显出人类的自由天性和人格尊严，进而把似乎必然失败的命运扭转为浸润着人文关怀的伦理情结和自由航程。可以说，这是在健康（之善）与疾病（之恶）相互博弈的浩浩青史中所建构的巍巍勋德。或许，这也正是"健康、疾病和伦理之间的关系"配享"身体伦理的基本问题"的根据。

那么，健康关爱权是否可以成为身体伦理的价值基准呢？

第三节　健康关爱权

随着社会文明的不断推进，健康问题日益成为和每个人密切相关的国际性生命伦理话题。健康问题的实质是身体的健康关爱权（a right to health care）的诉求和保障问题，它既是一个重大的学术问题，又是一个"重大实践问题并因此受到伦理关注"[1]。凭道德直觉而论，和每个人密切相关的健康关爱权作为形式层面的普遍人权似乎毋庸置疑。然而，这种道德直觉好像既没有历史的根据，又没有理论的论证，也缺少质料层面的支撑。相反，健康关爱权却不断地遭到否定甚至拒斥。对此，比彻姆说，在政治立场的陈述中，健康关爱权没有存在的根据，因为"政府保障平等的责任独立于相应的健康关爱的道德权利的存在"[2]。阿伯拉姆（Morris

---

[1] Lennart Nordenfelt. The Concepts of Health and Illness Revisited. Medicine，Health Care and Philosophy，2007，10（1）：5.

[2] Tom L. Beauchamp. The Right to Health Care in a Capitalistic Democracy//Thomas J. Bole III，William B. Bondeson. Rights to Health Care. Dordrecht：Kluwer Academic Publishers，1991：61.

Abrams)甚至明确断言:"没有健康关爱权,只有健康关爱的义务。"[1] 诸如此类的否定和质疑肇始了两个不可回避的重大问题:(1)就形式层面而言,普遍人权范畴的健康关爱权何以可能?如果答案是肯定的,那么(2)就质料层面而言,健康关爱权是何种权利?

一、形式的健康关爱权

就经验直观而言,似乎只有特权阶层或个别富有国家和地区的人享有健康保健权,贫困国家和地区的人以及生活在社会底层的人很难或者根本没有资格享有健康关爱权。由此看来,健康关爱权似乎并非人人享有的普遍人权。然而,形式层面的健康关爱权(作为人人享有的普遍人权)不但具有其存在的历史根据,而且源自社会公正的本质规定,植根于人性尊严的正当诉求。

(一)健康关爱权存在的历史根据

表面看来,健康关爱权似乎源自国家制度中的义务即保障公民健康需求的基本能力的义务。如埃弗雷德(Efrat Ram-Tiktin)所说:"健康关爱权是一种派生权利,它源自国家医疗制度保障充盈能力的义务。"[2] 正是基于这一观念,维斯特伯(David N. Weisstub)主张:"提供健康关爱应该被看作一种重要的地方性规约权利。"[3] 换言之,健康关爱权只是根源于国家制度中的义务的一种派生的地方性权利,而非全球性的普遍人权。这是极其片面的看法。事实上,健康关爱权的历史进程正是从政治性、地方性权利逐步提升为国际性、全球性的普遍人权的。

健康关爱权的理念并没有确定具体的历史起源。在某种程度上,健康关爱权的理念具有政治建议的意蕴。美国著名生命伦理学家比彻姆诠释

---

[1] Tom L. Beauchamp. The Right to Health Care in a Capitalistic Democracy//Thomas J. Bole III, William B. Bondeson. Rights to Health Care. Dordrecht: Kluwer Academic Publishers, 1991: 61.

[2] Efrat Ram-Tiktin. The Right to Health Care as a Right to Basic Human Functional Capabilities. Ethical Theory and Moral Practice, 2012, 15(3): 342.

[3] David N. Weisstub. Autonomy and Human Rights in Health Care. Dordrecht: Springer, 2008: 34.

说:"和诸如生命权、自由权以及私有财产权不同,主张健康关爱权相对而言是近来的现象。目前,此项权利不具有确定的法律和道德地位,这和近来其他权利的诉求是一样的,如食品权利、死亡权利以及最低工资权利等。然而,在美国和其他国家,对健康关爱权的诉求却具有悠久历史——这里说的健康关爱权是一种为了免于遭受他者对健康的威胁而受到保护的行为诉求。"① 自19世纪到20世纪中叶,尤其自二战以来,进入和平年代的人类社会日益进步,生物医学技术也随之快速发展,人们日益重视健康关爱的价值诉求。在这样一个技术先进、物质财富相对丰盈的时代,医疗资源分配不平等问题所导致的权利冲突所带来的矛盾不断拓展和深化,依靠仁慈施爱的偶然途径满足健康关爱的需求是极其脆弱的、不可靠的。健康关爱权就是对此问题的认识逐渐深化、日积月累而成的生命伦理理念。20世纪初期,健康关爱权开始成为热烈讨论的国际性热门话题。在欧洲的健康保障体系中,著名的健康关爱的法规典范是1911年通过的《英国国家健康保障法案》。1921年,美国医学组织在认真研究这项欧洲法案的基础上,成立了美国社会保障委员会。其最为著名的研究成就最终凝结为1969年美国众议院所述的一个基本理念:"每个公民都有得到充足的健康关爱的基本权利。"② 尽管这只是在美国范围内取得的成就,但是它已经具备了在世界范围内要求每个人都应该享有健康关爱权的思想雏形。这一观念在1948年10月10日颁布的《世界人权宣言》第25款中被提升为普遍人权:人人享有医疗关爱权与提供充足的生活健康和福利标准的权利。至此,作为普遍人权的健康关爱权的理念在具有国际性权威的《世界人权宣言》中得到全球认可,成为人类个体应当享有的一项普遍权利。可见,健康关爱权是从地方规约性权利一步步提升到普遍人权的——这就是其存在的历史根据。

---

① Tom L. Beauchamp. The Right to Health Care in a Capitalistic Democracy//Thomas J. Bole III, William B. Bondeson. Rights to Health Care. Dordrecht: Kluwer Academic Publishers, 1991: 54.

② Tom L. Beauchamp. The Right to Health Care in a Capitalistic Democracy//Thomas J. Bole III, William B. Bondeson. Rights to Health Care. Dordrecht: Kluwer Academic Publishers, 1991: 55.

尽管如此，仅仅靠这种经验的国际条款并不能真正确证健康关爱权的合法性和正当性，它还必须经过哲学论证和理论思考。其实，健康关爱权的理念之所以具有国际文献和历史根据，更深刻的根据在于它不但源自社会公正的本质规定，而且植根于人性尊严的正当诉求。

(二) 健康关爱权源自社会公正的本质规定

值得注意的是，某些自由主义者和功利主义者的正义理论在某种程度上质疑乃至否定健康关爱权作为普遍人权的合法性和正当性。拒斥的理由主要归结为两个层面：其一，最大福利的正义原则与健康关爱权之间存在着尖锐的冲突，因为人类社会没有足够的医疗资源和福利资源为每一个人提供健康关爱。[1] 诺齐克 (Robert Nozick) 式的自由主义正义论拒斥罗尔斯式的公平机会规则，禁止牺牲某些个人的权利去满足另一些个人的权利，更不允许强迫一群人为另一群人的善诸如健康关爱等付款。[2] 因此，即使最低的税收也被拒绝作为支持健康关爱的分配，"这就等于否定了健康关爱权立法的一切可能性"[3]。其二，在千差万别的存在境遇中，每个人的道德价值是不平等的。尽管所有人都接受了社会资源（钱、服务设施等）和生物资源（自然环境、生理和精神能力等），但是个体之间却存在巨大差距。不同的健康状况、不同的经济收入、不同的健康环境（如医疗技术、医院设施等）、不同的地位、不同的身份等决定着不同地区、不同地位、不同身份的人不具有平等的道德价值，也不能享有平等的健康权。具有强烈对比意义的是：极度贫困之人出卖健康（出卖器官，如出卖子宫和性器官等）以换取食品和衣服等维持生命的基本需求，权势富贵之人却能够用金钱换取健康甚至牺牲他人健康来保障其自身的健康。据此，萨尔

---

[1] John Stuart Mill. Utilitarianism. Beijing：China Social Sciences Publishing House，1999：62-77.

[2] Robert Nozick. Anarchy, State, and Utopia. New York：Basic Books Inc.，1974：33-35.

[3] Tom L. Beauchamp. The Right to Health Care in a Capitalistic Democracy//Thomas J. Bole Ⅲ, William B. Bondeson. Rights to Health Care. Dordrecht：Kluwer Academic Publishers，1991：73.

马斯（David P. Sulmasy）说："提供健康关爱不能看作普遍人权。"① 然而，这种观点是不能成立的。

众所周知，社会公正的本质是权利的正当分配和有效保障。健康关爱权源自社会公正的这一内在规定。其一，医疗资源、福利资源等社会资源和人的健康权相比，后者优先于前者。医疗资源等功利要素的道德价值和正当性根源于且依赖于人的权利和道德地位，前者是后者自我实现的途径和手段，后者是前者具有正当性、合法性的存在目的。是故，德沃金主张权利是"王牌"（trumps），真正的权利高于一切，为了实现权利，甚至可以以牺牲公共利益为代价。② 健康关爱是所有人存在的正当诉求，因而是社会正义原则的目的所在。如罗尔斯所言："正义所保障的权利决不屈从于政治交易或社会利益的算计。"③ 正义原则要求每个人接受一份平等享有的社会资源以满足其基本需求和欲望，国家社会的健康保险政策必须覆盖每个个体最基本的健康需求。那些在自然彩票中获得胜利的人得到了一大笔共享的生物资源，在健康保险中消费较少的生物资源是公平的。考虑到社会资源和自然资源的共享性，每个人都将会是平等的。是故，普遍人权的健康关爱权是社会公正的应有之义。其二，更为重要的是，道德是有限的理性的存在者——"人"的特质，它决不能降格为可以用金钱、权势等外在的功利来衡量的可归结为"物"的东西。道德属于"应当"的自由的价值范畴，是人之为人的资格规定。作为道德的存在者，所有人的道德地位是平等的。在每个人那里存在着差别的福利资源、金钱功利等属于"是"的范畴。这种"是"的差别绝不能否定道德"应当"的平等。道德平等之人在道德领域必定享有平等权利，如个人福利平等、基本善的平等、机会平等或其他方面的平等。因此，维奇说："（1）没有人应当索求多于或少于可用资源的平等分享的一份，在这个意义上，人们具有平等的

---

① David N. Weisstub. Autonomy and Human Rights in Health Care. Dordrecht: Springer, 2008: 33.

② Ronald Dworkin. Taking Rights Seriously. Cambridge, Mass.: Harvard University Press, 1977: xi.

③ John Rawls. A Theory of Justice. Cambridge, Mass.: Harvard University Press, 1971: 4.

道德价值。(2) 此世界中的自然资源总是应当看作具有与它们的用途相关的道德资源。它们从来不是'无主的'可以无条件使用的资源。(3) 人类作为道德主体具有自明的绝对责任：运用此世界中的自然资源建构一个平等地分配资源的道德社会。"[1] 有理性的存在者的平等的无可取代的价值决定着健康关爱权的普遍性。质言之，在公正的社会中，健康关爱权奠定在人人平等的道德资格的基础上，每个人都具有健康关爱的正当诉求，每个人都拥有健康的平等机遇。

(三) 健康关爱权植根于人性尊严的正当诉求

健康关爱权作为社会公正的内在诉求，归根结底出自人性尊严的普遍诉求。原因在于，卫生资源、社会福利的功利价值本身只具有外在的工具价值，它们是可以替换的，其价值只有附属于人性尊严这样的目的价值才有存在的意义。

人性尊严是人之为人的道德价值，不是任何功利价值所能比拟的。诚如康德在《道德形而上学基础》中所言：尊严是奠定在自由、自律基础上的人性的内在价值，它是无条件的无可比拟的目的性价值。[2] 在秉持这一理念的基础上，丹麦著名生命伦理学家鲁德道弗、凯姆等把尊严的实质内涵拓展为七个方面："(1) 作为一个社会概念，尊严构成一个人因其社会地位而具有的能力。以社会结构为基础，人性尊严在交互主体性关系中呈现出承认他者的德性。(2) 尊严具有普遍性，指每个人的内在价值和道德责任。(3) 出于对尊严的交互主体性的理解，每个人都必须被看作无价的。因此，人不可作为交易或商品交易的客体。(4) 尊严建立在具有羞耻感和自豪感的己他关系的基础之上，比如降格（贬低）和自尊。(5) 尊严要求某些禁忌的境遇和情感作为文明行为的限制，这意味着有一些事情是社会不应当做的。(6) 尊严以这种方式呈现在人类文明的进程中。(7) 最

---

[1] Robert M. Veatch. Justice and the Right to Health Care：An Egalitatian Account// Thomas J. Bole Ⅲ, William B. Bondeson. Rights to Health Care. Dordrecht：Kluwer Academic Publishers，1991：85.

[2] Immanuel Kant. Foundations of the Metaphysics of Morals. Lewis White Beck, tran. Beijing：China Social Sciences Publishing House，1999：53-54.

后，尊严的内涵扩展到生命的形上之维，意指在存在的有限境遇中（诸如出生、痛苦、心爱之人的死亡、自己的死亡等等）的有尊严（品格）的（或高贵的）行为。"① 每个人都具有的神圣的人性尊严，是人自身所具有的无可比拟的、不可等价交换的内在目的价值。人性尊严在社会结构中所呈现出的交互主体性关系要求把每个人都看作平等的、不可侵害的权利主体。医疗卫生资源只是实现人类尊严价值的途径或工具，人性尊严则是医疗卫生资源的存在目的和根据。作为人的内在价值，人性尊严的基本的正当诉求是：在尊重人之脆弱性的事实上，减弱乃至消除脆弱性所带来的焦虑、苦闷、忧愁等不幸状态，使之保持或回复到健康的正常存在状态。贝勒威尔德（Deryck Beyleveld）和布朗斯沃德（Roger Brownsword）在《生命伦理和生命法学视域的人性尊严》中，对基于主体脆弱性的尊严理念做出了这样的论证："（1）主体是脆弱的。（2）因为主体是脆弱的，他们具有普遍或基本权利。（3）脆弱性主体忍受着存在的焦虑即个人消亡的焦虑。（4）具有存在焦虑的能力构成奠基在普遍权利之上的尊严。"② 尽管这种笨拙的不严密的论证不能真正说明问题，但可以把它修正如下：每个个体都是脆弱的，都具有祛除脆弱的普遍权利——祛弱权，并因祛弱权的保障而具有真正的尊严。在健康领域，尊严内在地要求祛弱权的保障具体化为健康关爱权的普遍诉求。因此，健康关爱权是每个人的人性尊严的内在需求，对它的确证和保障正是人性尊严的应有之义。

综上所论，从形式层面看，健康关爱权是每个人都应当享有的普遍人权，并非个别人才能享有的特权。那么，从质料层面看，健康关爱权是何种权利呢？

二、质料的健康关爱权

所谓权利，就是权利主体的正当诉求。相应地，健康关爱权就是权利

---

① J. D. Rendtorff, Peter Kemp. Basic Ethical Principles in European Bioethics and Biolaw: Vol. I. Copenhagen, Barcelona: Centre for Ethics and Law & Institute Borja de Bioètica, 2000: 35.

② John-Stewart Gordon. Human Rights in Bioethics-Theoretical and Applied. Ethical Theory and Moral Practice, 2012, 15 (3): 288.

主体对健康关爱的正当诉求。如上所述，形式的普遍权利涉及的是健康关爱权主体的范围问题或外延问题，它仅仅表明享有健康关爱权的主体是普遍的，却没有涉及每个人应当享有的健康关爱权的具体要求，因而还是抽象的。为此，必须解决的另一重要问题是质料层面的健康关爱权的具体内涵，它包括两个基本层面：消极健康关爱权和积极健康关爱权。

（一）消极健康关爱权

消极健康关爱权是作为消极权利层面的健康关爱权，即权利主体在不危及他人的前提下，免于伤害或疾病折磨等所带来的痛苦、苦难的正当诉求。消极权利的理念植根于洛克、斯密（Adam Smith）、康德等哲学家的古典自由主义理论，其核心是尊重个体自由、自律的权利。当代著名自由主义学者诺齐克、德沃金、斯坎伦（Thomas Scanlon）、内格尔（Thomas Nagel）等人秉承了这一传统。主张消极权利的理论基础是自律，认为干涉自由、自律的权利是不正当的，即使这样做是为了保护大部分人免于伤害，也是错误的。① 诺齐克说："他者不能采用任何方式把这种个体当作手段或工具、仪器或设备。"② 他者必须把权利主体看作有尊严的拥有个人权利的不可侵害的个体。据此，消极健康关爱权既是权利主体免于他者干涉或伤害的自由权利，又是权利主体自由、自律的权利。

一般来说，对权利主体而言，健康和疾病共同构成其在世的基本生命旋律。消极健康关爱权主要是体现在这两种状态中的正当诉求。首先，健康具体体现为人类的功能能力的正常状态。埃弗雷德认为："所有人都具有基本人类功能能力（至少达到底线标准）的权利或资格，这些能力使人们能够有尊严地生活和完成其生活计划。"③ 健康状态的权利主体必须具备九种生理和心理方面的基本生活能力："思维和情感、感觉、循环、呼

---

① Michael Slote. The Ethics of Care and Empathy. New York：Routledge，2007：67 - 68.
② Robert Nozick. Anarchy，State，and Utopia. New York：Basic Books Inc.，1974：333 - 334.
③ Efrat Ram-Tiktin. The Right to Health Care as a Right to Basic Human Functional Capabilities. Ethical Theory and Moral Practice，2012，15（3）：342.

吸、消化和新陈代谢、运动和平衡、免疫和排泄、生殖、内分泌控制。"①如果这些能力系统正常运行,生命就处在正常运转的存在状态即健康状态。健康意味着坚韧性、完整性,其指向是幸福愉悦和自律。因此,健康状态是消极健康关爱权的用武之地:权利客体主要是国家政府以及社会组织等不得以任何理由干涉或伤害健康主体的正常功能或正常活动,仅仅可以提供建设性建议以备健康主体自愿咨询或参考,如避免伤害的常识、逃避灾难的基本要求、健康生活的基本类型、不同疾病的诊断治疗等方面的健康教育等等。其次,健康的不正常状态就是疾病。换言之,疾病是健康的另一种形态(健康的脆弱形态或有缺形态)。疾病意味着人体脆弱性达到了破坏健康或者健康崩溃的程度,它常常带来郁闷、烦恼、痛苦甚至死亡。值得注意的是,疾病是对健康的惊醒和磨砺,也是恢复和保持健康的消极途径。预防和治疗疾病是健康自身的要求,也是疾病存在的价值所在。如果病人有自律能力,他有权拒绝临床医生的建议,而且这种拒绝可以出自好的理由、坏的理由甚至毫无理由。斯洛特(Michael Slote)说,为了所关爱的人而行动,"不是简单地把自己通常所认为的善的观念强加于人,或把对所关爱个体何者为善的观念强加于人。而是在帮助他人的过程中,对他人建构世界的方式或他和世界的关系予以关注并参与其中"②。病人是医生关爱的对象,医生应当尊重病人自我选择的权利,尊重其选择的生活方式、认识目的和自我概念,尊重病人拥有的和医生及其他帮助者同样的尊严。这就是病人的自律权利。作为消极权利的健康关爱权是权利主体自我决定的自律权利,尤其是同意或拒绝医疗关爱的权利。就此意义而言,自律权利需要很好地建立在医患关系之中。尤其值得注意的是,和健康关爱相关的某些权利是绝对的,如不得被医生杀死或虐待的权利;未经同意不得被实验的权利;不得被克隆的权利等。诚如萨尔马斯所说:"这些权利是直接尊重人类内在价值的普遍人权。它们是消极权利,也是

---

① Efrat Ram-Tiktin. The Right to Health Care as a Right to Basic Human Functional Capabilities. Ethical Theory and Moral Practice,2012, 15 (3):341.
② Michael Slote. The Ethics of Care and Empathy. New York:Routledge,2007:12.

自然权利。"① 尊重这类消极权利是一种绝对命令或道德底线。

问题在于,作为消极权利的健康关爱权是以权利主体的积极行为和正常能力为基础的。就是说,当权利主体有能力行使自我关爱的权利时即处在健康状态时,权利客体如国家或政府等履行的是消极义务即不干涉、不危害权利主体的行为。一旦权利主体丧失了自我关爱的能力和条件,消极权利也就不能成立了。当权利主体身患重病不能自理甚至有生命危险时,如果仅仅享有不干涉的权利,就等于听任权利主体遭受疾病折磨和健康的损害。实际上,任何人都是脆弱的存在者,都不可能无条件地解决自己的所有困难和健康问题。即使是一些常见的疾病如牙痛等,如果没有医疗保障和外在帮助,病人也很难自我恢复。而且,每个人都不可避免地遭受这类情况。如果健康关爱权仅仅是消极权利,权利客体如政府和国际组织等只需要无所作为就可以了。健康主体的权利无从诉求,也就近乎于无。因此,仅仅有消极健康关爱权无疑会导致健康关爱权的自我取消。可见,当权利主体没有能力或丧失了自我关爱的能力时,权利客体应当履行积极义务即为权利主体主动提供相应的健康关爱。至此,积极健康关爱权也就呼之欲出了。

(二) 积极健康关爱权

消极权利要求权利客体秉持不干涉的义务,积极权利是权利主体保障自身健康、提升生命质量的正当诉求,它要求权利客体主动承担提供健康关爱的责任或义务。诚如戈德沃斯(Amnon Goldworth)所说:"健康关爱权并非仅仅要求个体局限于免于伤害的消极权利,更是一种要求他者中的一部分人承担责任的积极权利。"② 积极健康关爱权即作为积极权利的健康关爱权,是在尊重消极健康关爱权的前提下,权利主体享有保障或满足其健康关爱的正当诉求,它要求相应的权利客体主要是政府部门、医疗机构等对权利主体正当诉求的主动服务或积极行动,以保障权利主体最为

---

① David N. Weisstub. Autonomy and Human Rights in Health Care. Dordrecht: Springer, 2008: 33.

② David N. Weisstub. Autonomy and Human Rights in Health Care. Dordrecht: Springer, 2008: 54.

基本的生命质量。

权利主体的生命质量既要求祛除治病、恢复健康，也包含适度的舒适、便捷、环保、优雅、审美、休闲等重要的生活内涵。权利客体的积极行动并非诺齐克等人所说的伤害某些人去服务另一些人的行为，也不是无限制无条件地满足权利主体任何健康诉求的服务行为，而是采取正当的行动或措施，保障权利主体的身心在正常生活水平的境遇中有尊严地生活的能力。具体而言，保障积极的健康关爱权的行为规则或要求包括五个基本层面。其一，积极的健康关爱权要求禁止伤害任何个人的健康层面的福利或权利，即只能是在尊重消极权利前提下的健康关爱诉求方面的积极行动。其二，积极的健康关爱权的对象是超越权利主体自律能力所能达到或实现的范围，要求权利客体的外在力量予以承担相应责任的正当的健康诉求，即每一个权利个体单独依靠自身力量不能完成的健康范围的行为或事项，如对自身疾病尤其是重病的治疗或无力承担巨额的医疗费用等。在此境遇中，权利客体不能以消极权利为借口而不予理睬，听任个体忍受病痛煎熬甚至绝望地等待死亡。相反，权利客体必须积极主动、及时有效地向权利主体提供医疗帮助，承担适度的医疗费用甚至全部医疗费用。其三，权利客体履行责任所保障的健康关爱权并非某些人或某个人享有的健康方面的特权，而是每个人都应当享有的普遍人权，或者说，是每个个体对权利客体主要是国家政府和医疗部门的健康关爱的正当诉求。换言之，积极健康关爱权要求政府、社会等权利客体运用国家经济财政力量和相应的法律制度为每个人的健康提供切实可靠的医疗卫生技术、医疗费用等方面的坚强保障。当然，为了避免个人堕入基本的健康状况的底线之下，政府要承担的只是常规性治疗和基本健康所需的费用等相应的责任，并不承担健康需求的所有费用。其基本治疗和干预类型是预防型治疗和阻碍型治疗，主要有：早期疾病的发现，如癌症、艾滋病等的检查，不同类型的预防服务，包括控制空气、水和食物质量等。积极健康关爱权并不适用于奢侈型治疗，即当个体并没有陷入功能能力的危险且不忍受生理或情感痛苦的情况下，出于个人偏好的手术或健康需求。如出于美学而非医学考虑的整形外科手术，根据爱好而非医学需要改变乳房大小的手术等。因为这些诉求超出了普遍人权的底线要求，是个人自身选择的特殊性诉求，所以应当由个人承担相关责任和费用。如果国家承担这些费用，则是不正当的。其四，权利客体的积极行动主要体现为尊重人格底线的健康关爱。对此，埃弗雷德说："尽管有些疾病不能治愈，有些残疾不能完全弥补，但是应该有一个底线规定所有社会成员医疗关爱的平等资格。"[1] 人格底线是由于疾病、痛苦或功能障碍、无能力等导致丧失正常生活能力或生活保障的境遇。低于人格底线意味着丧失保障其人格能力，要么走向死亡，要么失去某些基本的生存能力，如昏迷状态或交流能力（甚至眼睛或手运动）的丧失等。丧失的能力越多，进行积极自由行动的能力越受限制，对健康资源的要求越强烈。就此而论，健康关爱权是每个权利主体都应当"具备充分的人类基本功能的权利"[2]。可见，人格底线是消极健康关爱权的终止之处，同时也是积极健康关爱权的起点所在。其五，国家健康制度必须秉持公正公平的权利保障原则：在保证每一个个体健康生活的基本权利的具体境遇中，一旦发生健康关爱权之间的冲突，秉持脆弱者优先的原则。疾病通常是一种蛮横的不可回避的每个人都必然遭受的不良状态，每个病人都具有对健康关爱资源的正当要求权。与健康人相比，病人处在一种自身不可控制境遇的糟糕恶化中。因此，"公平要求优先改善这样的个人的健康：如果他在关心自身健康方面投入更多而不是较少精力，在任何两个投入平等努力的个体中，优先给予健康更糟的个体"[3]。或者说，"当在健康关爱范围分配资源时，应当优先给予低于基本人类功能能力底线的个体"[4]。归根结底，积极健康关爱权是权利主体祛除其脆弱性的权利。脆弱性内在地赋予了国家、医疗机构等存在和运行的正当性，也赋予了国家人员、医疗人员作为职业存在者的合法性、正当性，同时也内在地提出了国家等权利客体承担祛除脆弱性的责任和义务。在脆弱性发生冲突的情况

---

[1] Efrat Ram-Tiktin. The Right to Health Care as a Right to Basic Human Functional Capabilities. Ethical Theory and Moral Practice，2012，15（3）：342.

[2] Efrat Ram-Tiktin. The Right to Health Care as a Right to Basic Human Functional Capabilities. Ethical Theory and Moral Practice，2012，15（3）：340.

[3] S. Segall. Health，Luck，and Justice. Princeton：Princeton University Press，2009：119.

[4] Efrat Ram-Tiktin. The Right to Health Care as a Right to Basic Human Functional Capabilities. Ethical Theory and Moral Practice，2012，15（3）：343.

下，脆弱性强度决定优先次序。如危重病人优先于轻度病人，极度贫困之人优先于轻微贫困之人，一般平民优先于豪富之人等。因为每个人都不可避免地是一个脆弱的存在者，病人是更为脆弱的存在者。即相对而言，秉持脆弱者优先的原则。

现实领域中的健康关爱权问题错综复杂，消极权利和积极权利常常重叠交织，难以明确分辨。比彻姆说："维持一种权利的保护要求的不仅仅是消极影响健康的免于干涉的自由，更需要确保的是国家有责任运用公共财政和国家部门积极保障其公民权利，保护公民免于化学、放射、污染水源、疾病传染等诸如此类的伤害或威胁。或许最好的理解是，某些权利既是免于干涉的自由又是积极保护的诉求，进而成为一种既是自由的消极权利又是求善或服务的积极权利。"① 在不能明确区分消极权利或积极权利的境遇中，实践健康关爱权或许比理论上的明辨更为重要。

健康关爱权的确证和保障并非一时一地的琐屑小事，而是人类脱离那种健康毫无保障的动物状态或自然状态，不断提升人性关爱的文明标杆。人类应当且必须摒弃"健康关爱权是个别人才能享有的特权"的错误观念，确立健康关爱权的普遍人权的基础地位，保障人人享有（消极或积极）健康关爱权，满足权利主体的身心健康的正当诉求。就此而论，健康关爱权无疑是身体伦理视域的一项绝对命令，也是祛弱权具体诉求的绝对命令。

---

① Tom L. Beauchamp. The Right to Health Care in a Capitalistic Democracy//Thomas J. Bole III, William B. Bondeson. Rights to Health Care. Dordrecht: Kluwer Academic Publishers, 1991: 73.

第七章　祛弱权之死亡伦理

如果说生育权、食物权、健康关爱权是祛弱权在人类生存境遇中的具体化，那么死亡权则是人类死亡境遇中祛弱权的终极形式或最后的终极诉求。正常的自然死亡几乎与死亡权即对死亡的正当诉求没有太大关系，与死亡权的诉求相关的实践路径是争论纷纭的安乐死立法问题。为此，我们主要研究的死亡伦理就是祛弱权视域的与安乐死立法相关的死亡权以及论证问题。

第一节　滑坡论证

每当重大的道德争论发生之时，滑坡论证（slippery slope arguments）就会经常有规律地出现。近年来，安乐死立法成为生命伦理学领域内争论激烈的国际性道德话题，也不可避免地成为滑坡论证质疑其道德可能性的对象。或许正是由于这个原因，滑坡论证便成了安乐死立法遭遇的重要阻力之一，反思滑坡论证的基本路径及其价值也就成为安乐死立法何以可能的关键。

安乐死立法的滑坡论证主要有逻辑滑坡论证、实证滑坡论证和价值滑坡论证三种基本类型。我们主要从这三个层面分析这种质疑安乐死立法的伦理论证。

一、逻辑滑坡论证

逻辑滑坡论证认为，根据某个命题，允许 A（它或许是内在正当的，或许是内在不正当的），将不可避免地（或者极其可能地）导致不正当的 B 和 C。[①] 雷切尔（James Rachels）把这种逻辑滑坡论证的过程解释为："从逻辑的观点看，一旦我们采取了极其关键的第一步，既然没有更好的理由拒绝后继的其他实践，我们就有义务接受它们。但是，由于后继的其他实践在道德上是明显不可接受的，因此滑坡论证认为最好不要采取第一步。"[②] 据此，我们可以把质疑安乐死立法的逻辑滑坡论证的过程概括为：假设人们同意安乐死，一旦立法允许实施安乐死，人们将沿着剥夺生命的斜坡滑下去，直至去结束无任何过错的人的生命。

显然，逻辑滑坡论证存在两个不容忽视的薄弱环节。(1) 滑坡论证的前提（假设人们同意安乐死）是一种独断的假设。因为人们对同一个问题的看法很难达成一致，尤其在安乐死这样重大的问题上，达成一致的可能性微乎其微，质疑或解构的声音反而更容易占据主导地位。从安乐死立法的实际情况来看，这项提议早在 20 世纪 30 年代就被人们提出过。1936 年英国首先成立安乐死自愿协会，提出安乐死法案，但没有通过。70 年后，2006 年 5 月 12 日，英国国会上议院以 148 比 100 的差额票再次否定了《关于绝症的辅助死亡法案》。实际上，澳大利亚早在 1995 年就通过了"安乐死法"，但很快于 1997 年被废除。目前，安乐死立法在国际范围内依然遭到绝大多数国家的拒斥，即使在已经安乐死立法的荷兰、比利时，安乐死立法也不断受到公众的质疑。可见，安乐死立法的前提（假设人们同意安乐死）缺乏充足的现实根据。退一步讲，即使这个前提是可靠的，即人类都同意安乐死立法，它也不能确证其结论或后果，因为（2）滑坡论证的主要根据在于涉及未来发生的灾难性后果，但滑坡论证本身却并非因果必然性的论证。滑坡论证的一个重要根据在于允许安乐死实践的所有

---

① Theo A. Boer. After the Slippery Slope: Dutch Experiences on Regulating Active Euthanasia. Journal of the Society of Chistian Ethics, 2003, 23 (2): 225-242.

② J. Rachels. The End of Life: Euthanasia and Morality. Oxford: Oxford University Press, 1986: 172-173.

后果或一些后果是严重违背道德的。就是说,"典型地讲,'滑坡'论证要求认同某些前提,做某些行为或采取某种政策将会导致某些通常被判定为不正当(不道德)或恶的明确后果。这个'坡'是'滑'的,因为在最初规定的前提、行为或政策和由此必然导致的结果之间,并没有确定一个令人可信的停靠基地"①。因此,安乐死立法的滑坡论证的后果论体现为:由于步骤A(安乐死立法)使我们处于滑坡之上,采取步骤A的后果是,我们将采取步骤B(自愿安乐死)和C(非自愿安乐死或杀死无辜之人),步骤B和C迫使我们沿着滑坡滑下去而导致可怕的道德恶果。问题在于,这只是一个或然的概率,而非必然的结果。一方面,如果采取步骤B和C的概率很低或极其遥远,对步骤B和C的担心就会减弱乃至消退。由于步骤A的现实要求,我们就会采取步骤A。换言之,如果安乐死立法导致的灾难后果概率极低,在苦痛不堪的病人的安乐死请求面前,人们就有理由采取这一步骤,滑坡论证也就失去了逻辑基础和现实根据。这样一来,步骤A就成了道德行为的坚实基础而否定了滑坡论证。另一方面,如果采取步骤B和C的概率很高并且迫在眉睫,对步骤B和C的担心就不允许我们采取步骤A。遗憾的是,逻辑滑坡论证很难从理论上令人信服地确证这一点。只有实证滑坡论证,才有可能为之提供令人信服的经验基础。(3)由于滑坡论证的前提是独断的,其结论只能是或然的概率,因此,它并非因果必然性论证。这就意味着,从逻辑的视角看,滑坡论证也不是一个准逻辑论证。换言之,一方面,滑坡论证并不能为如下主张提供有力的论证:安乐死立法作为划清生死界限的实践后果,人们一定会被安乐死立法冷酷无情地引导到剥夺他人生命的滑坡上。另一方面,滑坡论证又认为,在某些情况下(如个别医生出于杀人目的),安乐死立法可能会成为导致合法杀人的滑坡。原因可能是,如果人们认为,唯有人是值得尊重的,那么谁是人或什么是人就成为至关重要的问题。由此就比较容易产生如下观念:随着作为人的标准受到详审细察,越来越多的人甚至某个人种都有可能被排除在人的范畴之外。结果,就有可能导致在合法的外衣下

---

① W. Wright. Historical Analogies, Slippery Slopes, and the Question of Euthanasia. Journal of Law, Medicine & Ethics, 2000, 28 (2): 176-186.

肆无忌惮地杀人，甚至会出现希特勒式的种族灭绝的大屠杀。问题恰好在于，规定、考查并采纳人的标准并非滑坡的一部分。在存在滑坡的境遇中，不是认为仔细审查和制订人的标准是一种滑坡，而是认为一旦安乐死立法（步骤 A），人们就可能沿着安乐死立法的滑坡，从剥夺有行为能力的人的生命（步骤 B）滑向剥夺无行为能力的人的生命（步骤 C），乃至运用暴力肆意剥夺任何人的生命，并认为这都是合法的。换言之，滑坡涉及盲目自信的独断：不管我们是否从事澄清安乐死立法概念和划清相关界限的准逻辑工作，只要我们认为采取步骤 A 是正当的，我们也将认为采取步骤 B 和 C 是正当的。这实际上涉及生命价值这个重大伦理问题。因此，只有价值滑坡论证才有可能为之提供令人信服的价值基础。

那么，实证滑坡论证和价值滑坡论证是否具有这样的资格呢？

二、实证滑坡论证

逻辑滑坡论证的实质是在多种可能性中选择一种可能性，然后把这种可能性当作现实性，因此很难得出可信的结论。与逻辑滑坡论证不同，一般而言，"实证滑坡论证具有最大的可信度，因而常常被用来反驳安乐死立法或辅助自杀的立法"①。雷切尔解释说，实证滑坡论证要求"一旦接受某种确定的实践，人们实际上也将会继续接受其他的更加令人质疑的实践。它仅仅要求人们将要做什么，并不要求逻辑上的保证"②。实证滑坡论证的基本要求是：为了表明安乐死立法引起了从自愿安乐死向非自愿安乐死的滑坡，就必须通过实证的调查研究。

伊诺克（D. Enoch）认为，实证滑坡论证允许在自愿安乐死和非自愿安乐死之间做出一种有意义的道德和法律的区别。不过，一旦允许自愿安乐死，"我们也许不能做出至关重要的区别，于是我们将会到达道德上不可接受的允许非自愿安乐死的后果；或者甚至我们可能做出了恰当的区别，我们也会因为某些原因（或政治原因，或必须面对脆弱意志的原因，

---

① P. Lewis. Assisted Dying and Legal Change. Oxford：Oxford University Press，2007：164-169.

② J. Rachels. The End of Life：Euthanasia and Morality. Oxford：Oxford University Press，1986：172-173.

或其他原因）而停止这种区别"①。一旦不再遵守这种区别，自愿安乐死也就滑向非自愿安乐死，非自愿安乐死则无异于谋杀。如果调查结果表明：（1）自愿安乐死立法后，非自愿安乐死的比率升高；（2）这种比率升高是由自愿安乐死引起的，那么也就否定了安乐死立法的正当性和现实性。只要有充足可靠的经验事实证明这一点，安乐死立法必然面临经验事实的强有力的诘难而举步维艰。问题的关键在于，经验事实是否证明了这一点呢？

其一，就安乐死立法国家（荷兰、比利时）而言，"对荷兰的 1990 年、1995 年和 2001 年的调查显示，自从 1990 年以来，非自愿安乐死或未经明确请求而结束生命的死亡与总死亡数的比率依然是稳定的：1990 年为 0.8%，1995 年为 0.7%，2001 年为 0.7%"②。没有证据表明荷兰出现自愿安乐死引起了非自愿安乐死的比率升高。不过，比利时却出现了这类问题。其二，安乐死立法国家和其他国家相比，没有证据表明荷兰的非自愿安乐死或不自愿安乐死比其他西方国家高，却"有很多重要证据表明在安乐死没有立法并被看作可以刑事起诉的地区，盛行自愿安乐死和非自愿安乐死，允许医生加入以及医学专家的匿名调查"③。奥特篓斯凯（Margaret Otlowski）认为，在未立法地区澳大利亚以及立法前的比利时，禁止安乐死却导致了非自愿安乐死的比率比荷兰更高的后果。库舍（Helga Kuhse）的研究表明，澳大利亚的非自愿安乐死比率比荷兰高得多，而在英国、意大利和瑞典等立法禁止辅助死亡的国家并没有出现这类情况。④ 可见，在禁止自愿安乐死的国家中，有的非自愿安乐死比率高于荷兰，有的低于荷兰，情况极其复杂，不可一概而论。

根据实证滑坡论证，如果安乐死立法地区的非自愿安乐死的比率比未

---

① D. Enoch. Once You Start Using Slippery Slope Arguments, You're on a Very Slippery Slope. Oxford Journal of Legal Studies, 2001, 21 (4): 629-647.

② Penney Lewis. The Empirical Slippery Slope from Voluntary to Non-Voluntary Euthanasia. Journal of Law, Medicine & Ethics, 2007, 35 (1): 197-210.

③ Penney Lewis. The Empirical Slippery Slope from Voluntary to Non-Voluntary Euthanasia. Journal of Law, Medicine & Ethics, 2007, 35 (1): 197-210.

④ Penney Lewis. The Empirical Slippery Slope from Voluntary to Non-Voluntary Euthanasia. Journal of Law, Medicine & Ethics, 2007, 35 (1): 197-210.

立法地区的高，这或许会间接地表明立法导致了非自愿安乐死的比率升高。相反，如果未立法地区的非自愿安乐死的比率比立法地区的更高，这种滑坡论证的力量就更进一步地被减弱了。如前所述，就目前而论，并没有直接的证据或实证资料证明安乐死立法导致了非自愿安乐死比率升高。

此外，值得注意的是，实证调查的资料和结论并不完全可靠，因为文化差异、记忆不清、不愿参与甚至造假的资料都有可能。马格努森（Roger Magnusson）在美国和澳大利亚的安乐死研究中，就发现了实际的欺骗行为："欺骗渗透在非法安乐死的各个方面。据大家所说，卫生保健人员在他们的欺骗中是极其成功的。欺骗主要在隐性安乐死中进行，并帮助实施完成永久性神话：因为禁止安乐死，所以从来就不会有安乐死。"① 欺骗行为的出现，从一种自欺欺人的角度对禁止安乐死提出了抗议，也为质疑实证滑坡论证提出了颇为有力的消极性证据。

实证的路径以明确的经验数据表明，立法安乐死和非自愿安乐死之间并没有必然的因果联系。诚如史密斯（Stephen Smith）所言，滑坡论证或许会假设A和B的同时出现会导致二者有联系的结论。"对于一个滑坡论证而言，或许并不总是存在这样的联系，或许并不恰好存在这类联系。换言之，A和B同时出现的简单事实并不提供任何关于A导致B的断言的权威支持。一个滑坡论证的断言，的确需要更加具体详尽的证据和更加具体详尽的因果联系。"② 实证滑坡论证在复杂纷纭的事实面前被证明是极其脆弱无力的。

其实，安乐死立法涉及的并不仅仅是逻辑规则和事实数据，它涉及的更深层的本质问题是生命价值。正因如此，真正对安乐死立法构成威胁的是价值滑坡论证。

三、价值滑坡论证

基翁（John Keown）、葛萨奇（Neil M. Gorsuch）、贝嘎（Nigel

---

① R. S. Magnusson. Angels of Death: Exploring the Euthanasia Underground. New Haven: Yale University Press, 2002: 229.

② S. W. Smith. Evidence for the Practical Slippery Slope in the Debate on Physician Assisted Suicide and Euthanasia. Medical Law Review, 2005, 13 (1): 17-44.

Biggar)、戴克（Arthur Dyck）等人没有停留在逻辑滑坡论证和实证滑坡论证的水平上。他们以康德的普遍道德价值为依据，认为安乐死在道德意义上就是杀死一个无辜之人，一旦立法使安乐死普遍化，就会导致对生命权这一基本人权价值的公然践踏。① 这种价值滑坡论证的基本观点可归结为如下三个方面。

其一，安乐死违背传统的生命价值理念。葛萨奇认为，无条件地尊重人的生命是传统哲学和法律的唯一的绝对的伦理基础，是人人共享的道德价值结构。在古希腊哲学家和罗马法那里，几乎寻找不到允许个人选择自杀的理论根据。遗憾的是，随着基督教的兴起，舍身殉道和与之相应的个人选择自杀的观念得到允许，并在许多西方文明国家的法律中得以肯定和保持。近代以来，社会达尔文主义和纳粹主义积极推动更加激进的观点，甚至主张杀死残疾者或遭受严重痛苦者，而不必考虑他们的意愿。这种悖逆传统生命价值理念的思想和行为，反而激起了人类珍爱生命进而反对安乐死的强烈诉求。正因如此，希特勒德国的暴行之后，要求安乐死解禁的运动遭到了坚定的拒斥。② 如今，尽管绝大部分请求安乐死的人都拒绝认同纳粹思维，但不可否认的是，请求安乐死与前纳粹思维和后纳粹思维具有惊人的相似之处。如今的死亡权捍卫者"其实是19世纪30年代的早期运动领袖们证明安乐死正当性演讲的老调重弹"③。安乐死从根本上悖逆了传统的生命价值理念，安乐死立法是对生命权这一基本的人权价值的公然践踏。

其二，安乐死愿望是背离自然死亡的不正当愿望，是对生命价值的挑衅。戴克从康德出发，认为寻求自保是合乎理性的，生命神圣、热爱生命是不证自明、自然而然的价值基础。人们具有尽可能不死的愿望，当这个愿望在生命必然结束之时，自然死亡是合乎人性的正当愿望。相反，安乐

---

① Penney Lewis. The Empirical Slippery Slope from Voluntary to Non-Voluntary Euthanasia. Journal of Law, Medicine & Ethics, 2007, 35 (1): 197–210.

② Neil M. Gorsuch. The Future of Assisted Suicide and Euthanasia. Princeton, N. J.: Princeton University Press, 2006: 36.

③ Neil M. Gorsuch. The Future of Assisted Suicide and Euthanasia. Princeton, N. J.: Princeton University Press, 2006: 43.

死以及许多医学技术影响甚至阻断了自然死亡的路径。值得注意的是，安乐死愿望通常建立在对一些医学信息的确信的基础上。然而，这种信息总是有机会出现错误而误导患者产生安乐死愿望。其实，尊重病人的安乐死愿望只是一种可能性，在临床实践中很难保证医生不把其个人价值观念或错误信息强加于病人。有些安乐死请求者是出于对死亡的恐惧，或许是因为医生或他人对死亡过程做了夸大。可见，安乐死是对遭受严重苦难的病人的自由价值的强制①，是否定自然死亡的不正当愿望。所以，安乐死立法是对人的价值和生命权的侵害。

其三，生命权作为人人平等享有的价值，神圣不可侵犯。基翁说，即使所有安乐死请求都是真正自律的，即不受医学信息的误导或医生的强制等外在因素的控制而完全由危重病人自己做出安乐死决定的请求，依然存在的问题是，"对于任何一个文明社会而言，神圣不可侵犯乃至绝不应当妥协的法则是什么?"② 贝嘎试图坚持一种康德式的严格主义来寻求这个问题的答案。他以自然法为立论根据，认为生命权是自然赋予的、不可剥夺的权利，所有人都享有平等的生命价值，保护生命并尊重其神圣性是每个人必须承担的责任。③ 据此，任何一个文明社会的神圣不可侵犯的法则是："故意杀人是不正当的。"没有人拥有剥夺他人生命或自我生命的权利——人们没有自杀的权利，也没有人享有死亡的权利和请求安乐死的权利。如果允许"故意杀人是不正当的"这一规则有例外，"谁有权利和谁是权威确定'例外'的范围? 进一步讲，究竟谁将会完全肯定他对生命的完全权利却永远不会受到质疑?"④如果这个致命的问题得不到解决，一旦安乐死成为常见的受法律保障的普遍性实践，绝症病人甚至非绝症病人也极有可能成为滥用安乐死立法的受害者，生命价值将因此丧失殆尽。

---

① Arthur Dyck. Life's Worth: The Case against Assisted Suicide. Grand Rapids, Mich.: Wm. Eerdmans, 2002: 21.

② John Keown. Euthanasia, Ethics, and Public Policy: An Argument against Legalisation. Cambridge: Cambridge University Press, 2002: 63.

③ Arthur Dyck. Life's Worth: The Case against Assisted Suicide. Grand Rapids, Mich.: Wm. Eerdmans, 2002: 25.

④ Theo A. Boer. Recurring Themes in the Debate about Euthanasia and Assisted Suicide. Journal of Religious Ethics, 2007, 35 (3): 529-555.

合而言之，安乐死立法是一个滑向剥夺生命权的"坡"。一旦安乐死立法，人们必将沿着安乐死立法这一可怕的斜坡堕落到合法地结束生命甚至堕落到纳粹大屠杀的罪恶境地。因此，安乐死立法必须予以禁止。

必须肯定的是，价值滑坡论证涉及了安乐死立法的价值基础问题——生命权。不过，价值滑坡论证也存在明显缺陷。(1) 尊重生命的历史观念和传统，并不能否定尊重死亡的历史观念和传统，如苏格拉底、柏拉图把哲学看作对死亡的训练，庄子对死亡的超然态度等等。就是说，尊重生命的历史观念和传统并不能真正否定安乐死立法的正当性。(2) 价值滑坡论证之所以推崇康德，是因为康德在《道德形而上学基础》中举例说明说谎是个道德的滑坡，一旦说谎普遍化，就可能自我取消，因此不得说谎①，这是一种古典的滑坡论证。令他们始料不及的是，正是康德的滑坡论证可以否定安乐死立法的价值滑坡论证。根据康德，一旦采取步骤A，并使之普遍化，若A自相矛盾而自我取消，则A为滑坡；若A不自相矛盾可以普遍化，则A为价值基础。比如，人人自杀为滑坡，因为这会导致人类灭绝而无人可以自杀。与此不同，每个危重病人的安乐死却不会导致无人安乐死，因为危重病人只是人类中的一部分，且是由非危重病人转化而来的，是一个有连续性和后备力量的群体。正常情况下，大部分人都要经历生命结束时的危重绝症状态而走向坟墓。就是说，设定安乐死普遍化，并不导致安乐死自相取消的矛盾，安乐死立法并非价值滑坡。(3) 针对绝对命令"故意杀人是不正当的"，博尔（Theo A. Boer）说，安乐死可否立法的最基本的问题在于"可否证明故意杀人是正当的"②。这种质疑一方面是对安乐死立法的强力诘难，另一方面也是论证安乐死立法的一个契机——如果能够证明"故意杀人是正当的"，安乐死立法就具有了可能性。显然，"故意杀人是不正当的"并非绝对命令，而是有条件的：被杀之人没有侵犯生命权。一般而言，如果一个人故意杀害他人，通过法律途径判处该人死刑并予以执行的故意杀人则是正当的。另外，人们通常所理解的

---

① Immannuel Kant. Foundations of the Metaphysics of Morals. Lewis White Beck, tran. Beijing：China Social Sciences Pubilishing House，1999：18-19.

② Theo A. Boer. Recurring Themes in the Debate about Euthanasia and Assisted Suicide. Journal of Religious Ethics，2007，35（3）：529-555.

生命权（a right to life）往往只是生存权（a right to live），常常有意无意地把死亡权（a right to die）排除在生命权之外。对此，约纳斯说，生存权是最基本的权利，"要谈死亡权，这是件很特别的事"[①]。死亡权把死亡和权利这两个词联系起来似乎违背道德直觉，其原因在于人们常常把生命看作完全排斥死亡的生存主体。其实，生命包含生存和死亡两个基本要素，每个人都是一个包含生存和死亡于一体的生命主体。因此，生命权是综合生存权和死亡权于一体的基本人权。尊重生命权，既要尊重生存权，也要尊重死亡权。生命权本身包含死亡权，就证明并非任何条件下故意杀人都是不正当的。在某些特殊条件下，如临床实践中病人身患绝症且在当前无望治愈时，即当死亡短期内必然要成为现实时，如果该病人知道这一真相，他就有了自主选择自然死亡或者安乐死的自由。这种决定得到尊重，也就尊重了病人的死亡权。可见，我们没有足够的理由证明这种临终境遇中的"故意杀人"是不正当的。（4）自然死亡和安乐死并不矛盾。安乐死是和自然死亡不同的自由选择性死亡，它和自然死亡一起构成人类死亡的主要路径而使人类有别于其他动物。就此而论，价值滑坡论证并没有否定安乐死立法的合理根据和实践路径。

综上所述，安乐死立法的逻辑、实证和价值几个层面的滑坡论证都不足以构成否定安乐死立法的有力论证和理论基础。

一般而言，道德论证是为立法奠定哲学基础的。滑坡论证作为一种常见的道德论证形式也不例外。绍尔（Frederick Shauer）说："法律决定比其他领域的决定更加集中于未来。今天的决定者必须考虑未来人们的行为如何应用或诠释今天的决定。法律研究中盛行滑坡论证或许反映了一种社会的理解：通过法律程序而非其他状态的进程包括以一种极其重要的方式和过去密切关联，并以某种同样重要的方式为未来负责任。"[②] 鉴于此，我们在反思安乐死立法的滑坡论证所具有的不足的同时，并不完全否定其

---

① 汉斯·约纳斯. 技术、医学与伦理学：责任原理的实践. 张荣，译. 上海：上海译文出版社，2008：198.

② F. Shauer. Slippery Slopes. Harvard Law Review, 1985, 99 (2)：361-382.

自身所具有的实践价值。

安乐死立法的滑坡论证的价值主要在于：（1）告诫我们不要把安乐死这样对生命权可能造成威胁的行为轻易地立法，以免造成合法地践踏生命。（2）安乐死立法必须寻求一个基石即死亡权，如果这个基石是不合法的，安乐死立法就必须无条件地禁止。如果这个基石是合法的，安乐死立法就具有了可能性，但这并不能构成安乐死立法的充足理由。（3）还需根据各个国家、民族的风俗传统、法律体系、公民素质、医学水平等要素综合考虑，确定恰当的时机予以立法。（4）安乐死立法必须明确当事人（主要包括自愿安乐死请求者、医生、安乐死监督委员会成员等）的责任和权利，并设定严格的监督机制和实施程序。这实际上已经走向了安乐死立法的磐路论证（rocky road argument）。

第二节 死亡权

安乐死立法的磐路论证的前提是安乐死立法的价值基础——死亡权。为此，在进行安乐死立法的磐路论证之前，我们应当论证死亡权问题。

随着医学科学的高度发达和道德法治水平的日益提升，病人权利尤其是绝症病人的死亡权利问题目前已经成为国际性话题。约纳斯多年前就说，关于绝症病人的权利，"事实上伴随着已经显示出来的医学发展，一个新型的'死亡权'似乎已经列上了议事日程"[1]。和死亡权密切相关、争论最为激烈的重要问题就是安乐死立法。目前，德国伦理学学会关于生命终结的自我决定和福利的报告，以及荷兰、瑞士、美国、韩国等关于安乐死立法方面的新的进展，把与死亡权密切相关的安乐死和辅助性自杀的合法性以及法律援助的讨论重新推向了国际生命伦理学研究的前沿。[2]

在安乐死的讨论和立法方面，荷兰无疑是走在最前沿的国家。早在

---

[1] 汉斯·约纳斯. 技术、医学与伦理学：责任原理的实践. 张荣，译. 上海：上海译文出版社，2008：200.

[2] Constanze Giese. German Nurses, Euthanasia and Terminal Care: a Personal Perspective. Nursing Ethics, 2009, 16 (2): 231-237.

20世纪中期,荷兰就展开了关于安乐死的争论。1981年,著名荷兰神学家奎特(Harry Kuitert)把安乐死定义为:"故意结束一个人的生命,包括决定终止治疗。"① 1982年,荷兰政府关于卫生保健问题的法令通知采取了相似的定义。随后,这个安乐死定义很快在其他各种境遇中占据主导地位而成为影响至今的权威性概念。就此而论,安乐死不但违背了尊重生命的直觉,也似乎公然侵犯了举世公认的最基本的人权——生命权。然而,问题远非如此简单。

从安乐死立法的情况来看,这项提议早在20世纪30年代就被人们提出过。1936年英国首先成立安乐死自愿协会,提出安乐死法案,但没有通过。70年后,2006年5月12日,英国国会上议院以148比100的差额票再次否定了《关于绝症的辅助死亡法案》。实际上,澳大利亚早在1995年就通过了"安乐死法",但很快于1997年废除。随后,安乐死立法实现了真正的突破:2001年荷兰立法允许安乐死,2002年比利时通过安乐死立法。不过,事实存在的安乐死立法并不能证明安乐死立法是正当合理的。目前,安乐死立法在国际范围内依然遭到绝大多数国家的拒斥,即使在荷兰、比利时,安乐死立法也不断受到公众的质疑。

出于对安乐死立法和安乐死状况的高度关注,许多学者对安乐死立法的相关问题展开了实证性调查和理论研究。21世纪以来,著名学者格里菲斯(John Griffiths)、韦尔斯(Heleen Weyers)等完整深入地考察了欧洲安乐死立法的最近发展状况。他们得出结论说:"欧洲的安乐死和立法情况表明,安乐死立法是一个极其复杂的问题,它需要社会、法律和医学层面的细致谨慎的分析。"② 从总体上看,目前的安乐死立法理论上缺乏强有力的道德论证,实践上也因此不能得到多数国家和人民的支持。不过,荷兰、比利时等地的安乐死立法的事实和实践也是不可完全否认的。安乐死立法似乎陷入了诡异神秘、无法解决的魔咒之中:既不可简单地拒绝安乐死立法,也不可冒昧地实施安乐死立法。

---

① Theo A. Boer. Recurring Themes in the Debate about Euthanasia and Assisted Suicide. Journal of Religious Ethics,2007,35(3):529-555.

② Fabrice Jotterand. Review of John Griffiths. HEC Forum,2009,21(1):107-111.

安乐死立法举步维艰的原因固然错综复杂，但其根基性的问题却是安乐死立法未能确证挑战生命权的"死亡要求的正当性"即"死亡权"（a right to die）。换言之，只有死亡权得到确证，安乐死立法才有可能。就是说，死亡权是安乐死立法的价值基础。如此一来，一个尖锐而突出的问题出现了：在神圣不可侵犯的生命权面前，死亡权何以可能？这个问题可以分解为两个层面：（1）死亡是不是生命的内在本质？如果答案是肯定的，那么（2）死亡权是不是生命权的应有之义？回答了这两个问题，也就确证了安乐死立法的价值基础。

一、死亡与生命本质

死亡是和生命密切相关的概念。由于人们对生命的理解不同，由此导致了对死亡认识的差异：如果把生命等同于生存，死亡相应地就是一种生命结束后的状态；如果把生命理解为生存和死亡的矛盾统一体，死亡相应地就是生命的内在本质。这就是死亡含义的两个基本层面。

（一）生命结束后的状态

一般而言，人们常常把生命简单地等同于生存，把死亡理解为生命结束后的状态，即和生存无关的无生命状态——这就是死亡含义的第一个层面。其一，从宇宙的宏观视角来看，自然因果律是宇宙的一个根本规律，一切状态和存在都不可能完全摆脱它，而是最终必然服从它。生存和死亡也同样必然服从自然因果律。罗素因此断言，对于宇宙来说，"唯一可能的生命是向着坟墓前进的"[①]。人类和其他任何生命一样难逃自然因果律的限制，终将在自然因果律的巨大链条中趋向死亡。其二，自然因果律在生命中具体体现为死本能对生本能的胜利，或者说死亡对生命的无情剥夺。在弗洛伊德看来，本能是生命中固有的一种恢复事物早先状态的冲动。生命的最原始状态就是无生命状态，因而生命内在地具有走向死亡的本能，即死本能。死本能是一种原初本能，由死本能派生出与之相对的生本能，即自我保存、自我肯定以及自我主宰的本能。和原初的死本能相

---

① 罗素．宗教与科学．徐奕春，等译．北京：商务印书馆，1982：115．

比，生本能只是一些局部的本能，它们的作用是保证有机体沿着自己的生命之路毫无例外地走向死亡，即转化为无机物而复归于自然。因此，"一切生命的最终目标乃是死亡"①。其三，因此，面对生命无可逃匿的自然因果律和必然走向自我结束的死亡结局，人们往往简单地把死亡作为一个丧失生命后的经验状态，而忽视这个经验状态后的深刻的死亡本质。伊壁鸠鲁就认为，死亡是一件和我们毫不相干的事，"一切恶中最可怕的——死亡——对于我们是无足轻重的，因为当我们存在时，死亡对于我们还没有到来，而当死亡到来时，我们已经不存在了"②。无独有偶，庄子在阐释妻死而不哭的原因时，以其独有的超然态度对死亡做出了自己的回答。他说："察其始而本无生，非徒无生也而本无形，非徒无形也而本无气。杂乎芒芴之间，变而有气，气变而有形，形变而有生，今又变而之死，是相与为春秋冬夏四时行也。"③ 伊壁鸠鲁、庄子等说的死亡就是和生存无关的无生命状态。

据此而论，死亡和生存并无内在的本质关系，至多是一种马丁·布伯（Martin Buber）所说的互为工具的"我他"关系。如果死亡是和生存无关的无生命状态即死亡并非生命的本质，死亡权就是不可能的，因为这样的死亡直接践踏了最基本的人权——生命权。

问题在于，如果仅仅停留在对死亡的这种简单的认识水平上，我们将会在死亡面前丧失做人的资格。对这样的死亡而言，尽管"人无'它'不可生存，但仅靠'它'生存则不复为人"④。因为"让死的恐怖缠住心，是一种奴役"⑤。其实，自然因果律是相对于自由因果律而言的，死本能是相对于生本能而言的，死亡是相对于生存而言的。前者表面上似乎否定了后者，却恰好在确证着后者的存在，因为它们是奠定在同一生命基础上的相互对立、相互依存的两个层面。生命（life）的本质就在于它是生存（live）和死亡（die）的辩证运动所构成的矛盾综合体。当我们从生存意

---

① 弗洛伊德后期著作选．林尘，等译．上海：上海译文出版社，1986：41．
② 西方伦理学名著选辑：上卷．周辅成，编．北京：商务印书馆，1964：102．
③ 老子·庄子．吴兆基，编译．北京：京华出版社，1990：283-284．
④ 马丁·布伯．我与你．陈维纲，译．北京：三联书店，2002：127．
⑤ 罗素．西方哲学史：下卷．马元德，译．北京：商务印书馆，1976：103．

义的生命进入本质意义的生命时，也就从死亡含义的第一层面进入了死亡含义的第二层面——死亡是生命的内在本质。

(二) 生命的内在本质

表面看来，死本能对生本能的胜利似乎是自然因果律对自由因果律的胜利。从根本上讲，生命的结束并非简单的死本能对生本能的胜利或自然因果律对自由因果律的胜利，而是一个死本能和生本能通过相互否定、相互超越而达到的二者共同完成的终结状态。因此，生命的结束其实是死亡（die）和生存（live）的同时结束，也是自然因果律和自由因果律在生命中的同时结束。或者说，死亡和生存只和生命相关，无生命存在，也就无所谓死亡和生存，更谈不上自然因果律和自由因果律。

一般而论，生命不仅仅是生存，也不仅仅是死亡，而是同时包含着生存和死亡两个相互对立的要素的辩证运动过程——死本能和生本能正是这两大要素的重要体现。海德格尔说："生之在同时是死，每一出生的东西，始于生，也已入于死，趋于死亡，而死同时是生。"[1] 生命包含着、预示着死亡，向着死亡而生存并在最终走向死亡的过程中完成自身。任何死亡都是生命的死亡，任何生命都是死亡着的生命。死亡和生存是贯穿生命始终的生命程序的内在本质规定。

具体说来，死亡是生命的有限性、脆弱性的内在规定和最终限度，是生存的否定因素。生存只能在这个有限的脆弱的限度内即在死亡的规定范围内而存在并完成它的行程。所以，"人在死面前无路可走，并不是当出现了丧命这回事时才无路可走，而乃经常并从根本上是无路可走的。只消人在，人就处于死之无路可走中"[2]。生命绝对不可能超越死亡的规定，其本真的存在是"一种生存上的向死亡存在"[3]。死亡通过必然的限制和脆弱性，为生存试图突破必然的限制和试图扬弃脆弱性提供了动力和基

---

[1] 海德格尔. 形而上学导论. 熊伟, 王庆节, 译. 北京：商务印书馆, 1996：132.
[2] 海德格尔. 形而上学导论. 熊伟, 王庆节, 译. 北京：商务印书馆, 1996：159.
[3] 海德格尔. 存在与时间. 陈嘉映, 王庆节, 译. 北京：三联书店, 1999：269.

础。死亡正是通过对生存的这种限制，提供了生存得以彰显其价值和尊严的条件和舞台。设若没有死亡，也就没有了对生存的任何限制，生存也就不再有冲破限制的必要和可能。这似乎是一种超然物外和凌驾于自然因果律之上的绝对自由状态。其实，它只能是一种无生命、无超越、无抗争、无自由的死寂和空无。因为没有死亡，就没有与之对应的生存，也就没有生命。

　　生存和死亡，正如反作用力和作用力，如果没有任何一方，双方都将不复存在。赫拉克利特说："在我们身上，生与死，……都始终是同一的东西"①。生存在不断否定死亡抗争死亡、肯定死亡确证死亡的过程中，在直面死亡、承担死亡、设计规划操纵死亡的实践中，肯定并完成生存自身。如果说死亡是限制生存、剥夺生存的必然限制，生存则是否定死亡、抗争死亡之必然限制的自由冲动，是相对于必然规律的自由规律的体现。生存着的死亡和死亡着的生存之间的重叠交织，构成生命最本己、最优美的运动旋律。借用马丁·布伯的术语说，作为生命本质要素的生存和死亡是互为目的的"我你"关系而不是互为工具的"我他"关系。

　　值得注意的是，谈及死亡时，人们往往不加区分地把其两个层面混为一谈。更为严重的是，常常停留在第一个层面而有意无意地忽视了第二个层面。比如，帕斯卡尔（Blaise Pascal）曾说："我所明了的全部，就是我很快地就会死亡，然而我最无知的又正是这种我所无法逃避的死亡本身。"② 帕斯卡尔这里所说的前一个"死亡"是第一个层面的死亡即生命结束，后一个"死亡（本身）"其实是和生存相关的作为生命本质的死亡。论证死亡权，就必须严格区分死亡的两个层面。由于第一个层面的死亡和生存无关，不属于生命范畴，不可能和生命权相关，因为任何没有生命的存在包括丧失了生命的存在如已经死亡的人等，都谈不上生存和死亡。只有第二个层面的死亡即和生存一样作为生命本质的死亡，才关涉生命权。

　　现在的问题是，既然死亡是生命的本质，那么死亡权是不是生命权的应有之义？

---

　　① 古希腊罗马哲学．北京大学哲学系外国哲学史教研室，编译．北京：商务印书馆，1961：27.

　　② 帕斯卡尔．思想录．何兆武，译．北京：商务印书馆，1985：36.

二、死亡权与生命权

在无法无天的自然状态中,生老病死完全依赖自身的生理状况和外界的自然境遇。死亡要么是年老体衰达到生命极限所致,要么是其他自然暴力所致,如瘟疫、地震等。具有理性和自由精神的人类并没有屈从于自然状态所导致的死亡宿命,而是通过医学、法律、科学、宗教等途径和方式,坚强不屈地直面死亡、思考死亡、抗争死亡并试图超越死亡。正是在和死亡抗争的过程中,人们提出了生命权的基本理念和价值基础。

自洛克把生命权看作人的不可剥夺的自然权利以来,人们对生命权的看法虽然各有不同,但毕竟以国际人权文献的权威形式形成了基本共识。1948年联合国大会颁布的《世界人权宣言》第三条规定:"人人有权享有生命权、自由权和人身安全权。"随后,1966年联合国大会通过的《公民权利和政治权利国际公约》第六条第一款把生命权进一步诠释为:"人人有固有的生命权。这个权利应受法律保护。不得任意剥夺任何人的生命。"据此可以概括出生命权的基本内涵:(1)生命权是人人生而具有的自然权利或人权,这属于道德权利或前法律权利。(2)生命权是建立在道德权利基础上的受法律保护的法律权利。(3)生命权的具体要求是不得任意剥夺任何人的生命:在生命未受到直接威胁的情况下,生命权体现为维持基本生存的权利,如免于饥饿而死的权利、自由权、人身安全权等,因为如果缺少了基本生存的权利,也就在某种程度上侵害了生命权;当生命受到威胁时,要求得到他者包括个体、组织和国家等保护生命的权利以及个体抵御侵害以捍卫自身生命的权利。

可见,人们通常所理解的生命权(a right to life)主要是生存权(a right to live),死亡权(a right to die)似乎被完全排除在生命权之外。难怪约纳斯说:"历来所有关于一般权利的言谈都要追溯到所有权利的最基本的权利——生存权,如今我们却要谈死亡权,这是件很特别的事。"[①]表面看来,死亡权把死亡和权利这两个词联系起来似乎违背直觉和常理,生命权绝无可能把死亡权作为自身的应有之义。究其原因,主要在于把生

---

① 汉斯·约纳斯. 技术、医学与伦理学:责任原理的实践. 张荣,译. 上海:上海译文出版社,2008:198.

命简单地等同于生存,把死亡看作和生命无关的生命结束状态,进而把生命权等同于生存权而遮蔽了死亡权。对此,海德格尔批评说:"在固执己见的人心目中,生只是生,死就是死,而且只是死。"① 如果生命仅仅是和死亡没有任何关系的生存,生命权和死亡权当然也就没有任何关系了。事实上并非如此。如前文所论,生命包含生存和死亡两个基本要素,每个人都是一个包含生存和死亡于一体的生命主体。或者说,任何死亡都是生命的死亡,珍惜生命既要尊重生存,同时也要尊重死亡。因此,生命权不仅是一种生存权,而且包含死亡权,没有死亡权的生命权是残缺的生命权。可见,死亡权是生命权的应有之义。不过,这个结论只是根据生命权这个大前提分析演绎出来的。要确证此结论,我们还必须追问生命权这个大前提是否合法。

现在的问题是,生命是事实,生命权则是价值,如果把生命等同于生命权,就犯了摩尔所说的"自然主义谬误"②:在本质上混淆了生命与生命权,并以自然性事实(生命)来规定价值(生命权)。既然生命并不等同于生命权,那么生命权是如何可能的?或者说生存权和死亡权是如何可能的?

(1) 生命在此活着,这是一个纯粹的事实。生命活着这一事实就意味着赋予了自我保存这一天赋能力,因为不具备自我保存这一天赋能力的存在不可能具有生命。生命凭借自我保存能力向其生存环境提出要求,并凭借环境满足这些要求而得以存在和延续。在人的眼光中,环境是充满着人的意志和精神的人化环境。人的理性和意志向其生存环境(自然环境和社会环境如国家、组织、家庭等等)提出满足自我保存的诉求,生存环境(主要是社会环境)对此诉求做出有秩序的合法回应,即通过各种程序如法律制度等和具体途径如保障食品供给等满足自我保存的正当诉求。"这就导致个别人被多数人含蓄地授予了生存权,而且自然导致所有其他人被个别人授予同样的生存权。这是一切权利秩序的起点。"③ 任何其他的权

---

① 海德格尔. 形而上学导论. 熊伟,王庆节,译. 北京:商务印书馆,1996:132.
② G. E. Moore. Principia Ethica. Cambridge:Cambridge University Press, 1993:61.
③ 汉斯·约纳斯. 技术、医学与伦理学:责任原理的实践. 张荣,译. 上海:上海译文出版社,2008:198.

利,都是对生存权的一种延伸或拓展,因为"每一项特殊的权利都和某种生存能力的实现、某种生存需要的达成、某种生存愿望的满足有关"①。不过,只有在文明的社会秩序中,才真正具有生存的诉求和对此诉求的回应环境,如法律制度等社会秩序的保障,医学救治、慈善捐助、生物科学、基因工程、生态保护等科学研究或其他社会力量的支撑。这也是人们常常把生存权等同于生命权的主要原因。

实际上,就其本质而论,生存权是生命的自我保存这一天赋能力所体现出的对抗死亡的诉求,这已经意味着死亡权的出场。

(2) 死亡权伴随生存权而获得。死亡是生存愿望的一个要素和根据,因为任何生存愿望都是以死亡为前提的否定或超越死亡的愿望,完全脱离死亡的生存愿望是不可能的。生存愿望就意味着勇敢地直面和承担不可避免的死亡。这种勇敢地直面和承担死亡的愿望就构成了死亡权的前提和根据。从这个意义上讲,在可以逃生的情况下,苏格拉底、谭嗣同选择死亡本质上是捍卫死亡权的古典案例。尽管当时还没有死亡权的观念,但其捍卫死亡权的实质却是不可否认的。人类在坚强地、有理性地对抗死亡的实践中,彰显出不同于其他生命(如动物)的特有的自由和尊严,如自我决定、自我选择死亡的类型、地点、方式,或者通过医学途径改变死亡的时间方向和实践等等——这些对待死亡的方式其实都是死亡权的不同体现。难怪德国历史学家施本格勒(Oswald Spengler,又译斯宾格勒、史宾格勒)说:"死亡,是每一个人的共同命运,在对死亡的认知中,乃产生了一种文化的世界景观,由于我们具有这种景观,便使我们成为人类,而有别于禽兽。"②

具体来讲,死亡权是人人应当享有的自我决定其生命结束的权利,它包括死亡权主体对死亡的诉求和死亡权客体(主要指法律制度)对死亡诉求的回应和保护。法律是回应死亡权的最为重要的客体,作为自然权利的死亡权必须通过立法成为一种具有现实效力的法律权利。

(3) 死亡权和生存权一样,都是生命的本质性要素(死亡和生存)的

---

① 汉斯·约纳斯. 技术、医学与伦理学:责任原理的实践. 张荣,译. 上海:上海译文出版社,2008:198.

② 史宾格勒. 西方的没落. 陈晓林,译. 台北:华新出版有限公司,1976:305.

内在诉求。死亡权和生存权,都是对自然性的必然规律(生命的有限性而导致的生命的必然结束)的抗争、超越和自由体现。或者说,死亡权本身就是生存权的一种表现形式,这"两种对立的权利结成一对保证了两者,其中任何一种权利都不可能转变为无条件的义务,既不可能转变为生存的义务,也不可能转变为死亡的义务"[①]。生存权和死亡权相互确证、相互支撑的自然权利就是生命权。尊重生命权,就意味着不得任意剥夺生存权,也不得任意剥夺死亡权。

死亡权和生存权一样首先是一种不可转让的前法律的自然权利,同时二者又必须转化为法律权利才能得到切实保障。道德、法律和医学等都是为保护生命权服务的,既要为生存权服务,也要为死亡权服务。为生存权服务,是对自然死亡规律的抗争。为死亡权服务,同样是尊重自由选择和人性尊严而对自然死亡规律的抗争,而且是更加高贵的抗争。因为它是对威胁生命的最后的、最艰难的、最崇高的临终决战——在不屈从于自然死亡规律的必然枷锁的抗争中,通过自由选择和人性手段达到有尊严的死亡即自由地结束生命,而不是在自然奴役中无限恐惧地被剥夺生命。在死亡这个生存的最终完成环节上,如果依然处在自然死亡规律的宿命控制之下,其实就是把生死置于一种简单低级的互为工具的"我他"关系之中,是对生命权的不尊重。从这个意义上讲,对于同一个生命主体而言,死亡权不仅是生存权的延伸,而且是生存权的根据和最终完成。也就是说,死亡权是生命权的应有之义。

既然死亡是生命的内在本质,死亡权是生命权的应有之义,那么死亡权也就奠定了安乐死立法的价值基础。

死亡是生命的终极性脆弱,因此也是生命脆弱的终结。自由的人类并不完全屈从于终极性脆弱,死亡权就是祛弱权的终极性诉求。

不过,死亡权只是一种应当,只有生命面临无法挽回的临终状态时,死亡权才具有真正的实践价值。就是说,死亡权主要是赋予那些身患绝

---

① 汉斯·约纳斯. 技术、医学与伦理学:责任原理的实践. 张荣,译. 上海:上海译文出版社,2008:203.

症、生不如死且在当下毫无治愈希望的人们通过合法程序请求他人（主要是医生）结束其生命（安乐死）的权利。[①] 不过，死亡权虽然是安乐死立法的价值根据，却不是充足理由。安乐死立法是一个远远超出死亡权视域的人类问题：它不仅涉及道德、法律和医学，而且还涉及科学、历史、文化、经济、政治、宗教、习俗等诸多领域。因此，安乐死立法需要根据各国的实际情况，耐心细致地做好相关的理论研究和具体工作，切忌操之过急。

值得注意的是，2005年4月12日法国通过的新法在拒绝安乐死立法的同时肯定了"放任死亡权"：允许绝症病人停止治疗、拒绝治疗而任其死亡的权利。尽管法国依然否定以主动的方式如注射药物致病人死亡的主动安乐死，但毕竟从法律的角度为死亡权的合法性开辟了先河。随着人性尊严和生命权研究的深化，死亡权会逐渐被人们认识和维护，安乐死立法也有望随之取得进展。死亡权为安乐死立法的磐路论证奠定了价值基础。

第三节 磐路论证

如果说死亡权为安乐死立法的磐路论证奠定了价值基础，那么安乐死立法的磐路论证的使命则是把死亡权落实到具体的实践层面。

安乐死立法是和人类命运密切相关的生命伦理学领域的重大现实问题。自1997年美国的俄勒冈州通过法律允许安乐死以来，安乐死立法于21世纪取得了实质性突破和进展：荷兰（2001年）、比利时（2002年）相继通过安乐死立法。2005年4月12日，法国通过的新法肯定了"放任死亡权"，它虽然拒斥主动安乐死，却肯定了消极安乐死的合法性。2006年，德国伦理学学会做出关于生命终结的自我决定的报告和声明，重启了德国关于安乐死和辅助性自杀的合法性以及法律援助的讨论。2008年11月，美国华盛顿州通过法律明确允许安乐死。2011年1月10日，中国台

[①] J. Rachels. The End of Life: Euthanasia and Morality. Oxford: Oxford University Press, 1986: 38.

湾地区通过《安宁缓和医疗条例》修正案,明确肯定了安乐死的合法性。不过,除了这几个屈指可数的安乐死立法的国家和地区,其他一些国家安乐死立法的尝试目前都失败了。国际范围内的安乐死立法的进程依然困难重重、矛盾丛生。

不可回避的问题是,在安乐死非法的国家和地区,绝症病人因不堪忍受痛苦而自杀死亡或出国求死的诸多触目惊心的案例,直接把安乐死合法与非法的尖锐矛盾推向问题前沿。在安乐死非法的境遇中,绝症病人只能选择痛苦死或痛苦生。即使选择痛苦生,最终也必然走向痛苦死,就是说,选择痛苦生的实质就是选择痛苦死。因此,绝症病人似乎只能选择合法的痛苦死或非法的安乐死。问题恰好在于,反对安乐死立法的任何国家都没有通过"痛苦死立法",痛苦死在国际范围内都是非法的。和非法安乐死相比,非法痛苦死的非法领域更广、问题更严重,因为安乐死毕竟在荷兰、比利时等国家和地区是合法的。如此一来,一个不可回避的矛盾出现了:既然对于安乐死非法地区而言,安乐死和痛苦死都是非法的,为何人们仅仅反对安乐死及安乐死立法而对痛苦死及痛苦死立法却存而不论呢?显然,这隐含着一个前提,痛苦死是合法的。然而,这个前提既没有法律的明文规定,也没有理论的有力论证,只不过是一种直觉和习惯的假设而已。面对如此荒谬的事实,人类再也不能"掩耳盗铃"了。

其实,这个不可回避的矛盾深深地隐含在反对安乐死立法的论证范式之中。如前所论,反对安乐死立法的理由固然纷纭复杂,其论证范式都是一种滑坡论证。滑坡论证的基本程序是:根据某个命题,允许 A,将不可避免地或者极其可能地导致不正当的 B、C、D……。因此,"滑坡论证认为最好不要采取第一步"①。反对安乐死立法的滑坡论证的基本程序是:有目的杀人是不正当的,安乐死是有目的地剥夺生命,一旦立法允许实施安乐死,人们将沿着剥夺生命的斜坡滑下去,直至去结束无任何过错的人的生命。滑坡论证的这种单向独白思维模式不能真正令人信服,因为它杜绝安乐死选择的路径之后,就完全遮蔽了痛苦生以及由此必然导致的痛苦

---

① Theo A. Boer. After the Slippery Slope: Dutch Experiences on Regulating Active Euthanasia. Journal of the Society of Christian Ethics, 2003, 23 (2): 225-242.

死或直接选择痛苦死的惨无人道的重要现实问题。正因如此,尽管很多学者从滑坡论证的视角批判荷兰、比利时等国的安乐死立法,但也有学者明确反对滑坡论证。博尔就明确批判了滑坡论证的脆弱无力,并由此提出避免滑坡而考虑磐路(rocky road)的选择路径。① 磐路观念的提出,无疑是对滑坡论证的一个突破。遗憾的是,博尔并没有进一步深入下去。要真正扬弃滑坡论证,仅仅提出磐路的思路是不够的,必须从学理上阐释和滑坡论证相对应的、比滑坡论证更加合理的伦理论证方式——磐路论证,从磐路论证的视角反思安乐死立法问题。

和滑坡论证的单向思维不同,磐路论证以尊重死亡权为价值基础,注重民主商谈精神的多向思维模式。磐路论证寻求安乐死立法的磐石之基,并在此基础上全面深刻考虑安乐死的路径,综合运用反思平衡方法(罗尔斯)、商谈伦理方法〔哈贝马斯(Jürgen Habermas)〕,在民主公正的伦理秩序中,不断纠正调节各种冲突,使磐石之路成为可行路径。据此,磐路论证基本思路如下:为了达到某种目的,必须寻求通向该目的的牢固磐石:A、B、C、D……,构建一条通向该目的的磐石之路。我们在沿着A、B、C、D……曲折地朝着既定目的前进的过程中,在不断考虑各种可能性和现实问题的实践中随时调整行为方案(改进、后退或暂缓),而不是停留在一个虚拟的滑坡上停滞不前。既要考虑正常可行的运行程序,更要考虑设置一种缓冲机制,以便在矛盾冲突尖锐或问题难以抉择的情况下,为问题的解决提供一个合理恰当的缓冲程序,保证磐石之道的畅通,或至少不被完全废弃。在这种形式中,A、B、C、D……犹如一块块磐石重叠交织,相互支撑,共同构筑成一条通向其目的的坚如磐石之道。

据此思路,安乐死立法的磐路论证主要由苦难(安乐死的事实基础)、自律(安乐死的价值根据)、伦理委员会(安乐死实践的权衡机制)、临终护理(安乐死的缓冲机制)等几大要素(磐石)构成通向安乐死立法目的的磐石之路。

---

① Theo A. Boer. Recurring Themes in the Debate about Euthanasia and Assisted Suicide. Journal of Religious Ethics,2007,35(3):529-555.

一、苦难

苦难（suffer）是生命低劣的基本要素，因此医学家、法学家以及哲学家们常常把苦难作为安乐死诉求的事实基础。生命伦理学家卡塞尔（Eric. J. Cassell）认为，苦难是一种威胁乃至损害人的完整性（intactness）的严重的痛苦窘迫状态。[①] 苦难意味着遭受或屈从于某种恶劣的或令人讨厌的东西，它导致身体或精神的痛苦、厌烦、悲伤、忧虑、损害等低劣状态。苦难是诱发安乐死愿望的一个事实基础，也是医生实施安乐死的前提条件之一：由疾病或偶然事故导致极其严重、不可治愈的身心紊乱或疾病，致使病人处在不可忍受且无法缓解其生理或心理的病痛中，其医疗治愈的可能性遥遥无期、毫无希望。这一点是安乐死诉求的基本共识。

不过，尽管苦难境遇中的安乐死要求具有正当的可能性，但它并非安乐死立法的充足理由。对于非自律主体（非自愿安乐死者）而言，苦难几乎没有正当的可能性，因为苦难是一种客观事实的主观感受，对于丧失了自律的人而言，苦难几乎没有任何意义。对于自律主体（自愿安乐死请求者）来讲，苦难并非使其生命变得低劣的唯一要素。"如果苦难以外的其他东西能使自律者的生命变得低劣，苦难并不总是自律者生命恶劣的所有要素，为什么自愿安乐死应当要求想要安乐死的人是在经受苦难呢？"[②] 除苦难之外，还有许多其他要素可使其生命变得低劣，如愿望的不满足或厌恶的认识带来的无尽烦恼，被剥夺了自由和尊严带来的非人折磨等等。尽管诸如烦恼、愿望不能满足、被剥夺了自由等恶劣的东西可能会和伤害、疾病等引起的苦难相关，但是它们和苦难并不具有必然的联系。更何况，苦难只是一种令人产生死亡愿望的可能性，坚强的自律者或许并不因此产生死亡的愿望。某些坚强的自律者极有可能把苦难看作提升其人生成长的因素。他们认为，正是苦难的磨砺使他们最终理解了生命的真正价值，提升了生命的质量。另外，有些人由于厌倦人生或长期感到自身的脆

[①] E. J. Cassell. The Nature of Suffering and the Goals of Medicine. New York: Oxford University Press, 1991: 33.

[②] Jukka Vareltus. Illnesll, Suffering and Voluntary Euthanasia. Bioethics, 2007, 21(2): 75-83.

弱无用，他们的人生提供给他们的东西毫无价值，乃至认为他们的存在毫无意义等等，以致在没有遭受苦难时也会产生死亡的愿望。一个典型案例是，一位86岁的前荷兰议会参议员布朗格玛（Edward Brongersma）要求在医生帮助下自杀，只是因为他感到年老体衰、厌倦生命，并非因为苦难或病魔的折磨。对此，芬兰土尔库大学哲学系的瓦尔图斯（Jukka Vareltus）认为，由伤害和疾病等引起的苦难并不能作为自愿安乐死的规定标准，相反，"一个自律要求安乐死的人认为其生命如此糟糕以至于他想死，就足以构成安乐死的诠释或定义"①。这其实涉及了争论激烈的安乐死自律问题，即自愿安乐死（voluntary euthanasia）问题。如果说苦难是安乐死立法的客观事实，自律则是安乐死立法的主观前提条件。

二、自律

自律（autonomy）是康德道德哲学的基石。对安乐死而言，自律是苦难境遇中的个体不受外在因素的干扰强迫、独立自主地判断自身处境并做出是否安乐死决定的能力。就是说，病人应当是自主请求安乐死的发起者而非被动的接受者。尊重安乐死的自律请求，其实质就是尊重安乐死请求者有尊严地死亡的权利。

认同并尊重有尊严地死亡的权利意味着把生命权诠释为生命主体决定死亡的自由权利，而非医务人员单向地实施安乐死的义务或权利。从自律的角度把权利看作一种自由决定的正当诉求，意味着把权利同时看作消极权利和积极权利。前者是一种免于忍受不必要干预的痛苦的权利，后者是一种选择自我生活方式和爱好包括结束生命的权利。因此，死亡权的具体内容包括两个层面。一是消极性诉求：拒绝任何导致不必要死亡决定的权利，如拒绝以所谓的治疗或有益身心、有益于节约社会医疗资源等功利主义借口的被杀死的权利等；拒绝任何药物治疗的权利，即使这会导致死亡也在所不惜。二是积极性诉求：根据自己奉行的道德准则，选择以平静的方式死亡的权利；如遇某些特定情况，事先表达有关死亡的自身意愿的

---

① Jukka Vareltus. Illnesll, Suffering and Voluntary Euthanasia. Bioethics, 2007, 21 (2): 75-83.

权利；接受保守治疗（消极缓解病痛）和临终关怀的权利；决定安排后事、死亡时刻、死亡地点的权利等。所有这些都是自律的有尊严死亡权的基本要素。可见，个体自律的法则确证了死亡权的正当性，从价值基础上奠定了安乐死立法的法理根据。因此，西班牙法理学家罗伊格（Francisco Javier Ansuàtegut Roig）等人把个体自律（individual autonomy）作为安乐死道德的价值基础。[①] 雷切尔也认为，在民主社会里，"个体自律的法则在预示安乐死的道德哲学的慎思和立法中具有不可替代的举足轻重的作用"[②]。

值得注意的是，苦难的客观事实和主体自律并非毫不相干，二者相互渗透，构成安乐死立法的事实根据和价值基础：自愿安乐死和其他故意杀人事件相比，其不同之处并不在于通常认定的安乐死能够给被杀死者带来益处，而是医务人员根据一个人的自律请求有目的地将其杀死，即出自尊重安乐死请求者免于苦难的自由和有尊严死亡的权利——死亡权。"公道地说，安乐死的正当性只能在死亡会给帮助将死之人避免恶的情况下才对其有益，而不是给他或她带来额外的善。"[③] 在生命质量极其低劣乃至给生命带来极度痛苦和巨大伤害的境遇中，死亡是对日复一日、不堪忍受的状况的一种解脱，是免于无尊严、无价值存在的状态的一种消极自由。如果否认死亡权、不尊重死亡权乃至武断地剥夺死亡权即绝对禁止安乐死，处在低劣境遇中的生命的唯一途径就是在巨大痛苦和极度无尊严的煎熬中耗尽自由的最后一线希望，必会给自律安乐死者或生命主体造成无尊严的痛苦煎熬和巨大伤害。就此而论，安乐死的范围不仅包括临终或逼近死亡境遇的人，而且还应当包括那种死亡并非迫在眉睫，但是却在遭受生不如死的极大痛苦的人。

在苦难和个体自律的前提下，病人应当（并非必然）有权利授予专业医务人员剥夺自身生命权的权利。就是说，苦难和个体自律只是安乐死立

---

① Francisco Javier Ansuàtegut Roig. Euthanasia, Philosophy, and the Law: A Jurist's View from Madrid. Cambridge Quarterly of Healthcare Ethics, 2009, 18 (3): 262-269.

② J. Rachels. The End of Life: Morality. Oxford: Oxford University Press, 1986: 38.

③ Jukka Vareltus. Illnesll, Suffering and Voluntary Euthanasia. Bioethics, 2007, 21 (2): 75-83.

法的两个必要条件，并非安乐死立法的充分理由。原因在于：其一，苦难和个体自律的可信度值得怀疑。病人对苦难的理解不同，其自律的时机和对安乐死的请求的偶然性不可否认。在荷兰，大约95%的人要求安乐死而不采用辅助自杀的方式，原因主要在于，"和其他大部分的故意杀人不同，安乐死激发了病人睡眠的联系。在荷兰的记录资料电影中一个病人解释了她对安乐死的愿望：这只是睡眠，并能说，'这次我将不再醒来'，难道这不是很美妙吗？"① 病人的这种美妙想象并不能构成医务人员行使剥夺其生命权的正当根据，因为病人的感受和想象千差万别，或许有的病人会把安乐死看作一种恶毒的杀戮。安乐死的唯一条件是死亡是唯一的最后诉求，因此，关键问题就转化为，"在何种条件下，安乐死要求能够被确认为是真正的唯一的最后的请求？"② 苦难和自律的偶然性并不能解决这个问题。其二，安乐死绝非一个简单的死亡事件，因为决定终止病人生命和实施杀死病人的行为以及承担安乐死责任的主体并非仅仅建立在个体自律的基础上。那么，何人或何种团体来回应（response）自律安乐死的请求，并为此承担责任（responsibility）呢？如果没有回应者或责任承担者，安乐死就只是一种主观愿望或仅仅是一种应当。安乐死不仅仅是个体自律的单向度的个体行为，因为请求者和回应者是交互主体的内在关系，这已经超出了个体自律的范畴。因此，把"应当"转化为"能够"，仅仅靠苦难和自律是不可能的。在荷兰，大约95%的安乐死是发生在家庭医生和病人关系中的私事。最重要的原因是他们之间建立了良好的信任感，病人相信医生会慎重考虑他们的权利。比利时的医务人员对安乐死立法并不认同，即使在荷兰，也不可避免未能建立相互信任的情况。如此一来，新的问题在于：（1）如何保证这种回应及责任承担的实践的正当性？（2）如果因各种原因如难以准确判断病情等不能迅速做出回应，如何应对这种悬而未决的安乐死请求？

----

① Theo A. Boer. Recurring Themes in the Debate about Euthanasia and Assisted Suicide. Journal of Religious Ethics, 2007, 35 (3): 529–555.

② Theo A. Boer. Recurring Themes in the Debate about Euthanasia and Assisted Suicide. Journal of Religious Ethics, 2007, 35 (3): 529–555.

要解决苦难和个体自律无能为力的这类问题，就需要在个体自律基础上建立安乐死实践的伦理机制：应对问题（1）的权衡机制（安乐死伦理委员会）和应对问题（2）的缓冲机制（临终护理）。

三、伦理委员会

安乐死伦理委员会既是安乐死事宜的民主商谈的伦理平台，又是一个有效合理的安乐死立法与实践的权衡监督机制。它可由医务人员、安乐死者亲朋以及政治领域的专家委员会、医学协会、卫生保健机构、神学家、法院中的相关人士等组成。其最重要的使命是完成如下事宜：（1）公开宣传、准确诠释安乐死法案的主要内容、基本要求、实施程序，如临终患者如何申请安乐死、安乐死如何实施以及对此的审查程序等等。（2）权衡判断并确定安乐死请求的正当性和实施时机的合理性，做出医务人员是否实施、如何实施、何时实施安乐死的决定，并授予医务人员具体执行的权利，同时明确与之相应的责任。（3）有效监督并保障安乐死执行过程的合法性，尤其需要关注的是，主治医生必须和其他涉及安乐死的相关人员商议，实施安乐死的所有程序必须记录在病历表上。可见，和未立法境遇中的个别安乐死案例相比，安乐死立法并非使医生摆脱法律限制，相反，他们必须在极其严格的伦理程序的监督下合法地实施安乐死，并承担明确的法律责任和监督。

安乐死伦理委员会最为困难也是最为重要的使命是权衡生命价值并做出公正客观合理的判断。为此，我们专门讨论这个问题。通常认为，价值的本质在于给价值主体带来利益和快乐。其实，"说某物对某人有价值，绝不意味着是因为他或她相信它是有价值的，也不意味着仅仅因为某人有意识地关注它。相反，某物对某人有价值意味着某人一旦失去某物就会对他或她造成危害"[①]。就是说，价值的本质在于价值载体的缺失会给价值主体带来伤害或痛苦。生命价值就在于生命的延续不会给生命主体带来伤害或痛苦。生命价值的重要指标是生命质量。生命质量丧失殆尽，也就意

---

① J. Rachels. The End of Life: Morality. Oxford: Oxford University Press, 1986: 38.

味着生命价值的完全缺失。因此,生命质量是判断是否允许安乐死的生命价值根据。

把握生命质量有客观路径、主观路径和综合路径三种基本方式。

(1) 客观路径主要是根据医生的诊断来决定的。客观生命质量可以归结为三类:其一,有限的生命质量,缺少生理或精神能力但依然具有正常体面的个人生活,不必考虑安乐死。其二,最低限度的生命质量,主要体现为永久性长期性的病痛、无能力完成个人目标、完全挫败的生命希望,以及清醒意识、信息交往的高度降低等不可逆转的状况。这已经足以构成自愿安乐死的苦难基础,因此"安乐死立法的提出,是由最低质量生命的境遇所提出来的"①。其三,低于最低限度的生命质量是一种永久性植物状态,它是涉及非自愿安乐死的一种状态。

(2) 病人利用医生提供的生命质量的客观资料,根据自己的主观爱好和价值理念,把客观生命质量转化为主观生命质量。主体对自己生命价值的最终决定是个体自律发起的结果,但这并不意味着它在任何情况下都是有效的,只有在考虑安乐死选择的案例中才是有效的。主观生命质量是判断生命价值的基础,是自律境遇中的死亡权的基础。自律的主观生命质量必须参考客观的生命质量来确定。在此意义上讲,相关主体具有对生命质量最终的发言权。

(3) 由于个体差异和苦难病情折磨甚至是心理精神的痛苦,都会直接影响个人对生命质量的判断,同一评价主体在不同的心情或实践中对同一生命甚至会做出截然不同的质量判断。这种偶然性、情绪化的因素直接影响到安乐死判断的正当性和可信度。为了避免由此带来的判断错误,评价个体生命质量应该综合客观质量和主观质量考虑。西班牙哲学家费瑞特(José Ferrater)提出了四类基本要素:充足适当的食物、公道合理的安全保障、令人满意的人际关系、免于压抑或郁闷的自由。据此,费瑞特列出了如下延续生命的标准表:

---

① J. Rachels. The End of Life: Morality. Oxford: Oxford University Press, 1986: 38.

要素	客观质量	主观质量	值得延续生命
1	是	不	不
2	不	是	是
3	不	不	不
4	是	是	是

国际哲学讨论显示，生命价值最终是与生命的概念和善的概念相关的。菲利普·福特（Philippa Foot）认为，决定安乐死道德的前提是生命是善或好的（good）。[①] 安乐死产生的是一种免于痛苦和恶劣状态的消极善。上表只有第3种情况，即客观价值和主观价值都呈现出"不"的情况下，死亡权才具有得以确证的可能性。

安乐死伦理委员会作为安乐死立法与实践的权衡机制，应当从上述三个层面综合考虑、充分论证生命质量的诸要素，在民主协商的基础上，尊重安乐死请求者及其亲属、医务人员等相关人士的意愿和建议，明智地权衡判断并决定医务人员是否实施、如何实施、何时实施安乐死。

四、临终护理

安乐死关涉每个人的终极命运，是一个错综复杂、极具风险的重大生命伦理问题。是故，安乐死立法不可能短期内达成伦理共识。即使在安乐死立法的国家和地区，判断、抉择、实施安乐死也是一个充满争议和令人忧虑的实践过程。有鉴于此，既不能简单地拒斥安乐死立法，更不可强制性推行安乐死立法。相反，必须认真考虑和充分尊重各种认同或反对安乐死及安乐死立法的观念和行为，探求一条（亚里士多德式的）明智的判断选择和（笛卡儿式的）与道德相结合的可行性伦理方案。其中，至关重要的一环就是安乐死实践的缓冲机制——临终护理。

临终护理涉及精神支持和身体关怀，包括阻止或降低生理病痛以保持生命质量和精神愉快的所有步骤及程序。临终护理这个缓冲机制是磐路论证能否成功的一道防线，是生命伦理智慧的集中展现，因为它可以合理应

[①] P. Foot. Euthanasia. Philosophy and Public Affairs, 1977, 6 (2): 85-112.

对、有效缓解与安乐死密切相关的几个尖锐的矛盾冲突。

（1）自愿安乐死和非自愿安乐死的冲突。首先，当个人具有自我决定的自律能力时，即当自愿安乐死具有可能性时，它必会遭到滑坡论证的反对。其主要反对理由是：自愿安乐死意味着故意杀死一个无辜之人，其内在本质是不正当的。而且，自愿安乐死还会导致新的安乐死行为，包括自愿的、非自愿的甚至被强迫的安乐死，故其外在后果也是不正当的。另外，在某些文化传统中，自杀比谋杀更恶，甚至是不可宽恕的，结果"自愿安乐死或许比非自愿安乐死更恶"①。可见，自愿安乐死和非自愿安乐死的激烈冲突是安乐死立法举步维艰的重要根源。其次，当个人丧失了自我决定的自律能力时（处在一种植物人状态），即当自愿安乐死不具有可能性时，争论的焦点是可否提供一种合理的家长制或父权主义的非自愿安乐死。由于自律的缺位，确证与之相关的苦难以及非自愿安乐死的正当性就成了大难题。退一步讲，即使肯定家长式的参与安乐死的正当性，诸如如何承担规避安乐死风险的道德义务等问题依然矛盾重重。从实证的角度看，自愿安乐死和非自愿安乐死冲突的背后往往承载着数千年传统价值观念的冲突，短期内想要达成共识几乎是不可能的。临终护理可以有效地解决、减轻痛苦之类的症状，在一定程度上缓解甚至化解这种冲突。

（2）就自愿安乐死而言，也存在着消极安乐死（辅助性自杀）和积极安乐死的尖锐冲突。在立法和法理中，辅助性自杀常常比积极安乐死更易于得到宽恕和认可。瑞士和美国的俄勒冈州都只允许辅助性自杀。在荷兰的安乐死法中，不正当的安乐死的最高刑罚是判刑12年，不正当的辅助自杀的最高刑罚是判刑3年。主要理由是，辅助性自杀的主体不再活着，而且没有病人愿望的自杀相对较少。对于绝症病人而言，自杀即使是辅助性自杀，极有可能是一个孤独凄凉者经历巨大情感压力的过程。因此，许多医生认为积极安乐死比辅助性自杀要承担更多的情感压力。盖瑟（Constanze Giese）专门研究了德国的临终护理问题。他认为，尽管德国护士在护理临终病人的训练方面极其严格，当提起临终护理的问题时，却

---

① Theo A. Boer. Recurring Themes in the Debate about Euthanasia and Assisted Suicide. Journal of Religious Ethics，2007，35（3）：529－555.

很少听到护士的声音,而且护士们更是极少听到这样的声音。在临终护理缺位的情况下,"讨论把临终时的不可接受的病痛状况作为所谓自我决定的积极安乐死的辩护理由是不公正的"①。死亡之渴望在绝大多数情况下并非完全和生理的不可避免的痛苦相关,大多是由于缺乏尊严的生活境遇所导致的孤寂和凄凉感所产生的死亡渴望,或者由于自身死亡的现实的和非现实的恐惧所产生的逃避恐惧的死亡决定。在安乐死中,护理起着至关重要的作用。临终护理的在场对于缓解死亡恐惧和情感压力具有不可替代的作用。

(3)安乐死立法和安乐死非法的冲突。首先,对于没有安乐死立法的国家公民而言,有了临终护理这个缓冲机制,个体虽然不能合法地请求安乐死,但可以在缓解痛苦、降低痛苦的过程中较为人性化地走向死亡,彰显死亡的人性尊严,使人之死不同于一般的动物之死。当然,这并不否定选择痛苦生存或痛苦死亡的权利。同时,立法机构也可以运用这个缓冲机制赢得足够的时间慎重考虑和论证安乐死立法问题,以缓解民众的愤怒、谴责和不满,减轻道德压力并理性地决定是否立法或何时立法。其次,对于安乐死立法的国家公民而言,这个缓冲机制就更为重要。一方面,它可以提供一个是否选择安乐死的缓冲环节和诉求程序,使具有安乐死愿望者有足够的心理准备时间,较为稳妥理性地选择或放弃安乐死。另一方面,安乐死愿望得以允许者,在临终护理的机制中,可以从容地安排后事,表达个人的临终意愿,然后决定有尊严地死亡的时刻和方式,最后毫无遗憾地告别人间,安然祥和地走向生命的终结。更重要的是,它可以成为抵制滑坡论证所说的安乐死立法会导致合法杀人等指责的伦理机制。

简言之,临终护理可以有效化解安乐死立法与否的矛盾冲突,为每个国家或地区的安乐死立法的讨论和实践提供一个切实可行的实践路径。它是磐路论证中联结其他磐石使之有机地构成一条磐石之路的缓冲机制。

目前,安乐死立法已经成为一个不得以任何借口(如文化差异、国情

---

① Constanze Giese. German Nurses, Euthanasia and Terminal Care: a Personal Perspective. Nursing Ethics, 2009, 16 (2): 231-237.

距离、经济发展、资源匮乏等等）企图回避的国际性问题。苦难、自律、伦理委员会和临终护理单独看来都不构成安乐死立法的足够根据，甚至在一定条件下都有可能成为滑坡论证的理由。但是，一旦把它们有机地统一起来，就构筑成一条具有一定可行性的安乐死立法的磐石之路。

磐路论证既不要求立即停止现有的安乐死立法，也不要求没有安乐死立法的国家或地区立即实施安乐死立法。它立足于经过道德哲学慎思论证的价值根据、理论基础和伦理实践，以祛弱权为价值基准，以死亡权为价值根据，充分考虑关涉安乐死问题的各种因素，如文化、宗教、传统、法律、公民素质乃至自然科学等各方面的综合要素，主张通过民主商谈的程序合法有序地逐步进行。因为安乐死问题不但需要合理论证和法律保障，更需要具体境遇中的实践智慧和道德关切。或许，这才是切实保障死亡权的稳妥之道。这是祛弱权的绝对命令和复杂现实相结合的重要领域。

第八章　祛弱权之人造生命伦理

生命伦理的基本范围涵纳自然生命的伦理问题和人造生命的伦理问题以及生命伦理原则问题。据此，祛弱权视域的生命伦理原则、自然生命伦理以及人造生命伦理构成本课题研究的基本使命。

我们已经思考了祛弱权视域的生命伦理原则，并重点研究了祛弱权视域的自然生命伦理问题，这就是自然生命的延续、生存和死亡过程中四个层面的生命伦理问题：生育权与生育责任、食物权与食物伦理、健康关爱权与身体伦理、死亡权与安乐死立法。

如果说生育权、食物权、健康关爱权是祛弱权在人类生存境遇中的具体化，那么死亡权则是人类死亡境遇中祛弱权的终极形式或终极诉求。不过，生而脆弱却又孜孜追求祛弱权的人类同时也是坚韧性的自由存在。人类的坚韧性不断超越自己的脆弱性，试图运用生物科学技术干预或谋划自然生命的孕育和生产过程，甚至不能遏制自己充当造物主（上帝）的内在冲动。这就必然出现祛弱权的极端危机——人造生命的伦理困境。这就要求我们直面人造生命带来的诸多伦理问题的关键：以祛弱权为价值基准，在反思人造生命带来的生命伦理危机的前提下，进一步讨论伦理生命，以及后伦理学的可能契机。

第一节　生命伦理危机

生命的奥秘是个古老常新的科学和哲学问题，它曾经并正在激起诸多有识之士的强烈好奇心，其中最为激动人心的目标便是人造生命。

2010年5月20日，美国科学家文特尔（J. Craig Venter）及其科研小组在美国《科学》（Science）杂志上报道了首例人造细胞"辛西娅"（Synthia）的诞生。"'辛西娅'的创造在生命技术领域是一个里程碑"[1]，它不仅标志着人造生命技术上的突破，而且更深刻的意义在于其创造性引发了生命观念的剧烈冲突，带来了史无前例的重大伦理学危机。人类的脆弱性激发了对于人造生命带来的哲学和伦理问题的反思。从本质上讲，这种反思是祛弱权或祛除脆弱性的正当诉求的深刻忧虑所致。

一、人造生命的伦理冲击

直面人造生命带来的伦理学危机，需要重新反思"何为生命？"（What is life?）这个著名的"薛定谔问题"（the Schrödinger question）。此问题是量子力学奠基人之一、诺贝尔物理学奖得主（1933）、深受叔本华（Arthur Schopenhauer）哲学影响的奥地利物理学家薛定谔1944年在其《生命是什么？》一书中明确提出的。[2]

面对人造生命这样震动全球的科学大事，当今诸多科学家、生物学家迫切渴望寻求一个科学的生命定义。为此，他们根本否定生命目的论，认为"生命存在的有目的行为是一种幻象，是机械论背后的表象"[3]。这些秉持科学生命观的科学家、生物学家们大多认同贝斯尼（H. Bersini）和莱西（J. Reisse）的观点：生命定义是三大领域即天体生物学、人造生命和生命起源的需求。[4] 在此共识的前提下，科学生命的具体定义极其繁多：枚敦（R. L. Mayden）罗列了80种（1997），赫密尼尔（P. Lherminier）等枚举了92种（2000），派伊（G. Palyi）等展示了40种（2002），珀帕

---

[1] Shailly Anand, et al. A New Life in a Bacterium through Synthetic Genome: A Successful Venture by Craig Venter. Indian Journal of Microbiology, 2010, 50 (2): 125-131.

[2] 埃尔温·薛定谔. 生命是什么？. 张卜天, 译. 北京：商务印书馆, 2014：73-78.

[3] Andreas Weber, Francisco J. Varela. Life after Kant: Natural Purposes and the Autopoietic Foundations of Biological Individuality. Phenomenology and the Cognitive Sciences, 2002, 1 (2): 97-125.

[4] Jean Gayon. Defining Life: Synthesis and Conclusions. Origins of Life and Evolution of Biospheres, 2010, 40 (2): 231-244.

(R. Popa)等收集了90种（2004）。① 概而言之，这些定义可大致归为两类：一类是理论生物学视域的定义，它把生命规定为个体的自我维持和一系列同类实体的无限进化过程；另一类是心理（心灵的超自然的精神）或环境视域的定义，它否定生命的进化和提升，把生命归结为心灵或环境的产物。二者的共同点是都把生命看作自然性事实存在。倘若如此，人造生命并非自然产物，所以不是生命。同理，如果用人造生命作为衡量生命的标本，自然生命并非人造产物，亦非生命。结果，传统意义的自然生命好像死了，人造生命似乎也死了。继（黑格尔、尼采等所谓）"上帝死了"、（福柯等所谓）"人死了"之后，人们不得不惊呼："生命死了？"

如果说上帝死了意味着终极价值的崩溃，哲学人类学意义上的人（实即人文科学意义上的人）死了则意味着统治奴役个体的权威（主要是政治权力）的消亡。个体借此摆脱了上帝和人的羁绊，只能相信自我，不过，个体毕竟还有自然科学的权威以及生命的依托。生命死了，意味着自然科学权威的消亡，意味着自然科学意义上的生命（包括人和其他生命）死了。如此一来，哲学的领地中只余下孤零零、凄惨惨的巨大的虚无，它既无终极价值可诉，又无权力和权威可求，甚至连基本的生命理念也无可凭依，似乎只能万般无奈地陷入孤苦无依的孤寂与恐惧的无底深渊之中。不难看出，"上帝死了""人死了"只不过是"生命死了"的哲学序曲，"生命死了"所拉开的哲学大幕深刻尖锐地凸显出前所未有的伦理学危机："生命死了"是否会成为伦理学的真正杀手？或者说，"生命死了"是否意味着伦理学死了？

直面这个伦理学危机的逻辑前提和基本途径在于：深刻反思当代科学生命论所直接反对的古典生命目的论，重新理解当代科学生命论，准确把握"生命死了"的哲学伦理学内涵及其潜藏的摆脱危机的全新的伦理学契机。

---

① Jean Gayon. Defining Life：Synthesis and Conclusions. Origins of Life and Evolution of Biospheres，2010，(40) 2：231-244.

二、古典生命目的论

古典生命目的论有着悠久的哲学和伦理思想根基,其中最为著名、最能体现其内在逻辑的三种哲学传统是:亚里士多德式的万物有灵论或泛灵论(life as animism)、笛卡儿式的机械论(life as mechanism)、康德式的有机体论(life as organization)。泛灵论是一种古老的追求生命普遍形式的观念,它以灵魂(soul)作为解释生命的普遍形式或基本原则。机械论否定泛灵论的形式原则的生命观念,从实证经验的角度即质料的角度考察生命的本质。有机体论则试图在批判泛灵论和机械论的基础上,把自由意志作为生命的终极目的。

(一)亚里士多德的泛灵论

亚里士多德是泛灵论的经典作家。对于亚里士多德而言,自然是有生命的自然(living nature)。生命根源于灵魂,或者说灵魂是生命存在的目的和原则,它体现为形式原则和个体性原则。

其一,灵魂是生命的形式原则。在亚里士多德的四因说中,灵魂属于形式因、动力因、目的因范畴,而非质料因范畴。灵魂不但是有生命身体(body)的形式或形式因,而且还是身体变化和发动的根源(动力因),更是赋予身体目的论指向的终极原因(目的因)。由于亚里士多德把动力因、目的因也归为形式因,所以可以简单地说,灵魂就是生命的形式原则。在亚里士多德看来,"人和动物是实体,灵魂则是逻各斯和形式"[1]。生命是形式和质料的综合体,灵魂是生命的形式和现实性,身体是生命的质料和潜在性。灵魂寓于身体之中,赋予身体以生命的形式,是身体的法则。灵魂和身体密不可分,"灵魂作为身体的形式和现实性,不能离开身体"[2]。因为灵魂存在的必要条件是意识到适当质料构成的存在自身。灵魂和身体是一种目的论关系:灵魂的功能是质料和形式的共同产品,而不

---

[1] Ronald Polansky. Aristotle's De Anima. Cambridge: Cambridge University Press, 2007: 185.

[2] Ronald Polansky. Aristotle's De Anima. Cambridge: Cambridge University Press, 2007: 185.

是抽象物。不同的生命个体拥有不同的灵魂和身体,对于生命个体而言,灵魂是其个体性原则。

其二,灵魂是生命的个体性原则。有生命的个体存在的灵魂可以划分等级,植物具有营养灵魂,包括生长、营养和再生的能力。动物具有感知能力、运动能力、欲求能力,即感知灵魂。人类则具有理性和思想能力,可以称之为理性灵魂(a rational soul)。① 各种等级的灵魂是作为工具的自然身体的第一行为现实性(the first actuality)。亚里士多德通过比较无生命的工具和身体器官(organ)阐明其灵魂的个体性原则。如果斧头是活的身体,砍伐能力就是其灵魂;如果眼睛是一个整体动物,看的能力就是其灵魂。灵魂的现实性(actuality)有两种情况:第一种是潜在的行为现实性,如斧头并没有砍伐东西,但却具有这种行为能力;第二种是实际的行为现实性,如斧头实际砍伐了东西。相对于身体而言,灵魂意味着身体的能力(faculty),如同视力对于眼睛。② 就是说,灵魂是潜能及其现实相统一的能力。这是目的论的灵魂,因为灵魂是为了不同的生命功能发挥作用而存在的基本能力,灵魂的每一方面都体现灵魂作用的特别功能。比如,感知的灵魂的功能是感知功能,并具有其感知客体。灵魂的个体性原则意味着灵魂的差异原则,这与灵魂的形式原则强调灵魂的共相不同。

泛灵论的实质在于,试图寻求生命的共相或形式——灵魂。不过,虚无缥缈的灵魂过于抽象,不能从经验的角度予以确证。从某种意义上讲,灵魂的个体性原则正是为了弥补这种不足,是试图使灵魂具体化的一种努力。亚里士多德始料不及的是,体现差异的个体性原则不可能根源于形式,这就意味着它可能根源于质料。换言之,灵魂的个体性原则早已潜藏了以质料为圭臬的机械论的种子。如果说机械论是泛灵论个体性原则的深化,泛灵论则是机械论发端的可能契机。从这个意义上讲,机械论其实是亚里士多德个体性原则的进一步深化。

---

① Mariska Leunissen. Explanation and Teleology in Aristotle's Science of Nature. Cambridge: Cambridge University Press, 2010: 49 - 51.

② Anthony Kenny. A New History of Western Philosophy: Vol. I. Oxford: Oxford University Press, 2004: 242 - 243.

(二) 笛卡儿的机械论

笛卡儿是主张机械论生命观的经典哲学家。17世纪以来，笛卡儿、培根（Francis Bacon）、霍布斯、拉美特利等机械论者否定了亚里士多德式的形式原则的生命观念，试图从实证经验的角度即亚里士多德所说的质料的角度考察生命的本质。在笛卡儿等机械论者看来，排除形式后，余下的便是质料或外延本身。外延是几何学的客体，是纯粹的机械的构成。因此，质料原则是机械论生命观的基本理念。

在亚里士多德那里，具有因果关系的机械世界是从最为重要的目的因抽象而来的。笛卡儿认为知识是实践的、有用的，亚里士多德的终极目的因仅仅告诉我们显而易见的机械论的原因根据，即使终极目的因是真的，它对提升我们控制自然的能力和现实的实际行为依然毫无用处。笛卡儿用机械论诠释包括人的身体在内的所有生命存在，阐明有机体的运行机制。这反过来对我们掌握有机体行为有用，或者甚至可能"构建类似的有机体"①。人造生命正是把这一观念变成了现实。

具体而言，机械论的生命概念认为，所有生命功能只能是机械主义的，活的身体本身就是一架比人工制造物更为精密复杂的机器，它不需要灵魂之类的抽象理论原则解释其功能。与亚里士多德的灵魂和身体不可分离的观点相反，笛卡儿主张灵魂和肉体是相互独立的：灵魂可以没有肉体而独立存在，反之亦然。笛卡儿论证说，我可以假装没有身体，但不可以假装我完全不存在。相反，我思考对其他真理的怀疑，就确证着我自身的存在。如果我停止思考，我就没理由相信自己存在。因此，我是一个本质上寓居于思想中的实体（substance），为了存在，不需要任何地方，不依赖任何质料性的东西（material thing）。"因此这个'我'（'I'），也就是是我所是的灵魂（the Soul），和身体全然相异，却比身体更易于知晓；即使身体不复存在，灵魂亦将不会受丝毫影响。"这就是著名的"我思故我

---

① Etienne Gilson. From Aristotle to Darwin and Back Again: A Journey in Final Causality, Species, and Evolution. John Lyon, tran. Indiana: University of Notre Dame Press, 1984: 17.

在（I am thinking therefore I exist）"的哲学命题。① 此论意味着灵魂和肉体的关系并非密不可分，此灵魂依然是形式——这和亚里士多德是一致的。

值得注意的是，通常认为机械论不是目的论。实际上，笛卡儿的机械论依然是目的论。他并没有否定动物认知中的认知目标（cognitive goal），也没有否定动物胎儿发展成特别物种的目标：骆驼的胎儿发展成骆驼，马的胎儿发展成马，等等。不过，胎儿发展成特定的物种的根据并非其自身的内在因素——既非（骆驼、马等的）胎儿的身体质料不同，亦非（骆驼、马等的）胎儿的灵魂或精神不同，而是外在因素。这个外在因素是什么呢？笛卡儿秉持奥古斯丁的观点，认为它就是上帝，上帝是唯一的终极因（final cause）。在笛卡儿看来，我并非完美的存在，但必定有我和所有其他存在所依赖的完美的存在，那就是上帝。上帝创造了理性的灵魂，并把理性的灵魂和人这个机器结合起来。② 完美的上帝这个终极目的因是自然界的所有规律和理性灵魂的根源，也是机械论的最终归宿。至此，笛卡儿似乎又回到了亚里士多德的目的因即灵魂的形式原则。我们知道，亚里士多德把目的因、动力因归结为形式因，也就是说，目的因其实是形式因的一种。是故，笛卡儿由质料因走向了形式因（上帝）——他在认同亚里士多德的灵魂形式的同时，用上帝取代灵魂作为机械论的目的因。表面看来，机械论的生命概念秉持外延质料原则，开显出和泛灵论的形式原则迥然相异的路径。其实，它正是从亚里士多德的个体性原则生发而来的，最终回归形式也是其内在逻辑的必然。换言之，机械论和泛灵论的理论视域是一致的，二者共同承担着探究生命本质的历史使命，只是致思的重点不同。

如前所述，亚里士多德由灵魂形式原则走向个体性原则（质料原则的变形）；笛卡儿的机械论从质料出发，最终走向质料的终极目的，回到了亚

---

① René Descartes. A Discourse on the Method of Correctly Conducting One's Reason and Seeking Truth in the Sciences. Ian Maclean, tran. Oxford: Oxford University Press, 2006: 29.

② René Descartes. The World and Other Writings. Stephen Gaukroger, tran. Cambridge: Cambridge University Press, 2004: 119.

里士多德的形式原则。显然，笛卡儿的上帝只不过是亚里士多德的灵魂（形式）的别名而已。在质料和形式之间，机械论和泛灵论各执一端，却又不自觉地相互贯通。和亚里士多德不同的是，笛卡儿所说的上帝是外因（可称之为"外在目的论"），亚里士多德所说的灵魂则是内因（可称之为"内在目的论"）。在机械论这里，质料（身体）和形式（灵魂）的矛盾不但没有解决，反而带来了新的问题：质料和形式的对立、身体和灵魂的完全分离、外在目的（上帝）和内在目的（灵魂）的尖锐对立。如何解决形式原则与质料原则的冲突以及上帝、灵魂与身体之间的关系，是有机体论的哲学使命。

（三）康德的有机体论

康德是有机体论的经典作家。他在批判泛灵论和机械论的基础上，综合质料和形式，改造灵魂与上帝，建构了影响深远的有机体论的生命学说。

其一，批判泛灵论和机械论。康德肯定笛卡儿式的质料原则的重要意义，批判亚里士多德式的泛灵论是一种纯粹形式的、和质料的客观目的完全不同的分析的目的论（analytic of teleological judgment）。[1] 同时，康德又肯定了亚里士多德式的形式原则和内在目的论的价值，认为笛卡儿式的机械论把外在的客观目的作为物理客体的可能性法则，是一种后果的质料决定论的判断，这种"决定论的判断不拥有任何自身法则能够为客体概念奠定基础"[2]。它仅仅追求经验的完全听命于偶然性的质料原则。比如，如果仅仅从自然后果来看鸟的身体结构：中空的骨骼结构、翅膀尾巴的位置等，都是极其偶然的，不能称之为原因，即不能看作目的。康德说："这就意味着，仅仅用机械论来审视自然，自然可以呈现出成千上万的各种不同方式，却不能精准地把自己呈现为奠定在法则基础上的一个统一体，就是说，它只是外在的自然概念，而非内在的自然概念。"[3] 康德汲

---

[1] Immanuel Kant. Critique of Judgment. James Creed Meredith, tran. Oxford: Oxford University Press, 2007: 190-212.

[2] Immanuel Kant. Critique of Judgment. James Creed Meredith, tran. Oxford: Oxford University Press, 2007: 213.

[3] Immanuel Kant. Critique of Judgment. James Creed Meredith, tran. Oxford: Oxford University Press, 2007: 188.

取了亚氏的目的因思想，主张在诠释一种看作自然目的的事物时，机械论法则必须听命于目的论法则。①

在康德看来，泛灵论和机械论的身体学说和灵魂学说总体而言都是经验的，这是二者在质料与形式以及上帝、灵魂与身体诸方面相互冲突的根源所在。② 康德的有机体论正是围绕解决这两大问题具体展开的。

其二，综合质料与形式。笛卡儿把机械性作为人的机器学说（manmachine）和动物机器学说（animalmachine）的共同基础。机械性表明，机器的每一部分都是其他部分的工具（或质料），而非其根据（或目的、形式）。康德并不否定笛卡儿关于器官工具性机械性的作用，但是主张机械论法则应当听命于内在目的论法则。亚里士多德的内在目的论主张生命自身的运动结果符合一种目的——作为形式原则的灵魂。他认为生命"既是通过自我营养而生长，也是通过自我营养而衰老"③。此一观念具备了生命是有机体思想的雏形，也表明纯形式的泛灵论其实是奠定在质料（身体的自我营养）基础上的。

康德综合质料和形式，把生命存在等同于有机体（organism），强调组织化（organization）的生命概念，提出了器官互为目的、互为工具的有机体论。他认为自然目的性（natural purposiveness）是有组织的存在（organized being），即有生命的存在，因为它能够自我组织、自我维持、自我修复、自我生成。自然产物的每一部分，都通过所有其他部分而存在，都为了其他部分和整体而存在，即作为工具（器官）而存在。一个器官（organ）引发所有其他部分，每一部分之间相互产生引发。因此，有组织的存在就是任何部分都既是其他部分的工具（或质料），又是其产生的原因、根据（或目的、形式）。④ 只有这样，也正因如此，这样的一个

---

① Immanuel Kant. Critique of Judgment. James Creed Meredith, tran. Oxford: Oxford University Press, 2007: 246.

② Immanuel Kant. Critique of Pure Reason. Paul Guyer, Allen W. Wood, trans. Cambridge: Cambridge University Press, 1998: 432.

③ Ronald Polansky. Aristotle's De Anima. Cambridge: Cambridge University Press, 2007: 171.

④ Immanuel Kant. Critique of Judgment. James Creed Meredith, tran. Oxford: Oxford University Press, 2007: 200-212.

产物作为有组织的和自我组织的存在能够成为自然的目的（a natural purpose）。有机体既是机械论的形式目的，又是泛灵论内在目的论在机械论质料支撑下的深化和具体化，因而成为机械论（质料）和泛灵论（形式）的先天综合判断得以可能的根据。

现在，康德要解决的问题是，作为形式的内在目的（灵魂）和外在目的（上帝）的具体关系，以及二者（形式）和身体（质料）的具体关系。

其三，改造灵魂与上帝。康德认为，机械论和泛灵论的矛盾总根源在于，试图在现象界寻求身体的根据（灵魂、上帝），试图在物自体领域寻求灵魂、上帝的寓所（身体），即把三者混同于一个领域。为此，康德严格区分了现象界和物自体领域：有机体（主要是身体）属于现象界，灵魂和上帝（以及自由意志）属于和现象界全然不同的物自体领域，灵魂、上帝与身体具有严格的界限，各自独立，不可相互混淆——这是康德对笛卡儿的身体、灵魂在经验领域内相互独立的观点的批判改造。

同时，康德又批判改造了亚里士多德经验领域内灵魂身体一体观的思想。在康德这里，灵魂不朽（the Immortality of the Soul）、上帝存有（the Existence of God）和自由意志是物自体领域的三大悬设，前两者的终极目的都归于自由意志。上帝和灵魂是道德得以可能的保障，道德则是上帝和灵魂的目的。道德目的的主体是遵循自由规律的人。人是有理性的有机体（有限的理性存在者）：其形式是道德规律，其质料则是遵循自然规律的生物有机体（身体），其自然目的和自由目的通过目的论判断力来审视，似乎应当以自由目的为终极目的。① 就是说，康德用自由意志即纯粹实践理性取代了灵魂和上帝的至高地位：自由意志通过对不纯粹实践理性（即任性）的批判影响控制身体及其行为而有限地实践自由规律（即道德规律），试图牵强笨拙地把身体和自由意志联系起来。② 这和他的物自体与现象截然对立的理论前提是矛盾的，只能是一种"似乎""好像"的联结，并无真正的说服力，极易受到质疑否定。

---

① Immanuel Kant. Critique of Practical Reason. Werner S. Pluhar, tran. Indianapolis: Hackett Publishing Company, Inc., 2002: 155-184.

② Immanuel Kant. Critique of Pure Reason. Paul Guyer, Allen W. Wood, trans. Cambridge: Cambridge University Press, 1998: 415-432.

值得肯定的是，康德把经验领域笛卡儿的上帝和亚里士多德的灵魂划归物自体领域，并用自由意志取代了泛灵论的灵魂（内在目的）和机械论的上帝（外在目的）而成为内在道德目的论的终极因，借此把人和自由意志从灵魂和上帝那里解放出来，凸显了人（有理性的有机体）的主体地位，使自由意志成为生命的终极目的，为理解把握生命的价值目的奠定了理论基础。问题是，灵魂、上帝、自由意志和身体之间以及道德目的和身体欲望之间不可逾越的界限与经验直觉相反，不能也不可能得到强有力的现实根据和经验科学的印证。这是机械论和泛灵论的矛盾在有机体论中的集中体现，也是整个古典生命目的论无法消解的致命缺陷。亚里士多德、笛卡儿、康德的生命目的论正是因缺乏经验的实证根据，为当今的科学生命观对古典生命目的论的质疑乃至否定提供了借口。虽然当今科学生命论对古典生命目的论的全然否定过于武断（如前所论），却并非毫无根据。尽管如此，古典生命目的论和科学生命论依然为思考生命，尤其是思考人造生命这种具有明显目的性的生命提供了致思方向。

三、生命之重生

如果说生命目的论所探求的灵魂、上帝、自由意志等生命目的缺少强有力的实证证据，科学生命观则囿于自然科学的经验实证藩篱，完全抛弃或有意无意地忽视了生命的目的和价值。人造生命否定并超越了科学生命观和古典生命目的论的生命观念，为生命的浴火重生和伦理学危机的反思提供了契机。

其一，人造生命对生命目的论的超越。

事实上，康德作为古典生命目的论集大成者，其有机体观念突破了机械论的藩篱，并深刻地影响了 19 世纪和部分 20 世纪的生物学家。一批现代生物学家秉承康德生命概念的精义，把活的存在（living being）和有机体等同起来。[1] 柏林洪堡大学的韦博（Andreas Weber）和弗瑞拉（Francisco J. Varela）等人认为，康德在《判断力批判》中把自组织

---

[1] Jean Gayon. Defining Life: Synthesis and Conclusions. Origins of Life and Evolution of Biospheres, 2010, 40 (2): 231-244.

(self-organization) 这一术语引入了生物学理论。此观点在新康德主义尤其在盎格鲁-撒克逊传统中是一种强劲的还原主义（reductionism，生命目的论的另一称号），它允许讨论有机体似乎（as if）拥有目的，同时又以严格的机械论实际地看待有机体。这种解读在今天产生了巨大影响，乃至把康德推向还原目的论生物学家之父的宝座。① 这种思想直接预制了合成生物学家们的科研致思方向。

在合成生物科学领域，文特尔以及一批正在成长的年轻学者如汤姆（Tom Knight）、德鲁（Drew Endy）、杰伊（Jay Keasling）和乔治（George Church）等把古典生命目的论建立在科学实验的基础上，致力于研究白手起家（from scratch）地设计和建构人造生物系统，试图以人造生命的科研成就为科学目的论提供强有力的证据。文特尔解释其研究目的时说："我们正在从阅读基因密码转向到写作基因密码。"② 首例人造生命"辛西娅"的成功，标志着写作基因密码的初步实现。它以无可辩驳的实证性科学成就把生命目的论的抽象理念转化为活生生的具体生命存在，弥补了古典生命论形而上的玄想的缺憾。文特尔及其研究所创造的合成生命主要由两部分构成：一部分是合成的自然存在的生命图谱染色体，这一基因组被植入活体细胞；另一部分则依赖活体生物的原动力。这种细胞不仅为植入的基因组提供了细胞膜的保护，还提供了细胞质的支持（包括许多细胞器，如线粒体、网状体、高尔基复合体等的支持）。文特尔称它是第一个以计算机为父母的生命。就是说，生命在还原一个基础性的单元的过程中，人类能够以一种添加的方式建造成复杂有机体。据此观点，一块精良的生命之砖（a well-defined "brick of life"）就足以从简单的活体实体建造成更加复杂精密的有机体，或者至少开始了一个类似于进化的过程，它最终进入由自然生命和人造生命共同构成的生命世界。文特尔说："第一个综合基因（染色）体组，即一个自然器官的剥离版，仅仅是个开端。

---

① Andreas Weber, Francisco J. Varela. Life After Kant: Natural Purposes and the Autopoietic Foundations of Biological Individuality. Phenomenology and the Cognitive Sciences, 2002, 1 (2): 97-125.

② Henk van den Belt. Playing God in Frankenstein's Footsteps: Synthetic Biology and the Meaning of Life. Nanoethics, 2009, 3 (3): 257-268.

我现在想更上一层楼。……我计划向世人展示，我们通过创造出真正的人造生命，去读懂生命软件（the software of life）。以这种方式，我想发现破译密码后的生命是不是一种可以读懂的生命。"① 无论文特尔的这种未来构想能否实现，人造生命的过程已经用实证的科学成就确证了生命目的，使生命目的论在人造生命领域内获得了实证科学的支撑，超越并推进了古典生命目的论，这也意味着对（否定生命目的论的）科学生命观的超越。

其二，人造生命对科学生命观的超越。

科学生命观立足科学实证的基本思路，也是人造生命不可或缺的基本思路。问题是，科学生命论囿于自然生命的事实性描述，遮蔽了生命目的论的深刻思考，致使人造生命这种具有明显目的性的生命形式在它这里完全丧失了立足之地。

其实，科学生命论追问生命的内涵，意味着理解把握乃至创造生命，其本身就是目的明确的思想和行为。科学生命论的思考和行为本身就是有其目的的，即自然科学是终极目的和最高价值。不过，相对于生命而言，自然科学只不过是为生命（主要是人）服务的工具理性（它具有工具价值），其终极目的是生命（主要是人）。在所有生命中，人是一种真正意义上的目的性存在，用克瑞斯（Roger Crisp）的话说："我们是寻求目的的存在者（goal-seeking beings）。"② 自我意识与认知能力是生命自我认知的基本条件。生命探究是人类精神装备的自由部分，人类更多地在于通过学习各种技术设置和科学知识使认识生命的能力极为精密和不断拓展。是故，与其说生命是自然科学的目的，不如说人是自然科学的目的。这正是生命目的论的立足点，也是人造生命的思想价值基础。

人造生命（与合成生物学）的观念植根于伦理学和科学传统之中。生命目的论表明，理性只能洞悉自己根据自己的谋划而产生出的东西。这一

---

① Shailly Anand, et al. A New Life in a Bacterium through Synthetic Genome: A Successful Venture by Craig Venter. Indian Journal of Microbiology, 2010, 50 (2): 125-131.

② Roger Crisp. Hedonism Reconsidered. Philosophy and Phenomenological Research, 2006, 73 (3): 638.

思想深刻地影响着科学观念，用维科（Giambattisto Vico）的话说，真的和做的（the true and the made）是可以转变的。① 此观念表明，在知道和制作（knowing and making）之间，在理解客体和创造或再组合客体之间具有极其密切的联系。用著名物理学家费曼（Richard Feynman）的话说："我不能理解我不能创造的东西。"② 费曼的名言用信息术语可以转变为冯·诺伊曼（John von Neumann）的座右铭："如果你不能计算它，你就不能理解他。"③ 这些规则在19世纪的有机合成化学得到印证说明。合成化学是当今合成生物学的历史先驱，合成生物学采用合成化学的方法路径，并运用现代信息技术资源追求这种路径。合成生物学家的工作如同软件设计者一样，新的生命形式可以通过写出以四个DNA核苷酸组成的一组编码的程序设计出来。合成生物学家致力于依靠路径生产出适合人的目的的生命机器或完全人造的有机体。合成生物学的目标远远超出了传统的生物技术，其目的在于创造或设计出新的生命形式，继之完成一种人的"建筑"（a human "architecture"）或方案，创造出根基上全新的事物。人造生命的设计和创造成就把生命目的变为可以在实验室实验操作的科学程序和生命过程（这正是科学生命观的理念），把科学生命观固有但却被遮蔽的目的实证性地展示出来，以科学的事实彻底否定和超越了科学生命观的狭隘视域。

值得注意的是，古典生命目的论和科学生命论所讨论的生命是自然生命，因此二者同属自然生命论。人造生命的出世冲破了自然生命论的藩篱——这既意味着古典生命目的论的终结，也造就了当代科学生命论的末路——自然生命观范畴的"生命死了"。"生命死了"不仅仅是自然生命论的涅槃而亡，其更深刻的含义是新生命观的浴火重生。就是说，新生命观是在人造生命超越科学生命观和古典生命目的论的基础上，涵纳人造生命

---

① Henk van den Belt. Playing God in Frankenstein's Footsteps: Synthetic Biology and the Meaning of Life. Nanoethics, 2009, 3（3）: 257-268.

② Henk van den Belt. Playing God in Frankenstein's Footsteps: Synthetic Biology and the Meaning of Life. Nanoethics, 2009, 3（3）: 257-268.

③ Henk van den Belt. Playing God in Frankenstein's Footsteps: Synthetic Biology and the Meaning of Life. Nanoethics, 2009, 3（3）: 257-268.

和自然生命于一体的生命理念。

其三，新生命观。

生命是一个复杂的进化过程的自然产物。自然经过无生命到自然生命、从无意识的自然生命到有意识乃至有理性的自然生命（人）的演化进程，为人造生命奠定了基础。或者说，自然具有创造出人造生命的潜质。

其实，生命目的论和科学生命论都是人类试图知道生命的探究典范和论证方式。二者既是人类创造性的理论体现，也是自然生命通向人造生命的桥梁，即自然生命创造出人造生命潜质的理论体现。作为人类，"我们活在一种双重存在之中：我们部分地以身体为中心（如同其他动物一样），但是由于我们具有反思自我以及世界、交往、艺术品等的能力，我们又诡异地居于我们之外，我们本身是一种不可逃逸的创造者，我们一直处在创造的途中"[1]。人是知道生命的生命，是体现着自然的创造性本质的生命。人的创造性一旦用于创造生命，并创造出生命——人造生命，也就肇始了自然生命和人造生命并存的全新境遇。

人造生命不仅是人的有意识创造的本质体现，而且是自然的创造性本质的彰显。或者说，自然通过自然生命中的人把其创造人造生命的潜质变为现实。创造性不但是自然生命和人造生命的本质，而且是自然的内在本质。美国麻省理工学院丘奇（George Church）教授说，"我们似乎被自然'设计'成为好的（善的）设计者，但是我们并非在做那种设计（以及微进化）不允许我们可做之事"，包括生物工程在内的各种工程的创造性"正是其自然（本质）"[2]。人既是自然生命，又是具有创造性的生命，同时又是能够且已经创造了人造生命的生命。是故，贝尔特（Henk van den Belt）说："人的创造，包括合成生命形式，将会被看作自然的、可以接受的。"[3] 创造是生命活力、生命本质的内核，是生命存在的根据和自然

---

[1] Michel Anderson, Susan Leigh Anderson. Machine Ethics. Cambridge: Cambridge University Press, 2011: 133.

[2] Henk van den Belt. Playing God in Frankenstein's Footsteps: Synthetic Biology and the Meaning of Life. Nanoethics, 2009, 3 (3): 257-268.

[3] Henk van den Belt. Playing God in Frankenstein's Footsteps: Synthetic Biology and the Meaning of Life. Nanoethics, 2009, 3 (3): 257-268.

的本质。就是说，自然的本质是创造，创造是本真的自然。就此而论，新生命观是自然通过人这个具有创造性的自然生命创造出人造生命，借此确证自己的创造性本质的生命理念。新生命观的实质是：人创造，故人存在；生命创造，故生命存在；自然创造，故自然存在。因此，创造，故存在，或存在，即创造。存在不是依赖外在权威（上帝、权力或自然生命）而存在，而是生命自身的创造或自然的本真所在。这就深刻地触及了哲学的本体内核——存在问题。

既然人造生命本身蕴含在自然生命之中，自然生命通过人把其潜质变为现实（标志性事件是人造细胞"辛西娅"的诞生），这也就意味着：(1) 此前没有完成此创造性使命（人造生命）的上帝、人和生命的终结或退场（上帝、人、生命不创造，故不存在。上帝权威的丧失、人文科学的人的权威的丧失、旧生命观的失效的本质在于，创造性的枯竭即哲学根基的枯竭）。这就是上帝死了、人死了、生命死了的真正含义，它同时也预示着新生命观的出场（生命创造，故生命存在）和新哲学基础"存在即创造"。就此而论，所谓"上帝死了""人死了"乃至"生命死了"等，只是从自然人的视域做出的论断，并没有也不可能从人造生命的全新视域诠释出其真意。(2) 人造生命作为一种不同于自然生命的人工生命，意味着自然生命观被赋予了新的元素（人造生命）而获得了新的意义：它既把生命目的论的哲学玄想变成了实在的经验的可以重复操作的实验室作品，为古典生命目的论注入了实证性要素，又为科学自然生命观注入了目的论要素。(3) 浴火重生后的生命是涵纳人造生命和自然生命于一体的生命理念，是人造生命和自然生命共同构成的生命系统。自此，生命不仅仅是孤零零的自然生命，也不仅仅是人造生命，更是自然生命和人造生命相依并存的生命。形而上的孤立的自然生命和古典生命目的论的死，换来的是自然生命和人造生命并存的新生命观的浴火重生。生命经此磨砺获得新的创造活力而重新活了过来。创造赋予生命以存在，存在因其创造而具有生命。

四、何种生命伦理危机

新生命观的出现彰显出这场惊天的生命伦理危机之实质，生命伦理危机的实质是创造性的危机或祛弱权的危机。面对前所未遇的人造生命，人类的经验、智慧、伦理、法律、习俗等立刻捉襟见肘，哲学与科学的焦虑、疑问、惶恐乃至抵制等接踵而至。或者说，人类的脆弱性暴露无遗。这种反应的深刻内涵集中体现为人造生命带来的深刻的伦理危机：人造生命导致"生命死了"，是否意味着生命伦理学或伦理学死了？

生命的浴火重生，意味着对"生命死了"的问题的否定以及伦理学危机后的伦理学命运，它是伦理学、生命与死生之间内在关系所具有的创造性本质的历史长卷在当今视域的壮阔展示。其一，它具有自古希腊以来的深厚悠远的伦理学根基。如果说"上帝死了""人死了"只是"生命死了"的序幕，"生命死了"则深刻全面地彰显出一以贯之的伦理学主题——从伦理学是训练死亡的学问（苏格拉底之死、柏拉图）到"上帝之死"（黑格尔、尼采等）、"人之死"（福柯等），从亚里士多德追求的恢宏慷慨气魄的最高幸福（沉思），到康德人为自然立法、人为人自身立法，再到海德格尔的向死而生等——这些深邃浩瀚的哲人玄思，展示的是绵延不绝的关乎死生的智慧历程。这一历程蕴含着伦理学深刻的创造性的自由本质：伦理学是通过训练死亡而展示其生命活力的无穷智慧，是死而求生、生而思死的对生命价值意义的上下求索。其二，这场哲学危机和哲学本身同样都植根于生命存在的本质之中。表面看来，生命与死似乎是绝对对立的。究其本质，生命实际上包括生和死两大基本要素，死恰好是生命的要素，只要有死的要素，生命就没有死，生命就依然活着，就依然具有创造力，反之亦然。"生命死了"的真正含义是生命并没有死，生命的本质是有死的、向死而生（海德格尔语）的、具有创造力的、生死相依的自由存在。其三，生命的本质就是伦理学的本质，生命的死生所具有的创造力决定着伦理学的生死创造力，伦理学的生死深刻地反思生命的死生的价值和意义。回首白骨累累的伦理学战场（黑格尔语），每一次旧伦理学的死亡都意味着新伦理学的重生和再造：这只是因为伦理学是扎根生命、直面死生、向死而生的自由之学。是故，从上帝之死、人之死、到生命之死的伦理学危机，同时亦是伦理学否定自我、化解危机，进而浴"火"（赫拉克利特意义上的逻各斯之火）重生的创造性的逻辑环节和历史进程。

可见，直面死生、反思生死只是伦理学的现象或外在形态，它体现的是伦理学的有目的的创造性本质。"上帝死了""人死了""生命死了"只是旧伦理学直面新问题的创造力不足乃至枯竭的描述性表达，其深刻的伦理学意义是新伦理学的创造性契机。

如果说"上帝死了""人死了""生命死了"是在道说着"伦理学不是什么"（伦理学不是依赖和凭借他者的权威的他律实践），新生命观则道说着"伦理学是什么"（伦理学是自由的自律的创造性实践）。因此，伦理学是不依赖外在权威的自身具有创造性的自由，是自然的创造性本质的自由。由此观之，在摧枯拉朽般的伦理学进程中，新的意义的生命（综合了自然与人工的生命）是在超越原生命观的基础上，或者说是在原生命观之死的历程中脱颖而出的哲学曙光。人造生命所引发的"生命死了"不是伦理学的杀手，而是催生伦理学智慧重新焕发青春的浩浩东风。这就预示着一个重大的伦理学转折：人造生命带来的伦理学危机，同时也因新生命观的出世而带来全新的伦理学问题，给伦理学带来了涅槃重生的绝佳契机。伦理学绝不仅仅是傍晚时分才缓缓起飞的猫头鹰（黑格尔语），它更是黎明破晓之时奋翼冲天、遨游死生、探求目的、秉持自由精神的雄鹰。

生命伦理学乃至伦理学涅槃重生的契机首先在于追问人造生命存在的价值和意义。从终极意义上讲，生命包括遵循自然规律的自然生命（natural life）和遵循自由规律的伦理生命（ethical life）两个基本层面。那么，人造生命是否具有伦理生命？这就涉及伦理生命的确证。

第二节　伦理生命

生命和伦理之间的关系问题既是一个重要的科学哲学问题，又是一个重要的道德哲学问题。

自古以来，生命和伦理之间的关系一直是人类孜孜探究的重大问题。这是因为生命和伦理密不可分：伦理是生命对其自身价值的确证，生命是伦理存在的主体根据。如果说生命是伦理的自然存在根据，那么伦理则是生命对其自身价值的确证或者说伦理是生命存在的价值根据。既然如此，人们自然会追问：伦理生命何以可能？如果答案是肯定的，那么何为伦理生命？尽管这两个有关伦理生命的基础问题是无法通过生命科学实验加以解决的，但是古典生命目的论对伦理和生命内在关系的深刻思考，业已开启了探究伦理生命的大门。

如果确证了伦理生命，从伦理生命的视角思考人造生命，也就可以把握人造生命存在的价值和意义。

一、伦理生命何以可能

苏格拉底早就追问生命为何是善的问题，并试图诠释生命和伦理的内在关系。这一致思方向深刻地影响了古典生命目的论。古典生命目的论的三大典范是亚里士多德式的万物有灵魂、笛卡儿式的机械论、康德式的有机体论，它秉持苏格拉底的思路，致力于诠释"伦理生命何以可能"的问题。在古典生命目的论看来，生命并非盲无目的的存在，而是具有明确价值目的的存在。生命的价值目的可能是恶，也可能是善。所以，生命要么是趋恶的，要么是趋善的。问题在于，生命可否以恶为目的？如果答案是否定的，那么生命可否以善为目的？如果答案是肯定的，伦理生命就具有了可能性。

（一）生命可否以恶为目的？

亚里士多德在《论德性与恶习》中，认为恶源自人类灵魂的非正义、不慷慨（小气吝啬）、思想狭隘等，它往往导致仇恨、不平等、贪婪、低贱、不宽容、痛苦和伤害等不良后果。这和生命的终极目的即幸福这个最高善是背道而驰的。[①] 在亚里士多德这里，最大幸福是沉思这种理智德性，恶危害幸福且最终悖逆了理智德性，因而不能成为生命的目的。和亚里士多德不同，笛卡儿认为上帝（而非幸福）是生命的终极目的。恶不仅仅源自理性和理智德性的丧失，更在于放弃了生命实践的道德责任。最伟大的心灵放弃了道德责任，就会"造就最大的恶"[②]。是故，这种偏离正道、悖逆上帝的恶，不能成为生命的价值目的。笛卡儿和亚里士多德的观点非常明确，恶和终极目的（幸福或上帝）——至高的善背道而驰，因而

---

① The Complete Works of Aristotle: Vol. 2. Jonathan Barnes, ed. New Jersey: Princeton University Press, 1984: 1982–1985.

② René Descartes. A Discourse on the Method of Correctly Conducting One's Reason and Seeking Truth in the Sciences. Ian Maclean, tran. Oxford: Oxford University Press, 2006: 5.

不能成为生命的目的。不过,他们的观点主要致力于分析恶的现象,没有深入探究恶的本质。鉴于此,康德并不分析偶然性的恶的现象或行为体现,而是批判性反思恶的人性根源,致力于把握恶的本质。

康德认为,生命的目的并非上帝或幸福,而是人,人之目的是自由或道德法则。人性的根本恶(the radical innate evil in human nature)源自那种选择并决定背离自由的道德法则的恶的自然禀性。它主要包括人性脆弱(the frailty of human nature)、人心不纯(the impurity of human heart)、人心堕落(the depravity of human heart)等三大恶之禀性。人性脆弱就是选择能力在遵循道德法则时的主观的消极软弱性。人心不纯是指合乎义务的行为并不纯粹是出自义务的,即不是为义务而义务,而是掺杂了义务之外的功利、偏好、快乐等要素。人心堕落或腐败是指选择能力具有使道德动机屈从于非道德动机的禀性。在这种境遇中,即使出现了合乎道德法则的善的行为,它仍然是恶,因为它从道德禀性的根基上败坏了道德。① 康德特别强调说:"值得注意的是,这些恶的禀性(就其行为而言)是植根于人甚至是最好(善)的人之中的。"② 就是说,每一个人和所有人都具有恶之禀性,坏(恶)人、好(善)人乃至最好(善)的人都具有这种恶的禀性。恶之禀性是道德目的的死敌,是对自由法则的戕害,绝不能成为人和生命的目的。

尽管道德恶植根于人性且不可完全根除,某些大恶甚至能够危及人类,但是恶只能横行一时,并非生命之目的。既然恶不能成为生命的目的,那么生命可否以善为目的?

(二)生命可否以善为目的?

古典生命目的论的观点非常明确:恶是善的死敌,善是生命的目的。

---

① Immanuel Kant. Religion within the Boundaries of Mere Reasons and Other Wrings. Allen Wood, George Di Givanni, trans. Cambridge: Cambridge University Press, 1998: 53 - 56.

② Immanuel Kant. Religion within the Boundaries of Mere Reasons and Other Wrings. Allen Wood, George Di Givanni, trans. Cambridge: Cambridge University Press, 1998: 54.

为了阐明此论，亚里士多德明确区分了人和动物的界限，主张善（主要指德性和幸福）乃人独有的目的即善是知识、行为追求的目的。德性是个体行为和社会的目的，幸福（happiness, eudaimonia）是生命的终极目的（the ultimate end in life）。在《论德性与恶习》中，亚里士多德专门讨论了源自灵魂的善如正义（justice）、慷慨（liberality）和宽宏（magnanimity）等值得称道的德性。① 在此基础上，亚里士多德主张理论理性高于实践理性，认为幸福的最好标准是理智德性，理智德性范畴的沉思（contemplation）则是最大的幸福。② 至此，亚里士多德已经合乎逻辑地走向了伦理目的——理智德性。不过，理智德性注重沉思和认知，相对弱化了实际道德行为的选择、判断和具体实践智慧，笛卡儿试图弥补这个不足。

在笛卡儿这里，人与动物之间依然存在着不可逾越的鸿沟（这一点和亚里士多德是一致的）。笛卡儿说："当我审视在这样的身体中发生的功能时，我才确切地发现那些我们未曾反思的发生在我们身体上的事，因此没有来自我们灵魂的贡献。就是说，我们的灵魂部分不同于身体部分，其本性（如我所说过的）仅仅是思考（think）。或许可以说，这些只不过是缺乏理性的动物和我们类似的一些功能。但是我却发现这种依赖思考的功能没有一种仅仅属于我们人类。不过，一旦假定上帝创造了理性灵魂并依我所说的方式把灵魂赋予身体，就会发现这些功能仅仅属于我们人类。"③ 笛卡儿认可亚里士多德所注重的理性，主张唯一能够使人与动物相区别的是上帝赋予人类的理性和善感，因此人的精神生命（mental life）是最终提供道德责任可能性的联合统一体。不过，笛卡儿并不同意亚里士多德关于理智德性是最高善的目的的观点。他明确地批判说："仅仅拥有善的心灵（good mind）是不够的，最为重要的是正确地应用它。最伟大的心灵能够做出最大的恶也能够做出最大的善。那些行动极慢却能够总是沿着正

---

① The Complete Works of Aristotle: Vol. 2. Jonathan Barnes, ed. New Jersey: Princeton University Press, 1984: 1982-1985.

② Jon Miller. Nicomachean Ethics: A Critical Guide. Cambridge: Cambridge University Press, 2011: 47-65.

③ Stephen Gaukroger. Descartes' System of Natural Philosophy. Cambridge: Cambridge University Press, 2002: 216.

当的道路行走的人比那些行动迅捷却偏离正道的人走得更远。"① 笛卡儿试图借用上帝这一神圣的道德权威，强调道德实践的重要性和实际行为的重要价值。这既是对亚里士多德把理智德性置于实践德性之上观念的颠倒，也为康德深刻论证实践理性高于理论理性提供了经验性的理论资源。

德性是生命的目的（亚里士多德）以及上帝是生命的目的、实践理性（道德）高于理论理性（笛卡儿）的思想，为道德目的论的进一步发展奠定了重要的理论基础。显然，在实践理性高于理论理性的前提下，如果德性摆脱（亚里士多德式的）灵魂和（笛卡儿式的）上帝的羁绊，成为生命的根本目的，道德目的论也就水到渠成了——这正是康德有机体论的伟大使命。康德认为，泛灵论、机械论的幸福或上帝不是终极目的，因为"终极目的就是不需要其他任何目的作为可能条件的目的"②。人的自由（freedom）——超越于任何感官的能力——是无条件的目的，因此是此世界的最高目的（the highest end）。换言之，假定把自然看作一个目的论体系，"人生来就是自然的终极目的"③。康德据此颠倒了上帝、灵魂和道德自由的地位，把道德法则和自由意志作为上帝和灵魂的目的，上帝和灵魂则成为道德得以可能的保障。或者说，生命的内在终极目的是道德法则和自由意志，灵魂和上帝则从属于道德法则和自由意志。康德借此把亚里士多德、笛卡儿的道德观念深化为实践理性高于理论理性，生命的终极目的是（道德或伦理的）善——这就是其道德目的论。康德明确地说："道德目的论，或伦理目的论，将会试图推断源自自然中的理性存在者的道德目的的原因和属性——一种可以先天知道的目的。"④ 在此基础上，康德明确提出德福一致的至善目的。康德的独特贡献就在于，把人和自由意志从亚里士多德的灵魂、笛卡儿的上帝那里解放出来，使道德和自由意志成为

---

① René Descartes. A Discourse On the Method of Correctly Conducting One's Reason and Seeking Truth in the Sciences. Ian Maclean, tran. Oxford: Oxford University Press, 2006: 5.

② Immanuel Kant. Critique of Judgment. James Creed Meredith, tran. Oxford: Oxford University Press, 2007: 263.

③ Immanuel Kant. Critique of Judgment. James Creed Meredith, tran. Oxford: Oxford University Press, 2007: 259.

④ Immanuel Kant. Critique of Judgment. James Creed Meredith, tran. Oxford: Oxford University Press, 2007: 263.

生命的本质，凸显了人的道德主体地位。道德目的论历经磨砺，在康德哲学这里终于脱颖而出，赫然屹立于哲学和生命目的论的殿堂之上。至此，古典生命目的论有力地论证了生命应当以善为目的，它所孕育的伦理生命的雏形业已清晰可辨。

人是生命中能够反思生命、认识生命的生命（至少就目前所知的生命范围而言，这是事实）。一般而论，人们首先反思人之外的其他生命，这意味着对人的生命的间接反思，因为人也是生命的一种，具有和其他生命共有的目的（如前所论的灵魂、质料、有机体等）。除追问人和其他生命的共相外，更深刻的则在于反思人自身的殊相，即人独有的区别于其他生命的本质内涵，追问人的独特的存在目的。是故，对生命的间接反思最终会直接指向人自身所独有的理性和自由意志，追问人存在的价值意义和目的。生命的目的和价值是人赋予的。就此而论，生命的目的也就是人的目的。可见，对生命的追问和反思是一种目的性的探究而非盲目的狂想，没有目的的追问是毫无价值的。这就是古典目的论至今依然深刻地影响着生命观念和伦理思想的内在原因。

二、何为伦理生命

其实，古典生命目的论已经阐明了伦理生命得以可能的两大理据：一是否定性理据，即恶的本质决定了恶不可能成为生命目的；二是肯定性理据，即善的本质决定了生命应当以善为目的。那么，何为伦理生命呢？伦理生命是一种自觉选择的以求善为目的的生命。它既是祛恶之生命，又是求善之生命。需要说明的是，这里所说的善是广义的善（包括幸福、正当、责任等），并非通常所讲的狭义的善（主要指"幸福"）。

（一）伦理生命是祛恶之生命

赛耶尔（Andrew Sayer）说："伦理生命是一种难以获得一致认识的重要对象，且总是面临危险，因而对我们而言是规范性的生命。"[①] 伦理

---

① Andrew Sayer. Why Things Matter to People: Social Science, Values and Ethical Life. Cambridge: Cambridge University Press, 2011: 145.

生命面临的危险就是恶。一般而言，恶是悖逆理性和自由意志、不负责任的任性，是践踏尊严和权利的负面价值，主要指危害个人或人类的言行及其产生的后果，如奸邪、犯罪、欺凌、伤害、痛苦、污秽下流、恶毒、危险、灾祸、失败、厄运等。因此，恶是对善的危害，祛恶是伦理生命的存在基础。

善（good）、恶（evil）冲突有三种基本方式，相应地，祛恶有三个基本规则（为简洁起见，以下以G表示善，以E表示恶）。(1) 两善（G_1，G_2）冲突。设若$G_1 > G_2$，则选择G_1。如果说两善冲突取其大即选择G_1为积极善（positive good），那么两善冲突取其小即选择G_2是一种消极善（negative good）。尽管消极善（G_2）的后果和积极善（G_1）都是善，但是其动机具有恶的趋向，其后果是对善的减轻，因而也是一种恶，应当祛除之。(2) 善（G）恶（E）冲突，显而易见，选择善，拒斥恶。(3) 两恶（E_1，E_2）冲突是最难以抉择的。如果不进行选择，听任两恶并行，则为放弃善之责任的大恶。如果选择，无论选择E_1或E_2都是恶。这种必然出现恶的境遇，已经超出了道德边界，不可能出现传统伦理理论所追求的道德标准。德性论、功利论、义务论和权利论都将无能为力，因为它们的选择都是善。比较而言，E_1、E_2并行之恶，甚于二者择一之恶。是故，后者是恶的减轻，二恶择一是明智的。设若$E_1 = E_2$，则只能凭道德直觉当机立断，二者择一。设若$E_1 > E_2$，则选择E_2。相对于两恶并存或两恶取重而言，两恶取一、两恶相权取其轻（lesser of evils）是消极恶，两恶并存或两恶取重则是根本恶（积极恶）。虽然消极恶（E_2）的后果和根本恶（E_1）都是恶，但是其动机具有善的趋向，其后果是对恶的减轻，对伦理生命的伤害是一种减弱。或许这就是亚里士多德早就主张恶中取其最小的伦理选择规则的原因。① 特别需要注意的是，根本恶（radical evil）是对伦理生命的致命威胁。康德从形上层面研究了根本恶的理据，阿多诺（Theodor Adorno）把根本恶规定为社会性恶，其中种族灭绝之恶（the evil of genocide）是典型的根本恶。种族灭绝植根于如下信念："'异类'

---

① Aristotle. The Nicomachean Ethics. David Ross, tran. Oxford: Oxford University Press, 2009: 36.

(other group) 对同类的个人、社会和国家利益构成威胁，乃至需要以一种果断的、粗暴的方式予以解决。异类是内在令人厌恶的、不可同化的，不仅仅要使其作为一个被抛弃的异类处在一个遥不可及的地方，而且要名副其实地予以彻底毁灭。"① 根本恶"已经导致了如同真正地狱般的东西"②。因此，根本恶是要绝对弃绝的恶。

不可忽视的是，通常意义上的恶是自由选择的必须承担相应责任的恶（即康德说的道德恶）。此外，还有另一种恶，它是一种非自由选择的不必或不能承担相应责任的恶。如果前者称为内在恶（internal evil），后者则可称为外在恶（external evil）。外在恶常常源自自然界的破坏性力量给人类带来的灾难、苦难等负价值性存在如地震、火山、飓风、龙卷风、洪水等自然灾难，还包括给人类带来或可能带来危害的生物或生命，如毒蛇、鲨鱼、凶猛食肉动物甚至虫子、病毒、瘟疫等。究其实质，外在恶的实体本身属于事实范畴，并非价值载体。如果它们对人类没有造成任何影响和后果，也就无所谓善恶。之所以称之为外在恶，只是由于它们对人类或人类伦理所观照的客体造成了危害或可能造成危害而被赋予恶的负面价值。尽管如此，外在恶毕竟是对生命的戕害和摧残，是对善的践踏和危害。而且，外在恶会诱发内在恶，为内在恶的衍生提供机遇和条件（如枪为枪击案提供了条件、核武器为核辐射提供了机遇）。伦理生命虽然无法完全控制外在恶，但应当尽力躲避或减少外在恶。灾难预防机制、自然科学、医疗卫生、法律制度等都是伦理生命对抗外在恶的坚强举措和实践路径。虽然祛恶之生命是消极性善，但它是求善之生命的前提和基础。

（二）伦理生命是求善之生命

求善之生命是在祛恶的基础上，融自由、理性、自律、至善于一体的实践智慧之生命。或者说，它是以自由为基点，以理性、自律的伦理实践为基本路径，以追求幸福德性一致的至善为最高目的的价值性存在。

---

① Calvin O. Schrag. Otherness and the Problem of Evil: How does That Which Is Other Become Evil? . International Journal of Philosophy and Religion, 2006, 60 (1): 149-156.

② Theodor Adorno. Metaphysics: Concept and Problems. Edmund Jephcott, tran. Cambridge: Polity Press, 2001: 105.

亚里士多德在《尼各马可伦理学》的开篇就说："善乃万物所求之目的。"① 以善为目的的生命即伦理生命。用黑格尔的话说，伦理生命的实体是善，其本质则是自由，"伦理生命是作为活着的善的自由理念，这种善在自我意识中具有其知识和意志，并通过自我意识的行为而成就其现实性。类似地，正是在伦理存在中，自我意识具有其发动作用的目的和自在自为的基础。因此，伦理生命是自由的概念，自由的概念是已经成为实存世界和自我意识的本质"②。其实，自由不仅是抽象的理念，而且是具体境遇中理性（rationality）的生命谋划和自律（autonomy）的实践智慧。在罗尔斯看来，理性的生命谋划有两大基本法则："（1）当其生命谋划运用于所有境遇的相应部分时，是一种合理性选择原则的谋划，以及（2）在此境遇中的谋划将会是他完全深思熟虑的理性选择，就是说，是对相关事实了如指掌、对其后果详细斟酌之后的谋划。"③ 在理性判断、选择和谋划的基础上，自律的实践智慧体现为遵循道德法则，严格审慎地控制欲望和提升德性，不断地积累善、提升善，促进德性和幸福一致的至善。诚如明尼苏达州立大学哲学系教授切科勒（Mark Chekola）所言，"理性和自律存在之处，作为拥有理性和自律之人的目的是善的，因而它们应当和幸福一起作为善之生命的构成部分"④。善之生命谋求并实践德性和幸福一致的至善的基本规则是：首先，理性、自律地谋求最大幸福；其次，如果不能谋求最大幸福，即必须放弃某些幸福的情况下，则放弃最小幸福；最后，谋求最大幸福的底线是不得造成恶的后果。这里需要注意的是，边沁、密尔的古典功利主义谋求最大多数人的最大幸福，其问题在于：为了这个目的可能去伤害少数人的幸福进而产生恶果。对于善之生命而言，只有在不给每一个人造成伤害的前提下，谋求每一个人的最大幸福才是善

---

① Aristotle. The Nicomachean Ethics. David Ross, tran. Oxford: Oxford University Press, 2009: 3.
② G. W. F. Hegel. Elements of the Philosophy of Right. H. B. Nisbet, tran. Cambridge: Cambridge University Press, 1991: 189.
③ John Rawls. A Theory of Justice. Cambridge, Mass.: Harvard University Press, 1971: 408.
④ Mark Chekola. Happiness, Rationality, Autonomy and the Good Life. Journal of Happiness Studies, 2007, 8 (1): 51-78.

的。如果说"不伤害每一个人"是德性的底线规则,"谋求每一个人的最大幸福"则是德性和幸福的鹄的。这种把德性和幸福融为一体的正当地求善的实践智慧,就是德福一致的至善,也是伦理生命的内在价值。在这个意义上,德沃金说:"善之生命存在于一种灵巧娴熟、炉火纯青的生存之道的内在价值之中。"① 不过,伦理生命也不可忽视其外在价值。

既然伦理生命是求善的生命,善的价值观念就特别值得重视。为此,英国兰卡斯特大学教授赛耶尔强调道:"我们是伦理的存在,其意义不仅是说我们必然总是伦理地行动,而且是说在我们生成的过程中,我们要根据一些什么是善或什么是可以接受的观念来评价行为。"② 如前所论,通常意义上的善是自由选择的必须承担相应责任的善(包括至善),这是伦理生命自身所求的内在善即道德善(内在价值)。不过,还有另外一种善:它是伦理生命赋予的并非自由选择的不必或不能承担相应责任的善——外在善(外在价值)。外在善主要是自然界所具有的保护性力量或可供人类与其他动植物生成发展的优良资源。青山、绿水、阳光、空气、矿物、果实、森林等是这类善的常见形态。外在善本身是无目的的自然事实,只是由于它们对人类或人类所关照的客体带来了实际的利益和好处,才被赋予善的正面价值。既然外在善是由内在善的伦理生命赋予和决定的具有伦理价值的存在,其获得和失去也就依赖于内在善。如麻雀在"除四害"的时代,是四害之一,而今却是保护对象,即获得了善的认可,具有了外在善的价值。农药曾经作为杀死害虫、增产丰收的有效手段被大力使用(外在善),而今却因其有害健康、污染环境而丧失了外在善的价值。相对于内在善,外在善是第二位的。内在善是自由意志的产物和本质体现,是外在善的根据,它常常体现为包容、互惠、共存、和平、友善、公正等对生命的良性价值和实践意义。虽然如此,外在善为内在善提供了存在、发展和提升的境遇和条件。因此,伦理生命要理性自律地综合外在善和内在善

---

① R. Dworkin. Foundations of Liberal Equality//S. Darwall. Equal Freedom: Selected Tanner Lectures on Human Freedom. Ann Arbor: University of Michigan Press, 1999: 190 - 306.

② Andrew Sayer. Why Things Matter to People: Social Science, Values and Ethical Life. Cambridge: Cambridge University Press, 2011: 143.

以更好地实现德福一致的至善。

根本上讲，生命包括遵循自然规律的自然生命（natural life）和遵循自由规律的伦理生命（ethical life）两个基本层面。在这个意义上，伦理生命是相对于自然生命而言的自由生命。从自然生命到伦理生命（自由生命）是生命自身的质的变化和提升。自然生命应当但未必具有伦理生命。伦理生命必定具备自然生命，因为伦理生命是在自然生命的基础上对生命目的和价值的深刻肯定和具体实践。就是说，伦理生命是祛除内在恶和外在恶，追求内在善和外在善的自由存在。相对于自然生命而言，伦理生命既确证了生命的存在意义，又提升了生命的价值品位。

从伦理生命的视角思考生命，生命就具有了存在的价值和意义，人造生命也同样具有存在的价值和意义。凭直觉而言，人造生命是具有伦理生命的生命。或许这是因为，人造生命是肇始后生命伦理学的可能契机。

第三节　后生命伦理

生而脆弱却又孜孜追求祛弱权的人类一直试图干预甚至计划自然生命的孕育和生产过程，乃至不能遏制自己充当造物主（上帝）的内在冲动。这就必然出现祛弱权的极端性困境——人造生命的伦理困境。

众所周知，1978年7月25日，人类历史上第一个试管婴儿路易斯·布朗在英国一家医院诞生。就其象征意义而言，这是人类繁殖的技术革命。如拜尔茨所说：这是"一个迄今一直在人体的黑暗中发生的过程，不但被带到了实验室的光明之中，而且还被置于技术控制之下，它就超越了通常意义上的技术进步。同时，它又只不过是一次发展的开端；在这一发展之中，人的整个繁殖过程的每一步骤，都将会被一个接一个地从技术上加以掌握"[1]。生殖工程同时带来了诸多生命伦理问题。

---

[1] 库尔特·拜尔茨. 基因伦理学. 马怀琪，译. 北京：华夏出版社，2001：1.

21世纪，人造生命的重大突破，既给生命伦理学带来了深刻危机，也给生命伦理学带来了涅槃重生的可能契机。或许，这是祛弱权摆脱其终极性困境的可能出路。如前所述，2010年5月20日，美国《科学》杂志报道了以文特尔为首的科研小组在合成生物学领域取得的重大成就：创造出由人造基因控制的细胞——"辛西娅"。[①] 人造细胞的成功标志着人造生命技术从基因组到细胞的突破性进展，预示着人造生命由可能性转向现实性，同时也向实践理性领域的当下生命伦理学及当下伦理学发起了强劲的挑战。

如果说当下生命伦理学及当下伦理学是奠定在自然生成的研究对象基础上的"自然"伦理学，那么奠定在人工建造的研究对象（人造生命）基础上的"人工"伦理学则可以暂时命名为后生命伦理学或后伦理学。在祛弱权视域下，后生命伦理学或后伦理学可能有望在突破有机和无机、人工和自然、必然和自由等界限的基础上，突破生命伦理学及伦理学的藩篱，为伦理学注入全新的要素和价值观念，担负起催生新型生命伦理学或新型伦理学的历史使命。

当下伦理学以自然物或自然人为研究对象，人造生命引发的生命伦理问题则渴求把人造生命也作为伦理学的研究对象。这就对当下伦理学的研究领域和基本格局（理论伦理学、应用伦理学）构成全面冲击之势，很有可能催生出一种把人造生命作为研究对象的后生命伦理学或后伦理学——在没有深入探究此领域之前，姑且这么称谓。设若如此，人造生命就有望成为后生命伦理学或后伦理学发端的可能契机。问题在于：人造生命是否有资格成为后生命伦理学乃至后伦理学发端的可能契机？此问题可以分解为两个层面：人造生命可否成为后生命伦理的研究领地？如果答案是肯定的，那么，人造生命如何成为后生命伦理发端的可能契机？

一、后生命伦理领地

人造生命可否成为后生命伦理的研究领地呢？人造生命（artificial

[①] D. Gibson, J. Glass, C. Lartigue, et al. Creation of a Bacterial Cell Controlled by a Chemically Synthesized Genome. Science，2010，329 (5987)：52-56.

life)引发了生命安全、生命保护和生物恐怖主义等诸多挑战当下伦理观念的全新问题。如何应对之，是生命伦理研究不可推卸的历史使命。早在1994年，丹尼特（Daniel Dennett）就思考了此类问题。他明确断言："在直面人造生命之时，哲学家有两种途径可供选择：要么把人造生命看作一种研究哲学的全新途径，要么仅仅把它当作运用当下哲学方法予以关注的新的研究对象。"[①] 与此相应，研究人造生命带来的伦理问题也有两种基本路径可供选择：一是纳入当下伦理学范畴，运用当下伦理学的思路方法研究相关伦理问题；二是超越当下伦理路径，以一种全新的思路研究相关伦理问题。如此一来，选择何种路径就成为研究人造生命带来的伦理问题的首要任务。需要特别说明的是，这里并不讨论人造生命方面的纯粹自然科学和技术问题，而是以此为讨论前提，因为伦理学不必也不应该等到科技的完全成熟发展及其带来的伦理问题充分暴露时再去讨论，必须也应该以深刻的伦理反思走在科技发展的前面。这样才能彰显伦理学的价值判断和实践引领功能，避免常常出现的伦理学研究落后于科学研究的消极被动局面。

值得肯定的是，人造生命有望给现代社会带来全新水准的舒适便利。但是，"这项技术也潜在地具有各种相关的风险和危害，因为其主要目的关涉到对生命有机体的控制、设计和合成"[②]。结果，人造生命改变并模糊了物体和信息、生命和非生命、自然进化物和人工设计物、有机和无机、创造者和被造物之间的界限。对此，生命伦理学家凯斯（Leon Kass）说："所有的自然界限都是可以争论的。一方面是我们人类自身的界限、人和动物的界限，另一方面是人和超人或上帝的界限、生命和死亡的界限。在21世纪的诸多问题中，没有什么比这更重要的了。"[③] 质言之，人类自己设计并合成生命的理念肇始了一种全新的生命概念和革命化的生

[①] John P. Sullins. Ethics and Artificial Life: From Modeling to Moral Agents. Ethics and Information Technology, 2005, 7 (3): 139-148.

[②] M. Schmidt, et al. Synthetic Biology: The Technoscience and Its Societal Consequences. London, New York: Springer, 2009: 65-79.

[③] Henk van den Belt. Playing God in Frankenstein's Footsteps: Synthetic Biology and the Meaning of Life. Nanoethics, 2009, 3 (3): 257-268.

物技术，同时也提出了当下伦理学始料未及的全新伦理问题。这些问题强劲地撼动着当下伦理学的藩篱。当下伦理学大致经历了理论伦理学、应用伦理学的基本演进历程，其研究对象从根本上讲都是自然产物（包括自然生命）。和当下伦理学奠定在自然产物的基础上迥然相异，人造生命带来的伦理问题奠定在人造产物（主要是人造生命）的基础上。这些问题远远超出了当下伦理学的视域，对当下伦理学所秉持的一些深层价值和道德直觉以及诸多根深蒂固的伦理区分和划界产生了猛烈的冲击，严重威胁着当下伦理学的基本理念和基本格局。因此，不可停滞在当下伦理学的框架内，仅仅把人造生命简单地看作运用当下伦理方法研究的一种新对象。相反，应当把人造生命看作一种研究伦理学的全新途径——后伦理学。或许，后伦理学有望在突破有机和无机、人工和自然、必然和自由等界限的基础上，突破理论伦理学和应用伦理学的藩篱，为伦理学研究注入全新的要素和价值观念，担负起催生新型伦理学的历史使命。

虽然当下伦理学与后伦理学的界限（自然生命与人造生命的界限）从总体上看好像十分明晰，然而，不可忽视的是，达尔文主义伦理学、基因伦理学、神学伦理学都曾对当下伦理学产生了极大的冲击和影响，也都和人造生命的伦理问题密切关联且极为相似，极易带来模糊不清的理论问题。是故，厘清它们和人造生命带来的伦理问题之间的本质区别，是后生命伦理学得以可能的必要前提。

其一，人造生命与达尔文主义伦理学的本质区别。达尔文在其《自传》中把自己的伦理思想概括为，上帝和来世绝不可信，生活的唯一规则在于"追随最强烈的或最好的冲动或本能"[1]。这是达尔文主义伦理学的基本观点。19世纪末20世纪初，海克尔（Ernst Haeckel）、布赫（Ludwig Büchne）、卡尔内里（Bartholomus von Carneri）等一批达尔文主义者的观点虽然各有不同，但"他们都认同，包括伦理在内的人类社会及其行为的各个方面都可以用自然进程加以解释。他们否定任何神圣干预的可能性，蔑视身心二元论，拒斥自由意志而偏爱绝对决定主义。对他们而言，自然的每一种特征——包括人的精神、社会和道德——都可以用自然的因

---

[1] Charles Darwin. Autobiography. New York: Norton, 1969: 94.

果关系来解释。所以，任何事物都必定遵循自然法则"①。奠定在生物进化论基础上的达尔文主义伦理思想诠释了自然与自由的表面联系，却轻率地抹杀了二者的本质区别，即以自然本能取代自由规律，试图构建一种以自然进化为基础的生物进化论伦理学。达尔文主义伦理学虽然强烈冲击了当时盛行的自由平等博爱等价值观念，但是并没有也不可能超越当下伦理学，因为它探讨的依然是自然产物范围内的伦理问题。与自然进化的伦理观念不同，人造生命引发的后生命伦理问题以人工创造设计的人造生命为研究对象。诚如斯密特（M. Schmidt）所说："合成生物学家不但想要生命有机体适合人的目的，他们还致力于生产出生命机器或完全人造的有机体。因此，由合成生物学导致的生命世界的技术化扩展将会更加广阔、更加彻底、更加系统化。人的创造进入了一个全新的领域，生命和非生命之间的差异变得更加模糊不明。专家们认为，这种科学特性使合成生物学成为一种不同于当下生物技术的全新学科，也同样提出了全新的伦理挑战。"② 如果说生物进化论否定上帝和自由，主张生命是自然演化的自然作品的话，那么人造生命则肯定人自身在某种程度上类似上帝而具备了创造生命的能力和自由，主张生命也可以是人工设计的人工产品。就是说，人造生命是人这个创造者的被创造者，由此带来和达尔文主义进化论伦理学截然不同的后生命伦理话题。

其二，人造生命与基因伦理学的本质区别。基因伦理学是达尔文主义生物进化论伦理学的深化和拓展。如果说达尔文主义生物进化论伦理学以外在的自然进化现象为理论基础的话，基因伦理学则以内在自然机理的基因图谱为理论基础。出于对基因问题的严肃思考，英国著名科学家道金斯在《自私的基因》一书的前言中说："我们是生存机器——一种被盲目地输入了程序以便保存为称作基因的自我分子的机器人载体。这是一个依然令我震撼惊异的真理。"③ 这个真理虽然比进化论所揭示的伦理存在更加

---

[1] Richard Weikart. From Darwin to Hitler: Evolutionary Ethics, Eugenics, and Racismin Germany. New York: Palgrave Macmillan, 2004: 13.

[2] M. Schmidt, et al. Synthetic Biology: The Technoscience and Its Societal Consequences. London, New York: Springer, 2009: 65 - 79.

[3] Richard Dawkins. The Selfish Gene. Oxford: Oxford University Press, 1989: XXI.

深刻，但是它研究的依然是奠定在自然人基础上的当下伦理问题。其实，即使被生殖技术或基因工程干涉的有机体也依然是自然产物，因为从某种程度上讲，其整个身体和新陈代谢依然是源自进化的自然目的的结果。众所周知，人类基因组计划（Human Genome Project）自2000年4—6月完成后，生命科学进入"后基因组时代"。相应地，人造生命带来的伦理问题并非基因伦理问题而是"后基因组时代"的伦理问题，即属于后伦理问题。原因主要在于，人造生命或人造有机体和道金斯所看到的自然机器人载体有本质区别：它是合成生物学家有目的地自觉地设计出来的科学产品或人造有机体。在生物学从生物分类基础学科向信息基础学科转变的途中，"（合成）生物学家梦想着造就控制生命的机器，如同工程师控制计算机芯片的设备配置一样"①。合成生物学是一种编码（the code name），它运用细胞设备，从现存有机体的修修补补的改变，到白手起家（from scratch）式的设计生命。可以说，生物科学家文特尔等人合成的最小染色体组作为支撑复制有机体的最小基因单元，回应了古典笛卡儿式的理性还原主义者模型观念。换言之，在生命还原为一个基础性的单元的过程中，人们能够以一种添加的方式建造起一种综合的复杂有机体。据此观点，一块精良的"生命之砖"（a well-defined "brick of life"）就足以从简单的活体实体建造成更加复杂精密的生命有机体，或者至少开始了一个类似于进化的过程。② 显然，人造生命引发的并非基因伦理问题，而是后生命伦理问题。

特别需要提及的是，基因伦理学是生命伦理学的前沿课题之一。目前生命伦理学的研究对象也是自然物，属于当下伦理学的应用伦理学领域。从某种意义上讲，人造生命带来的伦理问题可以作为生命伦理学的全新话题。据此，或许可以谨慎地把生命伦理学大致分为两部分：研究自然生命的生命伦理学和研究人造生命的生命伦理学，后者和前者具有本质的区别。不过，这种区别绝不仅仅是生命伦理学领域自身的变革，更是关涉整

---

① P. McEuen, C. Dekker. Synthesizing the Future. ACS Chemical Biology, 2008, 3(1): 10-12.

② Mihai Nadin. Anticipation and the Artificial: Aesthetics, Ethics, and Synthetic Life. AI & Soc, 2010, 5(1): 103-118.

个伦理学转向的全新话题：由自然生命的伦理思考转向人造生命的伦理革命。人造生命的伦理意义不仅仅是生命伦理学自身的自我超越，更是当下伦理学超越自身，进而转向后伦理学的可能契机。

其三，人造生命与神学伦理学的本质区别。达尔文主义伦理学、基因伦理学都是世俗伦理学，涉及的是自然和伦理关系的思考。与此不同，神学伦理学试图思考万物的神圣创造者（通常指上帝或神）和被创造者之间的伦理关系。正因如此，人造生命不可避免地遭到神学伦理学的质疑和反对：人是否在充当上帝或取代上帝而成为造物主？神学伦理学视域的创造者—被创造者与人造生命视域的创造者—被创造者之间的区别，决定着二者的本质差异。

关于人造生命问题，文特尔说："第一个综合基因（染色）体组，即一个自然器官的剥离版，仅仅是个开端。我现在想更上一层楼。……我计划向世人展示，我们通过创造出真正的人造生命，去读懂生命软件（the software of life）。以这种方式，我想发现破译密码后的生命是不是一种可以读懂的生命。"[1] 世界首例人造生命"辛西娅"的成功，标志着"写作"基因密码的初步实现。用文特尔的话说："我们正在从阅读基因密码转向写作基因密码。"文特尔把此合成生命称为第一个以计算机为父母的生命。[2] 这就是人造生命视域的创造者—被创造者之间的关系的深刻体现。不过，文特尔等合成生物学家无论是读懂理解生命，还是创造设计生命，本质上只能读懂理解或创造设计生理生命，而非伦理生命。一旦生理生命进入伦理生命的领域，即进入自由生命的领地，就不可能再被完全读懂理解乃至创造设计，因为伦理生命是自由的存在者，它不在生理规律和自然规律的控制之下，而是自由规律的承载主体。换言之，人造生命只能创造遵循自然规律的生理生命，而遵循自由规律的伦理生命并非创造设计者（合成生物学家）所能预料或控制的。在某种程度上，如同上帝创造了人并赋予人以自由意志，但是却不能控制人的自由意志一样，合成生物学家

---

[1] Shailly Anand, et al. A New Life in a Bacterium Through Synthetic Genome: A Successful Venture by Craig Venter. Indian Journal of Microbiology, 2010, 50 (2): 125 - 131.

[2] Henk van den Belt. Playing God in Frankenstein's Footsteps: Synthetic Biology and the Meaning of Life. Nanoethics, 2009, 3 (3): 257 - 268.

同样不具备这种控制能力。和传统的自然机器或工程设计不同,一旦有目的地设计创造出来的人造生命脱离设计者而独立存在,其生命历程就有可能背离设计者或创造者的原初目的,甚至和该目的背道而驰,形成一种类似亚当夏娃悖逆上帝式的"新原罪"(New Sin)。这种"新原罪"还会导致一系列前所未遇的、不可控制的、不可预测的新兴的未知伦理问题。不过,"新原罪"和"原罪"不同,后者是自然人和虚拟的或神圣的创造者之间的伦理关系,前者是人造人和现实的世俗的创造者之间的伦理关系。这就把人造生命带来的后伦理问题和宗教伦理问题严格区分开来。可见,人造生命对当下伦理学的冲击,不同于神学伦理学对世俗伦理带来的伦理问题。

总体上看,包括达尔文主义伦理学、基因伦理学、神学伦理学在内的当下伦理学与后伦理学的本质区别在于:当下伦理学的研究对象是自然产物引发的伦理问题,后伦理学的研究对象是人造生命可能引发的一系列后伦理问题。从这个意义上讲,人造生命有资格成为后伦理学的可能研究领地。那么,人造生命如何成为后伦理学发端的契机?

二、后伦理学契机

人造生命可能引发的后伦理问题,主要包括身体伦理问题、优生伦理问题、自然生态伦理问题、国际正义问题、人性尊严和人权问题、伦理责任问题等六大层面。反思和研究这些问题的伦理使命有望使人造生命成为后伦理学发端的可能契机。

(一)人造生命引发的身体伦理问题

人造生命技术和 DNA 的重新合成技术能够合成治病药物或身体器官等,这是一个关涉人类自身福祉和健康权益的身体伦理问题。合成生物学有目的、有针对性地设计生产出来的治病药物或人造器官如人造细胞、人造血液、人造子宫、人造心脏等将比传统的医疗技术更加具有目的性,更加富有成效。可以说,"'辛西娅'的创造在生命技术领域是一个里程碑,其在药物中的应用将能够拯救生命和增强健康"[1]。以器官移植的药物排

---

[1] Shailly Anand, et al. A New Life in a Bacterium Through Synthetic Genome: A Successful Venture by Craig Venter. Indian Journal of Microbiology, 2010, 50 (2): 125-131.

斥问题为例：在当下医疗领域，它依然是一个不能甚至根本无望解决的生命和医学难题。如果合成生物学合成一个和原有器官的构造机能大致相同的器官，就可能解决这个难题，给生命和医疗带来前所未有的成效乃至奇迹。同时，它还有望解决器官供给和需求之间的尖锐矛盾，避免不必要的人身伤害，甚至可能根本杜绝器官买卖的恶行。然而，人造生命技术一旦被误用或恶用，因人造生命具有自我复制、自我生成的能力，将会导致伤害身体健康的致命危害甚至毁灭生命。这种风险高不可估，甚至可能带来比没有自我复制能力的原子弹更加可怕的灾难后果，由此可能引发前所未有的身体伦理问题。不过，这些问题与目前业已在欧美兴起的身体伦理学（ethics of the body）的研究对象不同，因为当下的身体伦理学研究的依然是自然生成的生命的身体伦理问题。① 思考人造生命引发的身体伦理问题必须秉持后伦理的有力论证。

（二）人造生命引发的优生伦理问题

从理论上讲，生物合成的人类胚胎干细胞也可以用在生殖技术方面。一旦如此，必然导致人类优生的极端形式，这可能比从几个自然胚胎中选择优秀胚胎引发更严重的新的优生伦理问题。自柏拉图到基因工程以来涉及的优生对象都是自然生命，与这种传统优生范式不同，合成生物学带来的哺乳动物的细胞合成与优生对象则是人造生命。如今，"为生命技术开辟革命性路径的合成生物学业已形成，它是一种具有开创性和高度发展前景的科学与工程的综合，其目的在于建构出奇妙的实体和重新设计存在着的个体"②。在人造生命这里，优生成了一种人工设计、控制、规划的有目的的实践活动，自然淘汰、适者生存的优生法则受到史无前例的冲击。问题是，人工优生的合法性正当性何以可能？人工优生的后果如何预测和控制？谁来承担人工优生可能带来的灾难性后果（如新的种族歧视乃至种族灭绝之类的大灾难等）？更为麻烦的是，人工优生的人造人可否生育后

---

① Margrit Shildrick, Roxanne Mykitiuk. Ethics of the Body. Cambridge, Massachusetts, London, England: The MIT Press, 2005.

② Shailly Anand, et al. A New Life in a Bacterium Through Synthetic Genome: A Successful Venture by Craig Venter. Indian Journal of Microbiology, 2010, 50 (2): 125-131.

代，如果不能，为什么？如果能，人造人生育的后代既是自然人又是人造人，是一种自然和人的综合性存在者——他们将会引发更加错综复杂的伦理问题：人造人和自然人是否具有同等道德地位？人造人的后代和自然人的后代是否具有同等道德地位？人工优生的人造人和自然人发生冲突时，是否适用同样的伦理和法律规则？人造生命可能带来的诸如此类的优生伦理问题迫切需要实践理性的关切。

（三）人造生命引发的自然生态伦理问题

合成生物学家的一个特别目标和伦理使命是，合成微生物并运用这些合成微生物治理污染区域或降低环境污染，以便改善人类生存环境，解决目前运用自然物不能或难以解决的环境问题，为人类带来不可估量的环境福音。不可忽视的是，为了治理环境污染，需要把合成微生物释放进自然环境之中。合成微生物不同于合成化学物，因为它或许会自我繁殖自我复制并发生进化。这就潜在地具有如下危险：合成微生物相互配合、持之以恒地影响甚至取代自然内生的物种，某些自然物种或许会因此而逐渐衰弱乃至消亡。生物多样性的前景将因此变得模糊不明，环境治理的后果将因此更加诡异难测。我们并不清楚，在何种程度上，应当使自然处在此风险中以及我们是否有权力运用这种直接方式干扰生态系统，我们也很难对风险和益处进行确定性评估。[①] 令人担忧的是，这只是合成微生物的善用带来的潜在威胁。不可否认，如同电脑黑客一样，某些人可能无意误用甚至故意恶用合成微生物，即把合成微生物用于污染环境、干扰生态系统、削弱乃至取代自然内生物种，直接威胁物种多样性和生态环境平衡。这就极有可能导致生态系统的严重破坏和加速某些濒危珍稀物种的灭绝，给人类带来不可预料的祸患。这种威胁比人类当下的自然污染更加危险叵测，更加难以控制，甚至具有完全失控的可能性。与善用相比，避免人造生命的误用或恶用将是一个极其艰巨的历史使命，也是当下应用伦理学尤其是生态伦理学未曾深度观照的后伦理问题。

---

① M. Schmidt, et al. Synthetic Biology: The Technoscience and Its Societal Consequences. London, New York: Springer, 2009: 65-79.

(四) 人造生命引发的国际正义问题

目前合成生物学区域发展的巨大差异和国际社会共享其成果诉求之间的尖锐矛盾极有可能促发新一轮的全球正义问题。生命有机体形式的合成生物产品可望比化学合成品更有成效，这种运用在发展中国家尤为重要。合成生物产品可以取代发展中国家运用传统方法生产的低效率的同类或相似产品。遗憾的是，合成生物学的发展需要高投入的生命科技设置和高新科学知识与技术训练。迄今为止，这些科技知识和产品都集中在富有发达国家，贫穷发展中国家很难具备生产合成生物产品的各种条件和科学资源。如不改变这种现状，"或许合成生物学的作用仅仅在于强化贫穷国家对富有国家的依赖"①。合成生物学领域关涉人造生命问题的科技知识和科技产品将会严重加大发达工业国家和发展中国家之间的经济和设施的差距。这将促发不同国家之间的新的贫富悬殊——人造生命资源的贫富悬殊，由此引发前所未有的国际正义问题。罗尔斯说得好，"正义否认为了其他人享有更大的善而丧失某些人的自由是正当的。……在一个公平的社会里，基本自由是理所当然的，正义所保障的权利绝不屈从于政治交易或社会利益的算计"②。就人造生命而言，享有人造生命带来的便利，避免人造生命带来的危害是每个人的基本自由和权利。由于人造生命技术和设置集中在发达富有国家，极有可能导致贫穷国家屈从于政治交易或社会利益算计的国际不公正，并可能危害个人的基本自由和权利，进而肇始一种新的人性尊严和国际人权问题。

(五) 人造生命引发的人性尊严和人权问题

2005年10月19日，联合国教科文组织成员国全票通过的《世界生物伦理和人权宣言》的首要原则即总第3条"人的尊严和人权"规定："1. 应充分尊重人的尊严、人权和基本自由；2. 个人的利益和福祉高于单纯的科

---

① M. Schmidt, et al. Synthetic Biology: The Technoscience and Its Societal Consequences. London, New York: Springer, 2009: 65-79.

② John Rawls. A Theory of Justice. Cambridge, Mass.: Harvard University Press, 1971: 28.

学利益或社会利益。"人造生命（尤其是人造人）技术使自然人的尊严遭受到空前的危机：自然生命的神圣性和神秘性在合成生物学面前荡然无存（需要说明的是，这是以人造人技术的成熟为前提的，尽管目前技术还没有真正达到这一点，但是这并不妨碍我们思考这个问题）。这涉及人性尊严的根本问题：人造人是不是人？如果人造人不是人，人造人就会被贬低为一种非人的物种而不配享有人的尊严。由此而来的不可回避的问题是：人造人不是人的命题何以可能？其正当性根据何在？如果承认人造人是人，他就应当配享人的尊严。但是，人造人是被自然人（合成生物学家）设计和创造而成的产品，其尊严和自然人的尊严必定有着重大差异。由此而来的不可回避的质疑是：与自然人的尊严相比，人造人的尊严是何种尊严？其根据何在？

更为严重的是，这些尊严问题直接威胁到作为自然权利的人权理念。人权作为一种人人生而具有的自然权利，其普遍性伦理规则的地位在人造生命这里遇到了颠覆性的冲击。因为人造生命中的人造人，并非自然人，很难具有自然权利的人权资格。如果不承认人造人是人，就可以否定其人权资格。难题在于，其伦理正当性如何可能？如果承认人造人是人，就必须承认人造人具有人的资格，因而应该享有人权。显然，这种人权的正当性合法性并非传统意义的自然权利（natural rights），只能是一种人造权利（artificial rights）。关于自然权利意义的人权，玛哈尼（Jack Mahoney）说："人权能够作为一个普遍性伦理规则，指导所有人在全球化境遇之中的行为。"[①] 与作为自然权利的人权不同，作为人造权利的人权何以可能？这种人权如何作为一个普遍性伦理规则指导所有人在全球化境遇之中的行为？等等，都是传统人权伦理未曾遇到的问题。由此还可能生发一系列必须予以重新反思和诠释的后应用伦理问题：人造权利和自然权利的关系如何？如何处理二者的关系？涵纳自然权利和人造权利的人权理念是否具有普遍性伦理法则的资格？自然权利的义务和人造权利的义务有何关系？与人造权利相应的责任和义务为何？如何履行和保障这些责任和义务？等等。

---

① Jack Mahoney. The Challenge of Human Rights: Origin, Development, and Significance. Malden: Blackwell Publishing Ltd., 2007: 166.

（六）人造生命引发的伦理责任问题

当下伦理学的基本伦理要素包括上帝、自然人和自然物。上帝与自然人和自然物具有本质的区别：上帝是创造者，自然人和自然物是上帝的作品——被创造者。合成生物学家创造生命的活动模糊甚至扼杀了这种区别，他们也因此难免受到"充当上帝角色"（Playing God）的伦理责难。早在1999年，文特尔的研究就已经被报道为实验中的扮演上帝。[①] 为了回应文特尔及其小组申请支原体实验室专利的消息，穆尼（Pat Mooney）于2007年6月明确宣称："上帝第一次遇到了竞争对手。文特尔及其同事们已经毁坏了社会界限，而公众甚至还没有机会争论合成生命所带来的影响深远的社会的、伦理的和环境的（暗含的）可能影响。"[②] 如果说神或上帝创造了自然物和自然人的话，创造生命的合成生物科学家则是类似于上帝或神的"神人"，即能够创造出人造生命的人。合成生命技术带来的自然与人工、创造者与被创造者、控制者与被控制者关系的改变和日益复杂化，集中体现为创造生命者和上帝之间的地位问题，以及人造有机体的道德地位和"创造者"对它的责任问题。对此，安娜德（Shailly Anand）等人说："正在创造着的生命是控制其他有机体的最极端的形式，也赋予科学家和社会以一种新的责任和身份地位。"[③] 人们自然会追问：科学家作为创造者，其本身也是被创造者，他有何资格进行创造？如果答案是否定的，根据何在？如果答案是肯定的，创造者是否对其被创造者负有责任？如果创造者不承担责任，这和创造者自身的自由意志是相矛盾的，因为创造者是有目的的自由设计者和理性存在者。质言之，人造生命的创造者既然享有了创造生命的权利，就应该对人造人的行为负责。然而，他是否有能力对此负责？他有何资格或是否可能为自己的创造产品承担责任？他应当承担什么责任？如何追究其责任（尤其在创造者死亡之后）？相应

[①] Henk van den Belt. Playing God in Frankenstein's Footsteps：Synthetic Biologyand the Meaning of Life. Nanoethics，2009，3（3）：257 - 268.

[②] Henk van den Belt. Playing God in Frankenstein's Footsteps：Synthetic Biologyand the Meaning of Life. Nanoethics，2009，3（3）：257 - 268.

[③] Shailly Anand, et al. A New Life in a Bacterium Through Synthetic Genome：A Successful Venture by Craig Venter. Indian Journal of Microbiology，2010，50（2）：125 - 131.

地，被创造者（人造生命）是否应该为自身的行为负责？是否有能力对此负责？如果答案是否定的，根据何在？如果答案是肯定的，人造生命要承担何种责任？如何承担责任？其理据为何？等等。人造生命引发的诸多伦理责任问题聚集成不可逃匿的后伦理难题。

综上所论，如果以人造生命为研究领地、以人造生命带来的诸多伦理问题为研究基础的后生命伦理学是可能的，也就大体上确证了人造生命成为后生命伦理学发端的契机的可能性。之所以这么讲（即"大体上确证"），是因为我们自然会由此推出一个假言命题：如果后生命伦理学可能的话，它应当属于伦理学体系。于是，又一个必须回应的伦理问题出现了：人造生命是否有资格成为伦理学的研究对象并被纳入伦理学体系？如果不回答这个问题，"人造生命是否有资格成为后生命伦理学发端的契机"的问题也就不可能得到彻底解决。

其一，如果答案是否定的，我们将不得不完全否定人造生命带来的上述诸多不可回避的重大伦理问题——这显然是不可能的。其实，人类伦理史已经多次证明，断然否定已经存在和可能存在的事物，只不过是掩耳盗铃般的自欺型武断，不但不能解决任何伦理问题，反而会使该问题更加复杂，乃至陷入进退维谷的尴尬困境，最终又被迫回到该问题上来。是故，直面而不回避上述问题才有可能探求到出路。

其二，如果答案是肯定的，它和当下伦理学是相互矛盾的。当下伦理学的研究对象主要由自然生成的物、自然生成的人和自然生成的上帝构成（上帝在本质上是自然生成的人的作品，就此而论，它也属于自然生成的存在）。与此迥然不同，人造生命无论是人，还是其他生命如动物、微生物等，都是人工设计创造的产品。和当下伦理学视域的上帝是自然创造者（就上帝在本质上是自然生成的人的作品而言，上帝的创造能力是自然人赋予的。在此意义上，上帝是自然创造者）不同，合成生物学家属于人工创造者。是故，人造生命的伦理问题并不属于当下伦理学范畴，也不能纳入当下伦理学体系。

其三，出路何在？虽然人造生命并不属于当下伦理学范畴，也不能纳入当下伦理学体系，但是这并不能否定人造生命成为伦理学研究对象，并被纳入伦理学体系。如果我们不囿于当下伦理学的视域，从后伦理学的角度思考此问题，人造生命所引发的上述诸问题足以确证其自身为伦理学研究对象，并被纳入伦理学体系。不过，与当下伦理学所不同的是，它应当是涵纳人造生命和自然生命于一体的伦理学，即融合当下伦理学和后应用伦理学于一体的伦理学。倘若如此，当下伦理学的藩篱就被撤除了，人造生命也就有望成为后生命伦理学发端的可能契机。

自然生命和人造生命的差异和联系决定着当下伦理问题和人造生命伦理问题的表面对立和内在关联。如果说理论伦理学、应用伦理学是奠定在自然生成的研究对象基础上的"自然"伦理学（natural ethics），后生命伦理学和后伦理学则是奠定在人工建造的研究对象基础上的"人工"伦理学（artificial ethics）。鉴于此，似乎可以把伦理学的发展轨迹简洁地归结为当下伦理学（理论伦理学、应用伦理学）与后伦理学的自由实践历程。

目前，尽管后伦理学方兴未艾，但人造生命带来的全新的伦理问题和伦理路径却是当下伦理学无法应对的。这种前所未有的伦理领地或许是当下伦理学突破自身瓶颈，迈向新型伦理学体系的前提。或者说，后伦理学的使命是，在重新反思当下伦理学的基础上，以一种全新的视角，研究自然生命（以及自然物）和人造生命的内在关系，确证（或否证）人造生命的道德地位、思考人造生命和自然生命（以及自然物）的道德关系。需要说明的是，我们无意标新立异地建构所谓后伦理学体系，而是把相关的后伦理问题提出来，以期抛砖引玉。好像可以预言：后伦理学的话题将是一个艰辛辩驳、歧见纷呈的论争领地。

至此，祛弱权伦理彻底跨出自然生命伦理之藩篱，进入到新的理论形态。一个更为广阔、更为深刻的伦理领域即将如朝阳一般显现在人类面前。或许，那就是后伦理学的领地，也是祛弱权伦理的新领域。

第三部分　目的篇

祛弱权伦理的目的是历史、个体、制度诸层面的目的系统。

（1）祛弱权之发展论研究人类生生不息之历史目的。发展是关乎人类命运的大事，它直接关涉每个人，间接涉及人类赖以生存的地球乃至宇宙。如果说脆弱性是发展的必要性规定，坚韧性是发展的可能性规定，那么祛弱权则是发展的伦理价值根据。祛弱权伦理的最终目的是在维系祛弱权价值基准的基础上，促进人类的繁荣发展。

（2）祛弱权之德性论研究发展之个体目的。祛弱权德性论就是以祛弱权为价值基准的德性论。祛弱权伦理并不排斥或否定德性论，而是要求把握德性论和祛弱权的内在关系。其目的是个体德性的尊严和价值。

（3）祛弱权之正义论研究发展之制度目的。正义是人类追寻的善的目的之一。正义的价值基准是祛弱权，而不是弱肉强食的丛林法则。这一本质精神体现在人类追寻正义的行为和力量之中。

祛弱权伦理的目的是追求人类自由精神的彰显，这也是祛弱权伦理学的本质所在。

第九章　祛弱权之发展论

一般而论，发展好像仅仅"是一个政治伦理概念"①。其实，发展是关乎人类命运的大事，它直接关涉每个人，间接涉及人类赖以生存的地球乃至宇宙。当且仅当关乎人类命运的重重矛盾凸显之时，发展问题才可能真正进入人类历史的议事日程。或许正因如此，发展问题全面深刻地进入人类的视域，只不过是近几十年间的事情。②如果说脆弱性是发展的必要性规定，坚韧性是发展的可能性规定，那么祛弱权则是发展的伦理价值根据。祛弱权伦理的最终目的是在维系祛弱权价值基准的前提下，切实促进人类的繁荣发展，这是祛弱权之发展论的历史目的。

几十年来，发展问题的争论日益激烈。迄今为止，可持续发展业已成为国际共识。不过，"在当今迅速变化的世界中，并没有一个实现可持续发展的简单方法"③。更为关键的是，可持续发展既要直面神秘未知的终极挑战，又要应对前所未遇的重重障碍。设若可持续发展遭受重创乃至不能实现，人类的命运与历史必将陷入岌岌可危之困境。由此看来，发展不仅仅是一个政治伦理概念，更是一个事关人类命运的重大问题。是故，寻

---

① 彼得·华莱士·普雷斯顿. 发展理论导论. 李小云, 齐顾波, 徐秀丽, 译. 北京: 社会科学文献出版社, 2011: 22.
② 彼得·华莱士·普雷斯顿. 发展理论导论. 李小云, 齐顾波, 徐秀丽, 译. 北京: 社会科学文献出版社, 2011: 5.
③ 杰拉尔德·G. 马尔腾. 人类生态学: 可持续发展的基本概念. 顾朝林, 袁晓辉, 等译校. 北京: 商务印书馆, 2012: 147.

求可持续发展不可仅仅囿于政治伦理之藩篱，而应深刻反思发展的逻辑进程，进而把握其内在本质，探索其实践路径。

第一节　发展的逻辑进程

在人类历史的绵延中，发展总体上呈现出自在发展、自觉发展、可持续发展的逻辑进程。

一、自在发展

自在发展指尚未自觉的盲目发展。工业革命前，人类尚不具备大规模开发利用自然的能力。人类的第一要务是适应自然环境以求自身之生存，人与自然处于一种简单的适者生存的关系之中。此时，生存问题是历史主旋律，生存面临的各种冲突尚未全面危及人类与地球。弱肉强食、适者生存的自然法则还是这个历史时期的第一律令，维系人性尊严的自由法则尚被遮蔽在自然法则之下。因此，发展问题潜伏在生存问题之下，并未真正全面进入人类命运的历史轨道。整体上看，人类在这一历史时期还处在盲目发展的阶段。

自在发展缺乏自觉的边界意识，这就可能导致人类忽略甚至缺失禁止规则而肆意妄为。如果没有理性自觉的禁止意识与规范要求，盲目发展可能在某个历史阶段走向停滞、后退、衰败甚至灭亡。对此，法国国家科学研究中心研究员施迪恩（Gros Stéphane）在给《发展的受害者》写的《序言》中说："盲目发展给人类带来的威胁，似乎只是一种程式化的集体性破坏，最后没有人能够长期从中受益，唯一的结果是只有受害者。"[①] 这种观点完全否定了盲目发展的价值与意义。它虽然失之偏颇（因为盲目发展也并非完全危害人类），但是却提醒人类审慎地自觉对待发展问题。

工业革命后，人类开发自然、把握自然、利用自然资源的能力急剧提

---

① 约翰·博德利. 发展的受害者. 何小荣，谢胜利，李旺旺，译. 北京：北京大学出版社，2011：1.

升，相应的物质技术手段快速增强（如蒸汽机、基因工程、核武器、机器人、网络资讯、人工智能等等）。当这些物质技术手段的运用足以危及人类生存之时（原子弹的爆炸就是一个标志性事件），也就表明人类业已处在运用自身能力就足以危害人类自身之时。至此，人类摆脱自然环境的巨大生存压力，击败其他生存对手而成为地球的真正主人。也就是说，人类真正的敌人只有人类自己。正因如此，人类能力的运用开始遭遇人类的自我反思、质疑乃至否定，（拉美特利、卢梭、康德、密尔等人所思考的）人是什么的问题、人类的福祉尊严问题等开始代替适者生存的自然法则，逐渐成为历史发展的主旋律，自觉发展问题随之脱颖而出。

二、自觉发展

未经自我反思、自我审视与自我批评的发展属于盲目发展的范畴。盲目发展最终体现出诸多负面效应，如发展病等。[①] 人们审视发展问题尤其是考虑如何避免盲目发展的危害时，发展就进入人类自觉关注的范围而成为重大事务。这也意味着自觉发展提上了关乎人类命运的历史日程。

从历史现象来看，如普雷斯顿（Peter Wallace Preston）所言，发展可以追溯到19世纪。尽管如此，"在太平洋战争爆发，并对欧洲、美洲和日本殖民主义国家产生灾难性的影响之前，真正去实施发展学的国家却寥寥无几"[②]。发展是具有较强生命力的殖民统治的产物，也是日本统治东亚野心的一部分，亦是政治人物谋求地区独立的重要理由。二战之后，在全球工业资本主义体系中，第三世界也"积极投身于社会重建，希望追寻有效的国家发展"[③]。发展逐步从局部走向全球，从盲目发展走向自觉发展。21世纪以来，一系列关乎发展的全球问题（如气候变暖、基因工程、

---

① 约翰·博德利. 发展的受害者. 何小荣，谢胜利，李旺旺，译. 北京：北京大学出版社，2011：5-26.
② 彼得·华莱士·普雷斯顿. 发展理论导论. 李小云，齐顾波，徐秀丽，译. 北京：社会科学文献出版社，2011：2.
③ 彼得·华莱士·普雷斯顿. 发展理论导论. 李小云，齐顾波，徐秀丽，译. 北京：社会科学文献出版社，2011：17.

生物多样性、资讯网络、纳米技术、虚拟实境等）受到人们的高度关注与深刻反思。

自在发展带来的灾难与诸多全球问题告诫人们，无论是个人发展还是国家发展，都应当审慎地考虑发展的目的和后果。反思发展的目的和后果，也就意味着盲目发展或自在发展转向自觉发展。自觉发展呈现为实然发展与应然发展两种基本范式。

实然发展主张发展是天然合理的，或者说发展就是目的。究其实质，实然发展注重现实利益、生活状态，把经济利益当作发展的主要目的，把物质财富当作发展的根本标准。就此意义上讲，实然发展是自觉发展范式中的现实主义。在博德利（John H. Bodley）看来，发展中的"现实主义者的根基是19世纪的社会达尔文主义，它假设欧洲对外扩张是自然而然和不可避免的事情，最终将会让全世界受益"[1]。不过，发展并不仅仅是经济发展与财富积累，经济发展也并非有益无害。而且，实然发展也蕴含着某种程度的应然要素（如经济财富所要达到的理想目标、所要遵循的发展规则等）。实然发展的应然部分不但具有经济财富等自我提升的诉求，也具有对这种诉求的超越即满足人类生存所蕴含的价值追求与人性尊严。

与实然发展的理念不同，应然发展主张发展必须合乎一定的伦理道义。就此意义上讲，应然发展是自觉发展范式中的理想主义。从发展的实际进程来看，发展过程体现着第一世界伦理价值观对于第三世界的特定关注。普雷斯顿认为，发展理念自18世纪兴起以来，"最主要的发展理论都是从西方的伦理观出发的"[2]。伦理观与特定的社会历史情景有着密切联系，每个地方都可能具有不同于其他地区的发展伦理观。那么，非西方的伦理观是怎么看待发展的呢？众所周知，非洲最早提出发展权的理念。1969年，阿尔及利亚正义与和平委员会在《不发达国家发展权利》报告

---

[1] 约翰·博德利. 发展的受害者. 何小荣, 谢胜利, 李旺旺, 译. 北京：北京大学出版社，2011：230.

[2] 彼得·华莱士·普雷斯顿. 发展理论导论. 李小云, 齐顾波, 徐秀丽, 译. 北京：社会科学文献出版社，2011：20.

中首次使用"发展权"。此后,发展权引起国际社会的普遍重视。[①] 20世纪八九十年代,为了回应西方伦理观(强调自由和启蒙思想的普适性)的指责,亚洲伦理观主张统一的道德规范、国家发展的信念、大众服从精英执政模式的普遍认同。[②] 作为人类伦理观的几种范型,西方伦理观、非洲发展权与亚洲伦理观虽然有一定程度的相互冲突,但是它们应当而且能够经过民主商谈的途径,达成基本的伦理共识。这是因为发展不仅是西方(欧美)的发展,也不仅是亚洲或非洲的发展,而且是事关人类的全球大业。换言之,发展是人类的重大事件,而非个别人或少数人的微末小事。所以,发展不能囿于各种伦理观的冲突,而应该从人类历史命运的角度寻求共识。

更为重要的是,应然发展不仅仅是理想的伦理取向,实然发展也不仅仅是现实的经济效益。原因在于,应然的伦理目的只有具体为实然的发展过程,才具有真正的意义;实然发展只有在伦理目的的引领下,才可能避免发展病之类的危害。所以,实然发展应在伦理价值的规范与制约下进行,应然发展必须在实然发展中把伦理价值落到实处。那么,如何综合实然发展与应然发展,使发展在现实与理想相互协调的良性轨道上运行?回应这个问题,正是可持续发展的历史使命。

三、可持续发展

目前,可持续发展(sustainable development)是人类发展理念的基本共识。

可持续发展是实然发展与应然发展的综合路径,是对自觉发展(实然发展与应然发展)的扬弃,也是对自在发展的超越。

只有实然的发展是不可持续的,因为没有应然的发展必然带来一定程度的危害。如果没有正确的价值取向,可能导致经济财富来源不当或分配不公。经济财富来源不当,可能导致资源匮乏、生态环境恶化,致使发展

[①] 朱炎生. 发展权的演变与实现途径. 厦门大学学报(哲学社会科学版),2001(3):111-118.

[②] 彼得·华莱士·普雷斯顿. 发展理论导论. 李小云,齐顾波,徐秀丽,译. 北京:社会科学文献出版社,2011:278.

不可能持续。经济财富分配不公，可能导致社会系统两极对立、人文生态极度恶化，发展亦不可能持续。质言之，"可持续发展并不意味着持续的经济增长"①。同理，没有实然的发展也是不可能持续的，因为实然发展是可持续发展的当下基点和经济基础。经济停滞、贫穷饥荒只能把人类推向衰退的历史深渊，这既违背应然的价值取向，也使应然发展成为空谈。有鉴于此，可持续发展既主张发展是实然的当下问题，也认可发展是应然的伦理问题。

"可持续发展"这一概念，是布伦特兰委员会（The Brundtland Commission）在1987年提交给联合国的《我们共同的未来》(*Our Common Future*)的报告中首次使用的。② 凭直觉来看，"可持续发展就是既要着眼于当下的需求，又要照顾到子孙后代的需求，即留给我们的子孙后代一个体面生活的机会"③。值得注意的是，可持续发展不仅仅是代际公正的伦理诉求问题，也不仅仅是当下需求的满足问题。可持续发展的真正意义如帕菲特所言："而今最为重要之事就是我们要避免人类历史的终结。"④ 经济、科技、社会等方面的发展并非自然合理，而是服务于人类存在与历史绵延的根本目的。或者说，可持续发展的价值不是追求人类的自取灭亡，而是追求更好地延绵人类历史。这已经涉及发展的内在本质问题。

第二节 发展的内在本质

凭直觉而言，发展的逻辑进程彰显出其内在本质是"尽其性"。何为

---

① 杰拉尔德·G. 马尔腾. 人类生态学：可持续发展的基本概念. 顾朝林，袁晓辉，等译校. 北京：商务印书馆，2012：10.

② 彼得·华莱士·普雷斯顿. 发展理论导论. 李小云，齐顾波，徐秀丽，译. 北京：社会科学文献出版社，2011：317.

③ 杰拉尔德·G. 马尔腾. 人类生态学：可持续发展的基本概念. 顾朝林，袁晓辉，等译校. 北京：商务印书馆，2012：10.

④ Derek Parfit. On What Matters：Vol. 2. Oxford：Oxford University Press, 2011：620.

"尽其性"呢？

"尽其性"源自《中庸》对"至诚"的诠释："唯天下至诚，为能尽其性。能尽其性，则能尽人之性；能尽人之性，则能尽物之性；能尽物之性，则可以赞天地之化育；可以赞天地之化育，则可以与天地参矣。"（《中庸》第二十二章）这里说的"尽其性"，是指圣人尽某个物之性，即圣人在理解、把握某种物之本性的基础上，顺应并发挥其固有本性，使其应然本质得以顺畅实现。当然，这并非发展意义上的"尽其性"。

现在，我们把"尽其性"置于发展的境遇之中——以发展主体替代"圣人"。发展意义上的"尽其性"可以大致概括为：发展主体从其本然之性到本质之性的实现过程。这个过程包括两个基本层面：何种发展？谁之发展？

一、何种发展

一般说来，范畴 A 包涵＋A 与－A 两个要素，这两个要素之间的矛盾构成 A 之存在根据与前进动力。发展也不例外。

如果用 D（development 的第一个英文字母）代指发展，那么 D 具有＋D 与－D 即正发展与负发展两个基本要素。通常所说的发展指＋D，即前进、提升、扩张等正面意义的自我提升或自我实现的"尽其性"。与此同时，＋D 常常遮蔽发展的另一要素－D，即自我提升或自我实现所遇到的障碍，或阻碍"尽其性"的停滞、后退、禁止等负面意义的要素。这是为什么呢？主要原因在于，只有孤零零的主体（以下用 subject 的第一个字母 S 代替"主体"），其发展是不可能的。S 只能在 S1、S2……Sn 等同类与非同类所构成的境遇中，才有可能发展。这就必然受到自身、同类与环境的各种限制。换言之，发展就是某一主体 S 在其存在境遇中的"尽其性"。境遇包括与 S 相关的自然环境、社会秩序、他者个体，等等。这些要素都有可能成为阻碍发展的负面要素－D。

通常情况下，＋D 与－D 的冲突不太严重或没有达到非此即彼的激烈程度时，双方的本质都不会充分展示出来。只有当＋D 与－D 发生尖锐冲突，以至如果忽视一方，另一方就会受到巨大阻碍甚至不能正常运行之时，＋D 与－D 的意义才可能得到重视。质而言之，只有祛除＋D 对－D

的遮蔽，D 的真正意义才有可能得以显现。反之亦然。可见，D 是 +D 与 -D 在相互依存、相互否定的逻辑进程中实现其本质之性的进程。就此意义来说，发展是发展主体根据一定目的所进行的自由选择的行为过程，是扬弃那些阻碍"尽其性"的各种要素所达成的"尽其性"。可见，"尽其性"就是 S 在理解、把握事物本性的基础上，发挥其固有本性，使其本质不受阻滞地得以顺畅实现的过程。或者说，"尽其性"是 S 从本然之性到本质之性的实现过程。

S 在与自身、同类或异类相冲突的境遇中，不可避免地遇到如何发展，以及应当如何发展的问题。在 S 自觉意识到这个问题之前，S 处于自在发展或盲目发展阶段。一旦 S 意识到这个问题，就进入自觉发展阶段。在自觉发展阶段，S 发展的现实与应当之间的差距，可能甚至必然产生冲突。这就是实然发展与应然发展共同存在的根据与相互冲突的根源。然而，发展不可能仅仅是 S 的现实，也不可能仅仅是 S 的应当，而是二者重叠交织的富有生命力的进程。这是因为现实是应当的现实，应当是现实的应当。此即为可持续发展得以可能的根据。或者说，可持续发展是"尽其性"的外在体现，"尽其性"是可持续发展的内在要求。

如果说发展是某一主体 S 在其存在境遇中的"尽其性"，那么 S 就是发展主体。问题是，发展主体是什么呢？或者说，谁之发展（谁"尽其性"）？

二、谁之发展

显而易见，宇宙整体的"尽其性"，非人力所能及，或许这是上帝的事情（如果存在上帝的话）。既然如此，也就不能对此进行有效的探讨，故悬置不论。

发展问题主要涉及地球相关的自然问题与社会问题。因此，我们主要讨论地球范围内的发展主体。在此范围内，整体自然是由部分自然共同组成的系统。如果把人看作整体自然的一部分，非人自然则是整体自然的另一部分。为用语简洁，人之自然与非人自然可分别简称为人与物（或自然）。或者说，整体自然是由人与物共同构成的系统。据此，"谁之发展"可以分解为两个层面：物的发展还是人的发展？整体自然的发展还是物的发展或人的发展？也即是说，发展主体是人、物还是整体自然？

这将决定着是人优先于自然还是自然优先于人，也决定着发展的本质是人"尽其性"还是自然"尽其性"。

（一）物的发展还是人的发展？

物（自然）从潜在到现实的过程是发生、发育或进化，而非发展。如荀子所言："天行有常，不为尧存，不为桀亡。应之以治则吉，应之以乱则凶。强本而节用，则天不能贫；养备而动时，则天不能病；循道而不贰，则天不能祸。"（《荀子·天论》）物对人的危害或有益与发展并无直接关系。不过，它可能是发展的必要条件，或发展的潜在形式。

自然资源中，一部分是可再生资源如食物、水、森林等，另一部分则是不可再生资源如矿产、化石、煤炭等。无论是可再生资源还是不可再生资源，都不是自然特意为人类准备的。实际上，依赖自然获得原料和能源等资源，是人类不可逃匿的必然宿命，也是人类得以生存、发展的必要条件。或许所有自然资源如风、水、太阳能、原子能等都可以得到开发利用，但是所有能源之整体并不足以保证我们的生存。

自然的每个部分并非都对人类有益，因为"自然并非为人类种族提供特权而设计的"[①]。刀的锋利、马的善跑等可以助人，也可以害人甚至使人陷入生命危险。换言之，自然与人的冲突在所难免（小至苍蝇蚊虫，大至地震海啸等）。人类完全征服自然是不可能的，可能的只是改造自然、顺应自然使其为人类服务。为此，人类必须费尽心血地开发利用这些资源，以达到自身生存、发展之目的。

为了安全与生存，人类常常试图修正生态系统的功能，以期自然能够根据人类所需提供相应资源。不过，一切对自然的开发、改造、利用，都应当以不危害人类生存为基本行为规则，因为"已经被破坏的生态系统一旦失去了满足人类基本需求的能力，就很难有机会去实现经济发展和社会

[①] 杰拉尔德·G. 马尔腾. 人类生态学：可持续发展的基本概念. 顾朝林，袁晓辉，等译校. 北京：商务印书馆，2012：146.

公正"①。因此,人类应当尊重自然,而不是掠夺甚至践踏自然。在这个意义上,所谓尽物之性是指人类合理正当地利用自然资源,以满足人类目的的实践过程,并非自然利用人以便满足自然目的之过程。可见,尽物之性本质上是人类应当如何处理与自然的关系问题,而不是自然应当如何处理人与自然的关系问题。尽物之性是人类发展的途径,尽人之性是尽物之性的目的,而非相反。

换言之,人是尽物之性的主体,当人的发展与自然出现冲突之时,以人为目的,即人优先于物(自然)。

(二)整体自然的发展还是物的发展或人的发展?

由于整体自然的发展包含人的发展与物的发展;人的发展优先于物的发展,因此物的发展不可能优先于整体自然的发展。就是说,整体自然的发展优先于物的发展。整体自然是由生态系统与社会系统重叠交织、共同构成的综合系统,整体自然的发展归根结底是人的发展,因为人是整体自然发展的根据,整体自然的发展本质上是人的发展。

其一,人是整体自然发展的根据。

在整体自然中,只有人既是生态系统的一部分,又是社会系统的一部分。生态系统中的其他部分仅仅属于生态系统,并不属于社会系统。

生态系统包括空气、土壤、水、生物体,以及人类创造的所有物质结构,"其中生态系统的生物部分——微生物、植物、动物(包括人类)都是其生物群落"②。从量上看,在生态系统中,生物群落只是其微小的生物部分,人类只是其生物群落中微不足道的一小部分。然而,从发展的角度看,只有人类才能赋予生态系统以发展的价值与意义。没有人类,生态系统就不可能具有发展的价值与意义。因此,人是生态系统的主体。

---

① 杰拉尔德·G.马尔腾.人类生态学:可持续发展的基本概念.顾朝林,袁晓辉,等译校.北京:商务印书馆,2012:11.
② 杰拉尔德·G.马尔腾.人类生态学:可持续发展的基本概念.顾朝林,袁晓辉,等译校.北京:商务印书馆,2012:1.

与生态系统相对应,"社会系统包括与人类有关的一切,如人口、塑造人类行为的心理和社会组织。……价值观和知识——共同形成了人类个体和整个社会的世界观——指导我们处理和阐释资讯,并将其转化为行动。技术限定了我们行为的可能性。社会组织和制度限定了社会能接受的行为,并且指导我们将可能性变为行动"①。社会系统的基本要素是人,以及人所构成的其他要素如家庭、单位、组织、国家,乃至全部人类所构成的地球村等。没有人,也就没有社会系统。因此,人是社会系统的主体。

生态系统与社会系统并非绝对对立,而是重叠交织地共同构成整体自然系统。在整体自然系统中,生态系统只是事实存在,并不为社会系统而存在,也不可能有目的地服务社会系统。社会系统自觉地利用生态系统达到自身的目的,生态系统的价值是社会系统赋予的。在整体自然系统中,"生态可持续发展就是保持生态系统健康。生态系统相互作用的方式是允许他们保持功能的充分完整性以便继续提供给人类和该生态系统中其他生物以食物、水、衣物和其他所需的资源"②。生态系统的价值在于,它是保障社会系统不断改善与持续存在的自然基础。这种价值根源于社会系统的有目的性行为,归根结底根源于人。

在整体自然中,只有人既赋予生态系统以价值与意义,又组建并赋予社会系统以价值与意义。只有人既是生态系统的主体,亦是社会系统的主体。因此,人是整体自然发展的真正主体。

其二,整体自然的发展本质上是人的发展。

据前所述,发展视域的"尽其性"包括尽物之性与尽人之性。或者说,尽物之性与尽人之性都是"尽其性"的应有之义,"尽其性"是通过尽物之性与尽人之性得以达成的。当人类有能力尽物之性时,才有可能尽人之性。换言之,"尽其性"是人尽某类对象之性。就是说,"尽其性"是

----

① 杰拉尔德·G.马尔腾.人类生态学:可持续发展的基本概念.顾朝林,袁晓辉,等译校.北京:商务印书馆,2012:2.
② 杰拉尔德·G.马尔腾.人类生态学:可持续发展的基本概念.顾朝林,袁晓辉,等译校.北京:商务印书馆,2012:2.

人在理解、把握某事物之本性的基础上，顺应并发挥其固有本性，使其本质不受阻滞地得以顺畅实现。这里的对象指人或物。

尽物之性、尽人之性都属于尽部分自然之性，二者的综合就是尽整体自然之性。整体自然发展的主体性只能通过人体现出来，整体自然的"尽其性"（整体自然发展的实质）或整体自然的发展，就是人通过物而得到应有的发展，这就是整体自然本质的实现或人的发展。所以，人之发展既是整体自然的一部分（人）的发展，也是整体自然通过人这一部分而达成的整体自然之发展。

可见，整体自然与人的发展是一致的，整体自然的发展本质上是人的发展，而不是物（自然）的发展。或者说，人的发展就是整体自然的发展。因此，整体自然发展的主体和目的是人。

综上所述，发展意义上的"尽其性"（发展主体从其本然之性到本质之性的实现过程）可以修正为：发展的本质是人类通过尽物之性进而达成尽人之性，即人类通过尽物之性，扬弃人之自然之性，达成其自由之性的实现过程。

发展的逻辑起点、实践过程与最终目的是尽人之性。尽人之性本质上是一种正当诉求，或者说，发展既是个体的正当诉求，又是人类的正当诉求。发展并非个别人或部分人的事情，而是关涉所有人和人类历史的尽其性。所以，发展"必须由我们所有人一起共同行动"[1]。这就必然要求发展不能囿于政治伦理之藩篱，而应当自觉地进入人类历史之进程。

从人类历史的视域看，社会系统应该是人类自由精神在时空中的尽其性，生态系统应该是人类自然观念在时空中的尽其性，发展则应该是人类历史在时空中的尽其性。换言之，一切发展都是人的发展。发展本质上是人类历史的本然属性持续地自我否定，进而逐步实现其自由属性的宏大进程。就此而言，自在发展经过自觉发展（实然发展、应然发展）所探求的可持续发展，正是人尽其性的人类历史进程使然。同时，发展也是人类在

---

[1] 杰拉尔德·G. 马尔腾. 人类生态学：可持续发展的基本概念. 顾朝林，袁晓辉，等译校. 北京：商务印书馆，2012：200.

自然系统与社会系统构成的整体自然系统中，通过尽物之性进而达成尽人之性的自由历程。

有鉴于此，当今世界没有也不可能有一个实现可持续发展的简单方法。不过，我们依然可以把握发展的"尽其性"本质，综合运用各种方法路径，智慧地推进可持续发展，以维系人类历史生生不息、绵延不绝。

第三节 发展的伦理诉求

在人类历史的绵延中，发展呈现出自在发展、自觉发展与可持续发展的逻辑进程。自在发展是不自觉的自然发展或盲目发展。工业革命后，人类逐步击败所有对手而成为地球的真正主人。于是，自觉发展代替盲目发展，成为历史发展的主旋律。自觉发展具有实然发展与应然发展两种基本形式。实然发展把物质财富当作发展的根本目的，应然发展则把伦理道义作为发展的根本目的。可持续发展扬弃自觉发展，追寻人类历史进程中的代际公正。目前，可持续发展业已成为人类的基本共识。

发展的逻辑进程彰显出其本质即"尽其性"。发展是人类通过尽物之性，扬弃人之自然之性，达成自由之性的自我实现过程。质言之，发展是人类持续地自我否定，进而逐步实现其自由精神"尽人之性"的历史进程。这个过程自身内在地包含发展的伦理法则、伦理律令与相应的伦理义务等要求。

一、发展的伦理法则

发展伦理法则是具有客观普遍性的发展伦理的根本原则，它深深植根于人类历史的长河之中。不同层面、不同形式的发展伦理观（如西方发展伦理观、亚洲发展伦理观、非洲发展权等）都是发展伦理法则的不同环节，发展伦理法则隐含在各种发展伦理观之中。如果把它们置于人类历史的境遇中予以考量，发展的伦理法则就会从人类历史的绵延中脱颖而出。

在人类历史浩浩荡荡、勇往直前的洪流中，生态系统所遵循的弱肉强食的自然法则，通过社会系统，归根结底通过人，演变为追求最大效益福祉的功利原则。显而易见，自然法则是自在发展或盲目发展所遵循的丛林法则，功利原则是追求经济利益为圭臬的实然发展之伦理法则。表面看来，功利原则与适者生存的自然法则似乎类似（强者优先于弱者），因而也存在类似的问题即强者对弱者的掠夺与侵害。不同的是，功利原则并非绝对不顾及弱者利益。因为强者追求自身利益最大化的同时，也有意无意地给弱者带来一定的福祉效益，或者程度不同地兼顾弱者的利益。正如密尔所说："功利主义道德的确承认，人具有一种为了他人之善而牺牲自己最大善的力量。它只是拒绝认同牺牲自身是善。"[1] 功利原则强调，没有增进幸福的牺牲是一种浪费，唯一值得称道的牺牲是对他人的幸福或幸福的手段有所裨益（这里说的他人是人类整体，或者是为人类利益所限定的个体）。福祉效益是精神力量把握、超越外物的实在标志，实然发展是人类内在精神力量对自然外物的扬弃。强者与弱者的利益冲突，构成实然发展自我否定的内在动力。

为了调节强者与弱者的利益冲突，发展不仅追求功利，而且还追求超越功利的道义价值如正义、尊严、自由、权利、义务等。虽然不同发展观的伦理追求不尽相同，如自由（西方伦理观）、发展权（非洲伦理观）、统一的道德规范（亚洲伦理观）等，甚至某种程度上相互冲突，但是它们在一定程度上都是道义价值的不同表述形式或不同环节。从道义的绝对命令来看，就是康德所说的人为目的的自由法则。[2] 从道义制度的第一德性即正义来看，正如罗尔斯所言："正义所保障的权利不屈从于政治交易或社会利益的算计。"[3] 道义原则扬弃福祉第一的功利原则，秉持道义第一的自律法则。由此看来，道义原则是应然发展所遵循的伦理法则。

不过，实然发展与应然发展、功利原则与道义原则并非截然对立、水火不容，而是人类伦理精神的不同环节在历史进程中的不同实现形式。问题是，道义与功利发生冲突时，何者优先？这是应然发展与实然发展不能

---

[1] John Stuart Mill. On Liberty & Utilitarianism. New York: Bantam Dell, 2008: 173.
[2] 康德. 实践理性批判. 邓晓芒, 译. 北京: 人民出版社, 2003: 41-44.
[3] John Rawls. A Theory of Justice. Cambridge, Mass.: Harvard University Press, 1971: 4.

回避也未能真正解决的伦理问题，也正是可持续发展的历史使命。

道义与功利（应然发展与实然发展）的冲突，根源于二者追寻终极目标的差异。是故，道义与功利（应然发展与实然发展）的和解或扬弃，在于超越二者终极目标的矛盾，进而达成二者的伦理共识。

其一，道义与功利的冲突，本质上是先验自由与经验自由的冲突。在康德看来，作为目的论体系的自然之终极目的是什么呢？"假定把自然看作一个目的论体系，人生来就是自然的终极目的。"① 人自身的目的是什么？人的目的要么是幸福，要么是文化。终极目的不是功利论的幸福，而是自由规律体现出的文化。不过，并非所有文化都是终极目的，如技术就不是终极目的，因为"终极目的就是不需要其他任何目的作为可能条件的目的"②。终极目的试图推断，源自自然中的理性存在者的道德目的之原因与属性——一种可以先天知道的目的。这就是此世界的最高目的——人的自由。③ 康德这里所说的自由，指超越任何感官的能力，即先验自由。④ 先验自由是作为遵循道德规律的道德主体应当尊循的最高道德目的。实际上，这就是应然发展的终极目的。

与康德式的道义论不同，功利论基于行为后果的决定论判断，以现实经验的感性规律（快乐或幸福）作为伦理法则。功利论的自由，不是超感官的先验自由，而是经验自由。经验自由是一种感官能力，是源自欲望而又超越欲望的"最大可能地免于痛苦，最大可能地享有快乐"的习惯力量。根据最大幸福原则，"终极目的是这样一种存在：在量与质两个方面，最大可能地免于痛苦，最大可能地享有快乐"⑤。经验自由把利益福祉作为目的，其他一切值得欲求之物皆与此终极目的相关，并为了这个终极目的。这就是实然发展的目的。

---

① Immanuel Kant. Critique of Judgment. James Creed Meredith, tran. Oxford：Oxford University Press，2007：259.

② Immanuel Kant. Critique of Judgment. James Creed Meredith, tran. Oxford：Oxford University Press，2007：263.

③ Immanuel Kant. Critique of Judgment. James Creed Meredith, tran. Oxford：Oxford University Press，2007：263.

④ 康德. 实践理性批判. 邓晓芒，译. 北京：人民出版社，2003：36.

⑤ John Stuart Mill. On Liberty & Utilitarianism. New York：Bantam Dell，2008：167.

道义与功利的对立、应然发展与实然发展的矛盾，归根结底是经验自由与先验自由的终极目的之冲突。尽管如此，二者依然存在共同之处：从消极层面来看，二者都不可能以历史终结为目的；从积极层面来看，二者都以人类历史的绵延为共同目的。

其二，应然发展与实然发展、道义与功利都不可能以历史终结为目的。作为一个具有自我意识和死亡自觉的物种，人类知道自身来自宇宙，属于自然整体的一部分，也明白人类既具有历史开端，也具有历史终结。如果人类灭亡，社会系统必然不复存在，生态系统的健康运行也将因为失去伦理主体而毫无意义。继之而来的是，发展完全失去存在的依据和价值，人类"尽其性"蜕变为终结其性，整体自然的发展随之化为乌有。应然发展与实然发展、道义与功利也将丧失存在的根基，先验自由与经验自由更是无从谈起。可见，历史终结是道义与功利、应然发展与实然发展都尽力避免的恶果。或者说，道义与功利都以避免历史终结为消极目的。

其三，经验自由与先验自由追求的共同目的是人类历史的绵延不绝。从人类历史的角度看，"发展的原则包含一个更广阔的原则，就是有一个内在的决定，一个在本身存在的、自己实现自己的假定作为一切发展的基础。这一个形式上的决定，根本上就是精神，它有世界历史做它的舞台、它的财产和它的实现的场合"①。先验自由探求人的尊严与权利，经验自由确证人的福祉与幸福。在世界历史的舞台上，先验自由和经验自由应当共同推进人类历史的进程。当发展的不同目的（功利与道义）发生冲突时，维系人类历史的延续是实然发展与应然发展的共同伦理使命，因为实然发展与应然发展、功利法则与道义法则的目的都是维系人类自身的历史。是故，可持续发展的伦理法则在于扬弃功利与道义的矛盾，把维系人类历史的绵延作为功利与道义的绝对命令或发展的积极目的。

自由以历史延绵为前提，也以历史绵延为目的。换言之，可持续发展的本质是，人类的一切努力与行动都应当避免人类历史终结，以便维系自身的历史及其绵延。不过，实际问题却极其复杂。帕菲特说："作为宇宙

---

① 黑格尔. 历史哲学. 王造时，译. 上海：上海书店出版社，2001：55.

的一部分，我们属于开始自我理解的那一部分。我们不但能够部分地理解事实之真，而且能够部分地理解应当之真，或许我们能够真的实现这种理解。"① 根本上讲，事实之真关涉的是人类与自然的实然关系，应当之真则是人类在理解事实之真的基础上，如何处理人与自然的应然关系。然而，人只是自然的一部分，并不能完全理解或精准把握自然。人所理解的自然在一定程度上是片面的、主观的、虚假的自然，而非全面的、客观的、真实的自然。由此看来，可持续发展隐含着不可持续发展的要素，历史绵延潜在地具有历史终结的宿命。这也是可持续发展在当今迅速变化的世界中难以寻求一个简单方法的根本原因。

既然如此，可持续发展只能根据现实条件和应然目的，审慎地从事关乎人类历史命运的理性选择与正当行动。这种选择与行动要求发展伦理法则的具体规定即发展的伦理律令与发展的伦理义务。

二、发展的伦理律令

发展的伦理律令是发展伦理法则的具体展开。发展的逻辑要素包括三个层面：否定要素、肯定要素和主动要素。与此相应，发展伦理法则包含三大伦理律令：消极律令、积极律令与主动律令。

（一）消极律令：回答发展不应当做什么

消极律令的根据在于发展的否定要素——脆弱性。

每个人都是脆弱的。当遇到疾病、受伤、营养不良、心灵困扰或人身侵害时，人们必须依赖他人才能生活或存活。在人生的第一阶段与最后阶段之间，我们的生活或长或短地处在虚弱、乏力、疾病、伤害等不良状态，残疾者则几乎终身如此。诚如麦金太尔所说："在童年和老年阶段，对他人保护与支撑的依赖尤为明显。"② 即使在年富力强的鼎盛时期，每个人也只有（程度不同地）依赖自然环境、社会系统与他人，才可能

---

① Derek Parfit. On What Matters: Vol. 2. Oxford: Oxford University Press, 2011: 620.

② Alasdair MacIntyre. Dependent Rational Animals: Why Human Beings Need the Virtues. London: Gerald Duckworth & Co. Ltd., 2009: 620.

存在。

在自然中，相对于纷纭复杂、不可胜数的无限的存在者，人只是微不足道的有限存在者。人并非全知全能的上帝，不具备上帝的智慧和能力，不能通天彻地、知晓万物，也不可能尽万物之性。每个人的这种脆弱性，决定并构成人类的脆弱性，也决定并造就人类历史的脆弱性。在人类成为地球主人的当下，人类历史的脆弱性并没有随之消失。相对于古典时代，掌握了科学技术的当代人类具有自我毁灭能力与毁灭地球的能力，且已经对地球造成了一些不可挽回的深度危害。如果不能保障科学技术的正当应用，人类历史的脆弱性甚至会有增无减。面对自然的重重帷幕，不懂得禁止的存在者，必然陷入盲目危险的境地，更不可能具有可持续发展的能力。作为乌托邦或理想国的反面，反思科技带来的地狱般灾难的科技反乌托邦（technical dystopia）理念，亦是人类发展边界的自我警告。所以，人应当敬畏自然，慎重对待其"知"，明确其"不知"之边界，厘定最为基本的发展界限，规定不得僭越边界的行为禁止的基本规则。质言之，人应当自觉地禁止不正当的行为，即任何人不应当从事危害人类历史延续的行为。

必要的禁止以可持续发展为基本诉求，以避免盲目发展。不过，禁止仅仅是发展的否定性诉求，为禁止而禁止是危害人类的大恶。原因在于，只有禁止没有允许，必然陷入极度穷困或动物状态，其结果只能是停滞不前，甚至走向共同灭亡的厄运。仅仅囿于禁止，不可能具有可持续发展的能力。就是说，禁止只是发展的必要途径，发展才是禁止的目的。那么，在遵循消极律令的同时，发展应当做什么呢？

（二）积极律令：回答发展应当做什么

积极律令的根据在于发展的肯定要素——坚韧性。

与脆弱性相对，个体的坚韧性是指，从生到死、从婴儿到老年的过程中，其自身能力或所期待能力的绵延、卓越与优秀。每个人的坚韧性构成了人类的坚韧性，也造就了人类历史的坚韧性。

人是受自然规律限制的自然存在，也是自我修身、自我培养的自由主体。面对强大神秘的自然，人不只是完全屈从自然规律的奴隶。科学技术尤其是当代高科技表明，人不仅是自然的产物，而且是能够意识到自己是自然产物的理性存在者。这种独立意识使人具备扬弃自然、独立于自然的自由能力。诚如约纳斯所说："向自然说不的能力，是人类自由具有的特殊权利。"① 自由精神是人类在回应威胁、克服懦弱或恐惧过程中体现出的不畏危险、自觉战胜困难的坚韧性力量。一定程度上，人具有拒绝自然命令的自由。这种自由构成允许的根据——人应当允许自己遵循自由规则而正当地行动，自觉地积极从事维系人类历史延续的正当行为。

相对于古典时代的人类先民，掌握了科学技术的当代人类，具有更强的理解与掌握自己历史命运的能力，这在一定程度上增强了人类历史的坚韧性。传统尽物之性的途径如巫术、占星术、传统中医、炼丹等，追求人的特殊性而非普遍性，只能适用于局部地区或特殊人群。它们具有偶然性、经验性、随意性与不确定性，因而不能成为整体上推动人类进步的发展力量。与传统尽物之性的途径不同，科学技术追求普遍性，研究适用于所有人而非个别人的科学和技术。科学技术领域（如城市建设、交通运输、网络信息、生物工程、机器人、基因工程等）涉及外在生存空间、自身生存时间与自我身体（如人类增强技术、安乐死等）。信息技术、大数据、人工智能、人造生命、基因工程等科学技术从根本上改造着自然系统与社会系统，深刻地影响并融入人类历史的进程。

科学技术因其影响人类发展途径的强大力量，而成为科技乌托邦（technical utopia）理念的强力支撑。不过，技术是对科学的应用，它既可能被正当地应用，也可能被不正当地应用。对此，爱因斯坦说："科学是一种强有力的工具。怎样用它，究竟是给人带来幸福还是带来灾难，全取决于人自己，而不取决于工具。……我们的问题不能由科学来解决；而只能由人自己来解决。"② 所以，仅仅懂得应用科学本身是不够的，"关心人的本身，应当始终成为一切技术上奋斗的主要目标；关心怎样组织人的

---

① Hans Jonas. The Imperative of Responsibility: In Search of an Ethics for the Technological Age. Hans Jonas, David Herr, trans. Chicago & London: Chicago University Press, 1984: 76.

② 爱因斯坦文集：第三卷. 许良英，等编译. 北京：商务印书馆，2010: 69.

劳动和产品分配这样一些尚未解决的重大问题，用以保证我们科学思想的成果会造福于人类，而不至成为祸害"①。因此，人类应当摒弃科技乌托邦的虚幻，拒斥科技反乌托邦的灾难，自觉地应用先进的科学技术，从事造福人类、维系人类历史延续的事业。

消极律令、积极律令所要求的禁止与允许，都是以避免盲目发展、维系可持续发展为基本目的的伦理诉求。欲达此目标，尚需回答：发展应当一以贯之地做什么？

（三）主动律令：把握发展应当一以贯之地做什么

主动律令的根据在于发展的内在矛盾即脆弱性与坚韧性、禁止与允许（不应当与应当）构成的发展的内在动力或发展的整体要素。

禁止意味着对不正当的否定，如詹姆斯所说："某些事情禁止做是因为这些事是不正当的。"② 与此相应，允许则是对正当的肯定，某些事情允许做是因为这些事情是正当的。为了用语简洁，我们用 D 表示"发展"（development）。如果禁止不正当行为是－D，那么允许正当行为则是＋D，二者共同构成 D。就是说，发展应当自觉地（而非盲目地）禁止不正当行为，积极地（而非消极地）从事正当行为。禁止不正当行为、从事正当行为的过程，构成实然发展与应然发展相互支撑、相互否定的可持续发展。可持续发展否定自在发展，扬弃自觉发展（实然发展与应然发展），把人类个体的发展与人类历史的绵延作为使命和伦理目的。由此看来，可持续发展本质上是遵循自由规律、维系人类历史延续的伦理进程。

在可持续发展的视域中，主动律令应当正确地把握禁止与允许的内在关系，精准地确定不正当行为的界限，明确正当行为的界限，尤其注重把握二者的交集部分，智慧地处理禁止与允许的冲突，一以贯之地把发展伦理法则落实到发展行为与实践之中。这就要求在禁止与允许重叠交织的发展过程中，持之以恒地把发展伦理法则所蕴含的伦理精神融贯其中。换言

---

① 爱因斯坦文集：第三卷．许良英，等编译．北京：商务印书馆，2010：89.
② Scott M. James. An Introduction to Evolutionary Ethics. Chichester：John Wiley & Sons Ltd. , 2011：51.

之，主动律令要求，人类始终秉持发展伦理法则，通过尽物之性，扬弃自然之性，达成自由之性。主动律令的重要使命是，在延续人类历史为目的的发展过程中，审慎考虑人类好的生活的各种要素，全力弘扬人类生活世界的自由精神。

自然之性使人属于自然的一部分，因而使人不得不屈从于自然规律。自由之性使人具有道德自律能力，因而使人区别于其他动物与自然界。自律是指人具有自我立法的理性能力，能够认识到发展伦理法则的普遍有效性，并正确地应用之，即具备发展伦理法则的知行合一的伦理能力。自律涉及内在理性与外在行为，这就意味着人类应当自觉地承担知行合一的责任，既要为禁止负责，也要为允许负责，更要为人类历史负责。

根据行为后果之善恶或利害等，自律要求的责任可以分为惩罚型责任、赞赏型责任与历史责任。惩罚型责任主要有：应当禁止而没有禁止，应当允许而没有允许，或禁止与允许的冲突没能合理化解，或有害人类历史发展等。赞赏型责任主要有：应当禁止而禁止，应当允许而允许，或禁止与允许的冲突得以合理化解，或有益人类历史发展等。历史责任是指，在社会系统、自然系统与人类个体相关的历史行动中，把人类历史的绵延作为判断行为正当与否的最高标准。为此，人类既要具备正确行动的商谈程序与力量保证，又要设置强有力的纠错机制，以便及时纠正错误、弥补过失，保障人类自身始终如一地运行在维系人类历史使命的正确轨道上。

发展视域中的每个人都不是孤零零的个体，而是置身人类历史洪流之中的不可分割、相互关联的个体。或者说，个体总是与其他个体一起生存在特定的社会或团体之中，是与其他个体或社会团体密切相关的历史性个体。因此，伦理律令的实践既需要个体的自律，也需要人与人之间的相互监督，更需要人类自觉地建构良好的法律制度与公平的社会秩序。胡塞尔说："人最终将自己理解为对他自己的人的存在负责的人。"[①] 发展的伦理律令归根结底把人类理解为对人类历史负责的存在者，要求人类应当始终如一地对人类历史负责。至此，发展的伦理义务也就呼之欲出了。

[①] 胡塞尔. 欧洲科学的危机与超越论的现象学. 王炳文，译. 北京：商务印书馆，2001：324.

三、发展的伦理义务

发展的伦理法则及其律令只有转化为相应的伦理义务，落实为人类生活的行为规范，才具有真正的实践价值和历史意义。发展的伦理义务需要回答两大问题：谁之义务？何种义务？

（一）谁之义务？

此问题的答案选项有三：（A）生态系统的义务；（B）社会系统的义务；（C）人类的义务。

生态系统（即自然界）并不依赖人类与社会系统的健康运行，甚至也不需要人类与社会系统的存在。如果没有人类及其社会系统的参与，自然界的任何现象都只是与发展无关的自然运行。从本质上而言，"凡是在自然界里发生的变化……永远只是表现一种周而复始的循环"①。自然界没有自我意识与自由意志，也就没有自觉认识、理性选择以及积极行动，因而也谈不上生态系统的发展。就此意义上讲，生态系统并不承担相应的发展义务。

只有在人类与社会系统的世界中，新生事物才可能不断出现，发展才有可能持续前行。与发展有关的是，人类有目的地改造或影响的自然之物尤其是人类赖以生存的地球。对人类而言，"关爱地球是我们最为古老、最有价值、令我们最为愉悦的责任。关爱地球剩余资源，促使资源再生，是我们正当合法的希望"②。正是因为人类及其社会系统依赖自然资源而享有生存权与发展权，所以有义务保障生态系统的健康运行。

另外，发展不仅是少数人或绝大多数人"尽其性"，而且是每个人、所有人或人类历史的"尽其性"。"尽其性"是指每个人在自然属性的基础上，通过人为建构的社会系统与自然的生态系统，实现本质属性的过程。自然属性是生而具有的本然属性或实然属性，它潜在地具有追求自由的应

---

① 黑格尔. 历史哲学. 王造时，译. 上海：上海书店出版社，2001：54.

② Gregory E. Pence. The Ethics of Food: A Readers for the Twenty-First Century. New York: Rowman & Littlefield Publishers, Inc., 2002: 17.

然属性。每个人的发展是所有人发展的目的，也是所有人发展的条件。每个人具有自我发展不受外在阻滞的正当诉求。因此，每个人的发展诉求都要通过社会系统才有可能。人类与社会系统共同承担每个人的发展、人类历史发展的使命和责任。

可见，人所建构的社会系统和人类应当承担发展的伦理义务，自然系统及其存在要素如动物等无须承担任何发展的伦理义务。

因此，排除（A），选择（B）与（C）。

(二) 何种义务？

根据发展的伦理法则及其律令，人与社会系统的伦理义务是：遵循维系人类历史绵延不绝的伦理法则，把发展伦理律令落实为发展实践的正当诉求与伦理担当。即发展的伦理义务是：不得危害人类存在、社会系统、生态系统，保障人类存在、社会系统、生态系统的健康运行，以达成维系人类历史绵延不绝之目的。具体而言，发展的伦理义务具有价值目的、构成要素、实践路径三个基本层面。

其一，发展的价值目的之义务。

在社会系统与生态系统相互作用的境遇中，发展最为核心的义务是人类的福祉与正义。这里所说的福祉是广义的善，指社会系统在生态系统的运行中带来的对人类有益的快乐、利益、幸福等主要关涉人之动物性（人之物性）的善。这里所说的正义也是广义的正义，指社会系统在生态系统的运行中，满足人类的尊严、价值、权利等主要关涉精神性（人之神性）的正当诉求。通常情况下，福祉、正义都是人尽其性的目的，都是发展的应有之义。发展的义务是达成福祉与正义相辅相成、共同促进的良好运行状态。或者说，福祉与正义的协调共进是发展的目标，也是发展的义务。问题是，当福祉与正义在发展过程中出现矛盾冲突时，何者优先？换言之，就发展的价值目的而言，是福祉优先于正义（福祉优先原则）？还是正义优先于福祉（正义优先原则）？或者，何者优先？

在发展视域中，康德式的德福一致问题转化为福祉与正义是否一致的问题。福祉与正义的矛盾冲突属于善善冲突的基本类型：人之物性之善与人之神性之善的冲突。这种冲突理论上呈现为功利论与义务论（福祉与正义）的冲突，实践上呈现为实然发展与应然发展的矛盾。如果说人性包括物性与神性，那么福祉是尽人之物性，是物性善；正义则是尽人之神性，是神性善。福祉是人类满足自身物性的尽其性，正义是人类满足自己作为理性存在者的尽其性。发展的尽其性其实就是尽人之物性与神性的至善。这种至善并非康德意义上的个体的德福一致，而是人类历史的绵延不绝。

既然福祉与正义都是尽人之性的应当目的，尽人之性的终极目的是人类历史的绵延不绝，那么如果福祉危害人类历史，正义促进人类历史，则正义优先；如果正义危害人类历史，福祉促进人类历史，则福祉优先；如果福祉、正义都危害人类历史，则人类历史优先；如果福祉、正义共同促进人类历史，则达成三者一致的最佳理想状态。这种状态的重要标志是，在生态系统与社会系统和谐一致的状态中，人类历史健康有序地持续前行。

其二，发展的构成要素之义务。

发展的构成要素是社会系统、生态系统和人类个体。在秉持人类历史优先的实践义务的过程中，如果三要素之间的义务发生冲突，何者优先？或者说，是社会系统优先？生态系统优先？还是人类个体优先？

人类个体的身体系统，是精神与肉体相统一的最为基本的伦理主体，是应当为人类历史绵延带来福祉文明、祛除危害灾难的发展伦理主体。在出生、生存、死亡的过程中，发展伦理主体应当善始、善生、善终，其基本义务在于避免身体系统的崩溃并使之良性运转。

如果说身体系统是发展主体的直接身体，自然系统则是其间接身体。或者说，生态系统应当是为人类历史绵延带来福祉文明、祛除危害灾难的伦理生态。比较而论，直接身体主要体现伦理主体的独特性，间接身体主要体现伦理主体的共同性。正是因为自然系统的公共性，所以人人有权享有间接身体，人人有义务珍爱间接身体。

社会系统是维系并延续间接身体，以便维系并延续直接身体的伦理实体。或者说，社会系统应当是为人类历史绵延带来福祉文明（富裕、长寿、民主、尊严等）、祛除危害灾难（世界战争、饥荒灾难等）的发展伦理实体（主要是国家、国际组织等）。就此而论，社会系统是人类历史绵延的综合身体。直接身体、间接身体、综合身体可以看作人类历史绵延的第一身体、第二身体、第三身体。质言之，人类历史优先的实践义务中，如果维系社会系统、生态系统与人类个体的义务之间发生冲突，人类个体优先于生态系统，生态系统优先于社会系统。

其三，发展的实践路径之义务。

秉持人类历史优先、人类个体优先的前提下，社会系统与人类各自应当承担何种实践路径之义务呢？

社会系统主要是指国家以及各种社会组织，其中国家是最为主要的伦理实体。因此，我们这里所说的社会系统主要指国家。不同的国家应当承担不同的义务，富裕国家应当承担高于贫穷国家的义务，因为"富裕国家的消费水平比贫穷国家高出很多。富裕国家人口消费巨大，不仅是指那里存在大量人口，而且是指他们对生产系统的过量需求已经超越了他们自己国家的疆界"①。当然，无论富裕国家还是贫穷国家，都应当避免对生态资源的过度利用。在生态资源不可知、不可控、不可确定的情况下，无法预知生态系统可以支撑多少资源损耗。因此，应当秉持预防原则的基本义务。何为预防原则？马尔腾（Gerald G. Marten）解释说："只有当生态系统的使用强度始终小于看上去的最大值时，生态系统服务才可以在一个真正可持续发展的基础上进行，这就是预防原则。"② 预防原则实际上是生态系统免遭破坏的底线伦理诉求。

所有人类与环境的相互作用，最终都是地方的。社会系统必须维系真正的民主与社会公平，珍爱当下的人类个体，考虑未来一代以及地球上除人类以外的栖息者。在帕菲特看来："而今最为重要之事就是如何应对人类生存的各种危机。……其中一些危机是我们造成的，我们正在寻求如何应对这些危机与其他危机的途径。如果我们能够降低这些危机，我们的后代或继承者或许能够扩散到整个银河系而消除这些危机。"③ 社会系统在

---

① 杰拉尔德·G. 马尔腾. 人类生态学：可持续发展的基本概念. 顾朝林，袁晓辉，等译校. 北京：商务印书馆，2012：12.

② 杰拉尔德·G. 马尔腾. 人类生态学：可持续发展的基本概念. 顾朝林，袁晓辉，等译校. 北京：商务印书馆，2012：168.

③ Derek Parfit. On What Matters: Vol. 3. Oxford: Oxford University Press, 2017: 436.

评估未来需求的决策与行动中，必须保证充分的地方参与以及正常的民主商谈程序。地方层面是保证民主有效运作、个体充分参与的具体领地，如改变恶习、预防灾难、应对突发事件等等。社会系统既要考虑社会现实、个人权益，又要关注生态现实，才可能寻找到长期有效的路径，确立普通人对可持续发展的义务与担当。

人类的使命与单纯自然的使命是完全不同的，"在人类的使命中，我们无时不发现那同一的稳定特性，而一切变化都归于这个特性。这便是一种真正变化的能力，而且是一种达到更完善的能力——一种达到'尽善尽美'的冲动"①。事实上，尽善尽美这个原则没有目的，没有目标，"它应当努力达到的更好的、更完美的东西，全然是一种不肯定的东西"②。之所以不肯定，是因为它是发展的自由本性，这就是尽其性的本质——"尽善尽美"的自由冲动。归根结底，发展就是每个人或所有人实现其自由本质的正当诉求与实践历程。

在发展过程中，每个人具有克服自我脆弱与外在限制以便积极主动地提升自我、实现自我的正当诉求，这也是发展权的本质。作为人权的发展权只是个人权利，每个人维系其发展权，也就意味着应当承担相应的义务，即不得危害人类历史的主体，不得阻碍他人或自己的发展权。值得注意的是，富人与强者应当承担高于穷人与弱者的实践义务，因为富人与强者占有消耗的自然资源高于穷人与弱者，自然资源并非仅仅属于富人与强者或穷人与弱者，而是人类共同拥有的第二身体。鉴于此，帕菲特强调说："而今最为重要之事就是富人放弃一些奢侈，避免地球温度过高，以其他方式善待此行星，以便它能够持续地维系理智生命之存在。"③ 一般而论，即使最为贫穷之人，其消费的自然资源也明显高于其他生物。因此，最为贫穷之人也要承担相应的义务，其他生物则不承担任何义务。

综上，每个人既要维护社会系统的良性运转以使社会系统为发展权服务，又要禁止破坏自然资源，自觉维系保护自然环境，使人类得以延续。

---

① 黑格尔．历史哲学．王造时，译．上海：上海书店出版社，2001：54.
② 黑格尔．历史哲学．王造时，译．上海：上海书店出版社，2001：55.
③ Derek Parfit. On What Matters：Vol.1. Oxford：Oxford University Press，2011：419.

尽管没有一种人类起源学说能够准确地诠释人类起源的原因与过程，但依然可以确定的是，人类是一种源自宇宙、生于地球的智能生物。在此情境下，一方面，宇宙是无限的，而人的认知能力与行动能力又极其有限，无限的宇宙与人类有限的能力之间存在着巨大矛盾；另一方面，作为人类赖以栖居的地球的承载能力以及可供人类享用的自然资源也是有限的，这就决定了有限的地球资源与人类无限的资源需求之间不可避免地发生冲突甚至尖锐矛盾。

目前，人类面临的这种冲突尤为严重："随着全球运输、通信以及经济的全球化，人们的社会体系正在变成单一的全球性社会体系，地球的生态系统正在通过人类的活动紧密地联系在一起。人口和社会复杂性的增长在全球每一个城市的生态系统和社会系统中史无前例地同步发生了。在过去，成长、衰退和移民是地区性或者地域性的；而现在，一场全球性的衰退正在酝酿，人类已经无处可去。"① 为了应对这种前所未遇的发展困境，以祛弱权为价值基准，维系人类历史绵延就成为人类发展的伦理法则。

需要强调的是，发展伦理法则把人类历史的持续作为绝对命令或发展的根本目的，并非否定人类的福祉功利与道义价值，恰恰相反，是为了更好、更长久地维系人类的福祉功利与道义价值。为此，发展伦理律令把人类提升为对人类历史负责的伦理主体，要求人类始终如一地承担起人类历史绵延的伦理义务。换言之，发展的伦理诉求就是以祛弱权为价值基准，更好地维系人类历史的绵延。

---

① 杰拉尔德·G. 马尔腾. 人类生态学：可持续发展的基本概念. 顾朝林，袁晓辉，等译校. 北京：商务印书馆，2012：166.

第十章　祛弱权之德性论

祛弱权德性论就是以祛弱权为价值基准的德性论。祛弱权伦理并不排斥或否定德性论，而是要求把握德性论和祛弱权的内在关系。

元伦理学式微以来，传统德性论多年来被边缘化而几近沉寂。随着应用伦理学的崛起和强势推进，传统德性论在欧洲尤其在德国依然如故——几乎不被严肃的哲学家问津。值得庆幸的是，德性论的哲学争论在英美已逐渐活跃起来，目前已波及中国伦理学界，似有德性复兴之望。在此道德境遇中，传统德性论能否冲破其固有樊篱，自觉纳入应用伦理学的轨道，闯出一条具有强劲生命力的应用伦理学视域的德性论即应用德性论（the theory of an applied virtue）之路，进而提升为祛弱权德性论，就成为伦理研究的一个全新课题，也是祛弱权伦理的一个重要课题。

这里需要说明的是，在汉语中，德性是德行之原因，德行是德性之体现（结果）。实际上，一个行为既有其原因，也有其体现。virtue 同时具有这两方面的含义。鉴于对目前流行术语的尊重，用德性翻译 virtue 较为稳妥。与 virtue（德性、德习、德行）相对的是 vice（恶性、恶习、恶行），与 good（善的、有益的）相对的是 evil（恶的、有害的），它们是评价人及其行为的价值判断语词，virtue 和 vice 就是用 good 和 evil 来判断、表达的对象和结果。

近年来对德性论的关注至少可以追溯到弗兰纳甘（O. Flanagan）1991 年出版的《道德人格的多样性》一书，但真正激起德性论的哲学争论的是德瑞斯（J. Doris）和哈曼（G. Harman）20 世纪 90 年代末所激发的德性统一论和德性境遇论的大辩论。德瑞斯等人试图追求亚里士多德式的德性统一论①，受到密尔格瑞姆（S. Milgram）、韦伯（J. Webber）等德性境遇论者的尖锐抨击。② 其中，颇有力度的批评者是美国杜克大学哲学系的斯瑞内瓦舍（Gopal Sreenivasan）教授。他在2009年发表的《德性的不统一论》一文中把德性统一论的前提规定为三个密切相关的命题：没有真正的德性困境、德性的经验一致性、德性的道德自足性。在境遇德性论看来，如果否定了任何一个前提，就足以推翻德性统一论，更何况其每一个前提都是难以成立的。因此，德性统一论雄心勃勃地追求的最高目的——德性的完善（perfection）的企图是根本不可能实现的。相反，道德德性应当满足最低限度的道德目的而不是去追求遥不可及的完善。③ 德性境遇论和德性统一论的哲学论证至此已经触及了德性问题的实质：古典道德哲学所追问的德性的一和多的关系问题——其关键在于德性是否有一个价值基准？如果有，它应当是什么？

回答这个问题，应当首先从德性论研究的两个基本路径入手。一般而言，研究德性论的两个基本路径是德性现象论（the symptomology of a virtue）和德性本原论（the aetiology of a virtue）。④ 正如马凯特大学福斯特（Susanne Foster）博士所说："每种德性都既有其现象论，又有其本原论。"⑤ 德性现象论回答德性现象是什么，德性本原论回答德性现象的原因和根据是什么。

德性论研究的两个基本路径和应用伦理学境遇已经预示出德性论的可能出路：在深刻反思两个基本路径的基础上，以祛弱权的新视角重新审视传统德性论的性质及其问题，进而探求应用德性论的基本性质及其价值

---

① J. Doris. Lack of Character, Personality and Moral Behaviour. Cambridge: Cambridge University Press, 2002: 20 - 22.

② S. Milgram. Obedience to Authority: An Experimental View. New York: Harper and Row, 1974.

③ Gopal Sreenivasan. Disunity of Virtue. Journal of Ethics, 2009, 13 (2): 195 - 212.

④ 这个术语首先是David O'Connor使用的。David O'Connor. The Aetiology of Justice// C. Lord, D. O'Connor. Essays on the Foundations of Aristotelian Political Science. Berkeley: University of California Press, 1991: 150 - 151.

⑤ Susanne Foster. Justice Is a Virtue. Philosophia, 2004, 31 (3): 501 - 512.

基准。

第一节 德性现象论

德性现象论侧重从经验的角度思考德性现象,主要回答德性是什么或德性的具体表现是什么。它认为德性是由人类的特性引起的一系列行为,每一种德性都有其特定的行为领域。如勇敢是控制危险的德性或者受威胁状况下的德性,勇敢者就是以正确的方式面对危险的人,他们在战场上的典型表现是英勇应战,而不是临阵脱逃。从德性现象论的视角来看,传统德性现象可以归结为如下三类。

一、向善习性

德性是向善的习惯或习性。把德性看作生活中的行为习惯或习性是古典德性论的一个重要观点。阿奎那在《神学大全》中明确主张"人类的德性乃是习惯"①,爱尔维修把德性看成一种利己的行为习惯,伏尔泰(Voltaire)则主张德性就是那些使人高兴的习惯。他们的共同点是,都主张德性是一种向善的习性,而不是趋恶的习性。

对此,有些哲学家有不同看法。比如,康德就认为,德性不应被定义和解释为仅仅是一种习性,或一种长期实践的道德上的良好行动的习惯,"因为如果这种习惯不是那种深思熟虑的、牢固的、一再提纯的原理的一种结果,那么,它就像出自技术实践理性的任何其他机械作用一样,既不曾对任何情况都做好准备,在新的诱惑可能引起的变化面前也没有保障"②。如果某种习性只是出于习惯,即只是由于不断重复而成为一种必不可少的行为一贯性的话,那么它就不是出于自觉自愿,因而就不是德性。这实际上就引出了德性的第二类看法:德性是一种出于自觉自愿的道

---

① 西方伦理学名著选辑:上卷.周辅成,编.北京:商务印书馆,1964:370.
② 康德著作全集:第6卷.李秋零,主编.北京:中国人民大学出版社,2007:396-397.

德性技能或实践力量。

二、道德技能

德性是道德技能或实践力量。柏拉图、亚里士多德的伦理学常常把德性看作一种道德技能。作为道德技能的德性和完成体力任务所需的技能不同，它可能意味着我们已经学会了控制欲望、倾向和情感的心理技巧或方法，因此可以避免不道德的行为。康德进一步认为伦理学中的德性不仅仅是一种技能，更重要的是，它是人的意志基于自由法则，在履行德性义务的过程中所体现的道德实践力量。一些当代德性伦理者秉承了这一理路。冯·瑞特（Georg Henrik von Wright）就经常用技能（a skill）这个术语理解德性这个概念。他主张德性是一种品格技能，因为它"能够阻碍、消除并且驱逐情感可能给我们的实践判断带来的模糊晦涩的影响"[1]。合而言之，德性是人们以能够胜任的方式发展自我和履行任务的道德技能或实践力量。

对此，多伦多大学哲学系的埃利奥特（David Elliott）教授提出了质疑。他认为，在不同的境遇中，德性和恶性甚至可以相互转变。以诚实的德性和说谎的恶性为例，面对一个身患绝症、清白无辜的人，自愿说谎（不告知其绝症真相），无损于诚实正直。相反，如实相告，虽然比自愿说谎更加诚实，但却丧失了德性，因为人还应当具有其他德性如同情等。[2] 既然德性能够在特定境遇中转变为恶性，那么它作为一种道德技能或实践力量就非常可疑了。由此可以推出：德性不仅是一种固定的道德习性、技能或力量，而且应当是一种在特定境遇中以特定方式行动的倾向。

三、行动倾向

德性是在特定境遇中以特定方式行动的倾向。西季威克（Henry Sidgwick）在其《伦理学方法》中就分析了德性倾向（tendency）。他说："德性，尽管被看作精神的相对持久的属性，但它如同其他习性和意向一

---

[1] Georg Henrik von Wright. The Varieties of Goodness. London: Routledge, 1963: 147.

[2] David Elliott. The Nature of Virtue and the Question of Its Primacy. The Journal of Value Inquiry, 1993, 27 (3): 317-330.

样,依然是某些属性。"① 瑞尔(Gilbert Ryle)、华莱士(James D. Wallace)和西季威克一样,不赞同德性是技能或能力。为此,华莱士认真地区分了能力和倾向(capacities and tendencies),他认为力量(strength)是运用体力的能力,视力是看到某种对象的能力。然而,"喜好航行却不是航行的能力,它是一种航行的倾向,一种考虑航行的倾向。诸如垂头丧气、得意扬扬之类的情绪和诸如仁善、慷慨之类的德性都清楚明白地是倾向而不是能力"②。因此,德性就像力量、视力和健康一样,并非技能或能力,而是一种倾向。③ 另外,弗兰克纳(William Frankena)、格沃斯(Allan Gewirth)等也都赞同此说。格沃斯说:"拥有道德德性就是具有依照道德规则而行动的倾向。"④ 把德性看作特定境遇中的倾向,其实就以德性的特殊性否定了德性的普遍性或一,它是一种典型的德性境遇论。这也在某种程度上说明,如果仅仅从德性现象论的视角考察德性论的话,最终必会走向德性境遇论。

问题的关键是,是否存在作为德性现象的习性、能力、技能或倾向的价值根据或普遍性的一?如果存在,它是什么?如果答案是否定的,各种德性现象就失去了善恶的价值判断根据而自我消亡。因此,各种德性现象(习性、能力、技能、倾向等)应当也必须有一个共同的价值基准。寻求这个价值基准的至关重要的一环是由德性现象论深入到德性本原论。

第二节 德性本原论

德性本原论认为,任何德性现象都是有原因、有条件、有根据的。德

---

① Henry Sidgwick. The Methods of Ethics. Indianapolis: Hackett, 1981: 222.
② James D. Wallace. Virtues and Vices. Ithaca, N. Y.: Cornell University Press, 1978: 40.
③ James D. Wallace. Virtues and Vices. Ithaca, N. Y.: Cornell University Press, 1978: 47; Gilbert Ryle. On Forgetting the Difference Between Right and Wrong//A. I. Melden. Essays in Moral Philosophy. Seattle: University of Washington Press, 1958: 147-159. 华莱士发展了瑞尔的观点。
④ Allan Gewirth. Rights and Virtues. Review of Metaphysics, 1985, 38 (4): 751.

性的判断、培育、养成和实践必须以德性主体的动机、社会条件和具体德性境遇等为综合运行机制。

一、德性的道德心理

德性的道德心理主要关涉道德动机。重视道德动机对德性养成作用的古典理性德性论的著名哲学家主要有斯多亚学派的芝诺（Zeno of Citium）、康德等。一些当代动机论者摒弃了古典理性德性论对德性孕育的严格要求，他们从经验的视角主张德性似乎就像骑自行车一样，只要有动机的自律就足够了，"伦理学的作用发挥时，不是因为某些人争先恐后地复印康德或密尔著作作为行为决定的指南，而是因为某些人在某些伦理问题境遇中发展出了一种善感以及如何应对善感的善感"①。福斯特博士认为动机是德性行为的重要原因，"德性动机就是引起行动者有德性地行动的那种行动者的典型状态"②。每一类型的行动结构中都会有其潜在的动机。比如，勇敢者在战斗中恐惧死亡是因为活着是过好的生活的前提，他们不因怕死而临阵脱逃的原因在于，从他们的善的观念来看，有些东西比死亡更可恶，如蒙辱含垢地苟活或居家被卖为奴等。

不过，多数学者认为德性不仅需要德性主体的动机，还需要从德性主体自身到其周围的社会的更多的教诲和条件。其实，以重视动机著称的康德也极为重视法律制度和伦理共同体对德性养成的作用。当代著名学者埃利奥特认为，虽然可以从心理（动机）和道德规范两个角度探究德性之本性，但是，由于没有这样的心理（动机）实体独立存在，这是极其困难的事情。从道德规范的角度看，德性的鉴定要容易得多，可以较为简便地把德性规定为具有道德价值的人们的状态或品性。就是说，德性是一个人自由选择的品性的特质，有德性的品质必定在正当行为中育成，并因此确证他应当为此承担相应的责任。③ 弗兰克纳也认为，德性"必定全部至少是

---

① Joel J. Kupperman. Virtue in Virtue Ethics. Journal of Ethics，2009，13（2）：243 - 255.

② Susanne Foster. Justice Is a Virtue. Philosophia，2004（3）：501 - 512.

③ David Elliott. The Nature of Virtue and the Question of Its Primacy. The Journal of Value Inquiry，1993，27（3）：317 - 330.

部分地通过教育和实践，或许是感恩祷告而获得的"，它们不仅仅是以某种方式思考或感受。① 质言之，德性需要德性主体周围的社会秩序持之以恒地努力并鼓励人们把他们的不同作用或角色聚合起来，以便支持和反思批判他们自身和塑造他们的社会秩序，后者反过来又把德性渗入个体德性的育成之中。

二、德性的社会机制

德性的社会机制主要指伦理秩序。对于德性而言，不仅其道德心理（动机）难以确定，一般而言，它所依据的通常的道德规范或各种道德要求也常常因歧义繁多、模糊不清和主体理解的差异性而相互冲突。相对而言，较为明晰可行的是社会性力量，主要是合道德性的法律和社会制度即伦理秩序。

如果说亚里士多德、霍布斯、黑格尔等是研究伦理秩序方面的古典著名哲学家的话，麦金太尔、罗尔斯和德沃金等则是研究伦理秩序方面的当代著名学者。麦金太尔从人的脆弱性、社会依赖性的角度，赋予了德性完整性社会要求的内容：一个人如果不把做一个好父母的要求和做一个好公民的要求联系起来，他就不可能拥有此种德性。德性主体所拥有的自我责任因此被确立，这就清楚地规定了保持德性条件的有德性的社会需求。② 如果说麦金太尔从个体德性出发寻求社会德性的话，罗尔斯则反其道而行之。他在《正义论》中，明确主张社会制度的首要德性是正义，一旦确定了权利和正义的法则，它们就应当被用来限定道德德性。③ 德沃金在讨论罗尔斯的契约论思想时力主"权利是王牌"（rights as trumps）的思想，把权利作为其政治伦理学的价值基准——实质是把权利看作其政治伦理的基础德性，力图把权利贯通于个体德性和社会德性之中。④ 此外，哈贝

---

① William Frankena. Ethics. Englewood Cliffs, N. J.: Prentice-Hall, 1973: 63.
② A. MacIntyre. Social Structures and Their Threats to Moral Agency. Philosophy, 1999, 74 (3): 311-329.
③ John Rawls. A Theory of Justice. Cambridge, Mass.: Harvard University Press, 1971: 192.
④ Ronald Dworkin. Taking Rights Seriously. Cambridge, Mass.: Harvard University Press, 1978: 169-171.

马斯、罗门（Heinrich A. Rommen）、波普尔、富勒（Lon L. Fuller）、哈特（Herbert Hart）、列维纳斯、麦凯（John L. Mackie）等一大批著名学者各自从商谈伦理、法律的合道德性、宗教的责任伦理、政治伦理的权利正当性等不同视角、不同领域阐释了类似的伦理秩序问题。这种明确地通过法律民主程序和社会制度设计等领域的德性来保障个体德性的思维高度和理论视野，早已在不知不觉中超出传统个体德性论的视野，进入了应用伦理学的全新领域——应用德性论已经呼之欲出了。

不过，主体的动机、社会性力量尤其是社会制度和法律的明晰性、可行性必须建立在具有普遍性的价值基准的基础上。就是说，德性的育成和保障最终必须依据一个普遍性价值基准。

三、德性的普遍法则

德性的普遍法则主要指其价值基准。德性的判断、培育、养成和实践必须以某种价值基准如功利、幸福、自由或责任、权利等为前提。如何确定德性的标准问题历来是争论的焦点，针锋相对的论辩莫过于亚里士多德的中道标准和康德的法则标准之间的颉颃。

古希腊盛行的德性观认为，中道是德性的标准，德性就是两种恶的中道。亚里士多德是此论的经典作家，他认为德性是一种选择中道的品质，"德性是两种恶即过度和不及的中间"①。他把中道看作德性的判断标准，但他也看到，"从其本质或概念来说德性是适度，从最高善的角度来说，它是一个极端"②。并非每项实践与感情都有适度，有些行为本身就是恶如嫉妒、谋杀、偷窃等，有些行为本身就是善如公正、勇敢、节制等，"一般地说，既不存在适度的过度与适度的不及，也不存在过度的适度或不及的适度"③。这里出现了两个矛盾：其一，过度和不及有中道，但又没有中道；其二，适度是过度和不及的中道，但适度又是一种极端，没有过度和不及。亚里士多德敏锐地意识到了这个困境，但他只是从经验的角

---

① 亚里士多德. 尼各马可伦理学. 廖申白，译. 北京：商务印书馆，2003：48.
② 亚里士多德. 尼各马可伦理学. 廖申白，译. 北京：商务印书馆，2003：48.
③ 亚里士多德. 尼各马可伦理学. 廖申白，译. 北京：商务印书馆，2003：48.

度指出了它,却没有从形而上的角度解决中道德性论的这种逻辑和实践的矛盾。

康德对中道德性论做了细致的分析和批判。康德认为,德性是过度或不及的中道的看法是同义反复,毫无意义。德性和恶性各自都有自己的准则,这些准则必然是互相矛盾的。因此,德性和恶性都只能是一种极端,不可能通过量的变化而互相过渡:恶性的中道还是恶性,而绝不是德性。换句话说,德性绝不是两种恶性的第一种恶性的逐渐减少或相对应的第二种恶性的逐渐增加而达到的中道。是故,中道不是德性的根据和标准,只有道德法则才是德性的根本原因。据此,康德进一步指出:"德性与恶性的区别绝不能在遵循某些准则的程度中去寻找,而是必须仅仅在这些准则的质(与法则的关系)中去寻找。"① 康德的批判很有道理,德性和恶性的性质的确截然不同,必须严格区分。不过,康德所提供的道德法则的模糊不明使它难以成为道德共识和判断德性的价值基准。康德之后的黑格尔、叔本华、海德格尔、马克斯·舍勒(Max Scheler)、阿多诺、萨特等著名哲学家对此问题都有不同的深刻反思和批判,兹不赘述。

虽然我们并不完全赞同亚里士多德和康德的观点,但我们可从他们的思想中引出如下结论:如果德性是道德建构的话,它们无论如何应当是有道德价值的习性、特性、倾向、技能或能力。就是说,德性只能源自一些具有普遍性的道德信念,只有在我们详尽说明价值是什么以及它为何如此之后,才能具体判断何者为德性。西季威克说,我们应当把德性仅仅看作"最为重要的仁善的分类或正当行为方面的首脑"②。罗尔斯认为,德性应当理解为"由一个更高秩序期望所控制的意图和倾向的相关类属,在此情况下,行动的期望来自相应的道德法则"③。格沃斯也主张,"道德德性源自道德规则设定的命令内容"④。就是说,绝不存在脱离道德体系之外的德性或凌驾于一切道德体系之上的德性。

---

① 康德著作全集:第 6 卷. 李秋零,主编. 北京:中国人民大学出版社,2007:416.
② Henry Sidgwick. The Methods of Ethics. Indianapolis:Hackett,1981:219.
③ John Rawls. A Theory of Justice. Cambridge, Mass.:Harvard University Press,1971:192.
④ Allan Gewirth. Rights and Virtues. Review of Metaphysics,1985,38 (4):751.

实际上，德性现象自身并没有一个明确的要求和强力的保障，它必须求助于价值基准和伦理范式——即使是公认的亚里士多德的德性论也是建立在幸福目的基础上的。德性论不能排除感性、功利、情感、习俗、社会制度、法规等因素，并不存在脱离价值基准和伦理范式的孤零零的德性。要确定什么是德性，只能根据目的论的善、义务论的正当、责任论的责任或权利论的权利等来判断。可以说，判断德性的价值标准是德性的内在的根本的价值诉求。

这样一来，"如何寻求这个价值基准"就成了德性现象论和德性本原论的共同任务。如前所论，在传统伦理学视域中，不能也没有解决德性的价值基准问题。德性论如果滞留在传统德性论中故步自封、自我陶醉，它就会面临全面失效而丧失其功能的危险，应用伦理学发轫以来的伦理事实已经有力地证明了这一点。有鉴于此，传统德性论必须融入应用伦理学的全新领域之中，自觉地吸纳应用伦理的新视角、新思路和新的伦理精神，并把自身提升到应用德性论的高度，才有可能寻求到德性的价值基准。

第三节 应用德性论

应用伦理学领域的不断拓展和层出不穷的新伦理问题远远超出了传统德性论的理论视野和思维限度：诸如如何看待克隆人，如何看待社会制度的正当性，如何理解善治和法治，如何把握环境生态和人的关系等问题，都是传统德性论所推崇的诸如勇敢、智慧、仁慈、节制等德性无能为力的，这既是传统德性论被边缘化的重要原因之一，同时也为德性论的复兴提供了新的契机。在此境遇中，德性论的出路在于，直面现实伦理问题，从应用伦理学的角度探究德性，自觉地把传统德性论提升为应用德性论。完成这种转化的逻辑前提是：在对比传统德性论和应用伦理德性有何区别的基础上，准确把握应用德性论的特质。这主要体现在德性的问题视域、理论性质、实践特质等几个层面。

一、德性的问题视域

从德性的问题视域来看,传统德性论如亚里士多德、阿奎那、康德等人的德性论主要局限在探讨个体德性的狭小领域内。诚如斯尼维德(J. Schneewind)所说,传统德性伦理把道德的核心问题看作"我将会成为何种类型的人?"[①] "当我们说某些人有德性,就暗示着他们已经学会了用完全正当的方式处世。"[②] 因此,传统伦理学往往偏重于把德性看作个人自身修身养性的私人领域的道德问题。

应用德性论从根本上超出了私人个体的狭小范围,而拓展到了人类整体和整个社会的宽广领域,它关涉民族国家性的,甚至于人类全球性的、未来性的伦理问题,如生命伦理、生态伦理、科技伦理、经济伦理、政治伦理、媒体伦理、性伦理以及国际关系伦理等等。因此,应用德性论的指向主要是寻求整体共识认同、具有普遍性指导价值的整体性的德性或类的德性,其核心问题是我们将如何共同应对和我们每个人息息相关的各种现实性的伦理问题。因此,应用德性论的主旨是力图寻求处理这些应用伦理问题的正当方式,它致力于研究我们如何以正当的程序和合理的路径应对当前或今后人类共同面临的紧迫的现实伦理问题。

两类德性论问题视域的不同,直接体现为二者理论性质和实践特质的显著区别。

二、德性的理论性质

从德性的理论性质来看,传统德性论常常以臆想出来的事例和模糊不明的语言来说明有关的德性内涵,其常用的表述方式是:"假如遇到某种道德问题,有德性的人该如何选择或作为?"比如,康德讲到诚实的德性时,就假设如果遇到企图侵害某人的人向你询问某人时,你依然不应该说谎。此类虚拟的道德情景为其语言的模糊不明预留了可能性,如亚里士多

---

① J. Schneewind. The Misfortunes of Virtue//R. Crisp, M. Slote. Virtue Ethics. Oxford: Oxford University Press, 1997: 179.

② Joel J. Kupperman. Virtue in Virtue Ethics. Journal of Ethics, 2009, 13 (2): 243 - 255.

德在叙述勇敢的德性时,说勇敢就是要像勇敢的人那样行动,勇敢的人就是勇敢行动的人。这也致使传统德性通常具有独断性,它常常独断地坚持认为,有德性的每个人或许在某些境遇中做得最好,而另一些人则可能做得最坏。对此,库普曼(Joel J. Kupperman)批评说,如果存在德性的话,并不像他们所说的那样简单,"许多人认为有德性就如同走直线那样,不会因为诱惑或压力而偏离它"[1]。事实上,以不同方式把行为分为有德性的行为和违背德性的行为,常常和我们日常对人们行为描述的划界命令相悖。

和传统德性论不同,应用德性论直面的不是最大快乐、长生不老、千年王国之类的遥远无期或虚拟幻想出来的伦理问题,而是现实存在着的、直接和我们每个人密切相关并且具有相当程度的紧迫性的伦理问题,如生态问题、基因工程问题、安乐死问题、医疗卫生问题、突发事件的应急机制问题、消费者权益的维护问题等等。对这些现实问题的思考和解决,绝不允许任何主观臆断的虚拟假设和含糊其辞的语词表达,其语言表述必须明确清晰、精当简洁。其常用的表述方式是:"在我们面对的道德问题面前,应该如何有德性地选择或作为。"更为关键的是,这些伦理问题的紧迫性、重要性内在地要求应用德性论必须摒除独断和虚拟,持之以恒地秉持民主商谈的伦理精神,具备切实有效地解决问题、缓解矛盾冲突的伦理实践特质,而不是仅仅关注个体的希圣希贤式的德性和实践。

三、德性的实践特质

从德性的实践特质来看,传统德性论涉及的往往是独特境遇中的个体行为。在此种伦理境遇中,德性个体在匆忙中大多是凭德性直觉做出的道德应对和行为选择,这就不可避免地具有随意性、偶然性、多样性。原因在于:首先,人是不完善的脆弱性存在,"任何个人可能具有的动力和习性,在某些境遇中表现为德性行为,而在其他境遇中却没有表现为德性行

---

[1] Joel J. Kupperman. Virtue in Virtue Ethics. Journal of Ethics,2009,13(2):243-255.

为"①。其次，德性和恶性常常互相交织，以至于本来看似恶性的选择可能导致德性的选择，本来看似德性的选择可能导致恶性的选择。另外，仁慈、慷慨之类的德性也往往并不在需要它们的时刻如期而至。最后，实际情况往往是只有极少数人通过高度自律（可能也有自我批判）比大多数人更为接近完善的德性。不过，我们通常尊敬和崇拜的这些人也并非始终如一地为善，他们也会有不那么善的行为或恶的行为。更何况人们的德性在其一生中的不同时段和不同境遇中也常常会有所变化。因此，库普曼认为："我们不必要看那些和现象一样繁多的命题，因为现象是会变化的。对于德性伦理而言，最有用、最基本的是关注个体案例的特性。于是，可以得出的有趣的结论是在句子陈述中可以用'有时'或'经常'等开始，偶尔也可用'有个性地'等开始。"② 然而，仅仅依靠道德语词的严谨精当（其实，"有时""经常"等本身也并不那么严谨），还不能真正摆脱传统德性的多样性、模糊性、偶然性所带来的困境，即它可能导致德性的泛滥而使人们无所适从，甚至自觉或不自觉地走向破坏德性的恶性。这是传统德性不可回避的一个重大问题，也是境遇德性论大行其道、德性统一论节节败退的主要根源之一。这个问题只有在应用德性论中才有望解决。

应用德性论试图将某种个体行为普遍化为一种一般的行为方式，使它不再仅仅是一种个体的修身养性和行为选择，而是使之转化为一种普遍性的社会行为模式和民主商谈程序。③ 这样一来，应用德性不再像传统德性那样将道德难题归咎于个体德性，而是调动全社会的整体性道德智慧，通过商谈讨论进行道德权衡和判断决策，也就是说由社会力量（取代个体）做出明智的最后决断，并依据一定的价值基准制定出一种普遍有效的有一定约束力的行为方式或道德规则，然后通过法律制度等伦理程序有秩序地、理性地付诸实践。在应用伦理境遇中，个体德性主要体现为积极参与

---

① Joel J. Kupperman. Virtue in Virtue Ethics. Journal of Ethics，2009，13（2）：243 - 255.

② Joel J. Kupperman. Virtue in Virtue Ethics. Journal of Ethics，2009，13（2）：243 - 255.

③ 关于应用伦理学的本质特征问题，请参见：甘绍平. 关于应用伦理学本质特征的争论. 哲学动态，2005（1）.

旨在制定与变更道德规则的民主商谈和道德实践。由于应用伦理学的目标是要靠社会结构与制度的正当、决策程序的民主、人类整体的共同性伦理行为来实现的，所以应用德性必须具有普遍性，并能渗透到社会制度和民主程序之内。应用德性的这种实践特质实际上体现着一种尊重人权、自由和民主的道德精神。据此观之，斯瑞内瓦舍教授曾提出的德性的"最低限度的道德准则"①（基本要求是不得为大恶之行，不得践踏重要权利）是个很有见地的观点。它提醒我们直面现实伦理问题的应用德性论必须否定传统德性论的虚拟性、模糊性、偶然性、随意性，具有现实性、普遍性或共识性、明晰性的实践特质。所以，寻求具有现实性、普遍性、明晰性的价值基准是确证应用德性论的至关重要的问题。这就关涉到从应用德性的视角，重新反思传统德性的一和多的哲学争论的道德使命。

第四节　祛弱权：德性的价值基准

众所周知，荷马史诗之后，哲学扬弃诗学成为一种审视自然和人生的新的思维方式。由"多"求"一"的哲学精神，也自然地渗透到了德性的一和多的讨论中。这经典地体现在著名的苏格拉底的对话之中：当回答者认为德性就是男子的德性、女子的德性、孩子的德性、老年人的德性、自由人的德性、奴隶的德性等等时，苏格拉底责难道："本来只寻一个德性，结果却从那里发现潜藏着的蝴蝶般的一群德性。"② 后来的斯多亚学派秉承苏格拉底德性论的基本精神，也主张只有一种德性。③ 柏拉图、亚里士多德开始质疑只有一种德性的看法，试图寻求德性的多，但他们并没有否定德性的普遍性或一。其实，亚里士多德的中道就是他所认为的德性的一或德性的普遍性标准。当今的德性统一论和德性境遇论之间的颉颃正是古希腊以来德性的一和多的哲学争论的拓展和深化。

---

① Gopal Sreenivasan. Disunity of Virtue. Journal of Ethics，2009，13（2）：195-212.
② 古希腊哲学．苗力田，主编．北京：中国人民大学出版社，1995：238.
③ Alasdair MacIntyre. After Virtue. London：Duckworth，1981：157.

特别值得重视的是，康德从先验哲学的高度对古希腊德性论进行的反思批判。他认为从形式讲，德性只能有一种形式——意志的形式即道德法则。德性就其作为理性意志的力量而言，其特质中已将每种义务都囊括在内，因此像一切形式的东西一样，只能是唯一的。但从资料即意志的目的讲，即考虑人应该当作目的的东西，则德性可以是多样的。德性的多样性只能理解为理性意志在单一的德性原则的指引下达到的多种不同的道德目标。康德以他特有的方式回答了德性的一和多的关系：德性的形式是一，这种一和其资料的结合形成一的多。如果我们把康德的这一传统德性论的思路推进到应用德性论的视域，就可以对古典德性的一和多的争论（包括当今的德性一致论和德性境遇论的论争）做出一个直觉的明确回答：人权是德性（包括传统德性和应用德性）的一或德性的普遍标准，其他德性是以德性的一即人权为价值基准的多。

问题是，(1) 人权有何资格成为德性的一或德性的普遍标准？(2) 祛弱权是不是德性的价值基准？这就涉及人权和德性的关系问题。我们知道，人权 (human rights) 是人的自然权利 (natural rights)，因此，人权和德性的关系应当从自然 (nature) 和德性 (arete) 的内涵以及二者之间的表面联系和内在联系的探究中追寻。如果回答了 (1)，那么 (2) 也就迎刃而解了。

一、自然和德性的表面联系

在应用伦理学视域的人权中，我们已经涉及自然和德性的关系问题。这里需要深入论证。

我们知道，nature (自然) 有两个基本含义：一是本然、天然、固有、与生俱来；二是本质、本性。根据海德格尔的考察，natura (自然) 出自 nasci (意为：诞生于，来源于)，"natura 就是：让……从自身中起源"①。由此，nature 的完整含义就是"从本然中产生出其本质或本性"。

在古希腊文中，德性 (arete) 原指每种事物固有的天然的本性，主要指每种事物固有且独有的特性、功能、用途，或者指任何事物内在的优秀或卓越 (goodness, excellence of any kind)。任何一种自然物包括天然

---

① 海德格尔. 路标. 孙周兴，译. 北京：商务印书馆，2000：275.

物（如土地、棉花、喷泉等）、人造物（如船、刀等）、人等都有自己的arete，如马的 arete 是奔跑，鸟的 arete 是飞翔等。据此，arete 和 nature 的第二个含义（本质、本性）的本义是一致的。

　　arete 在亚里士多德那里仍然具有较广的含义，它往往泛指使事物成为完美事物的特性或规定。亚里士多德说："每种德性都既使得它是其德性的那事物的状态好，又使得它们的活动完成得好。比如眼睛的德性，既使得眼睛状态好，还要让它功能良好（因为有一副好眼睛的意思就是看东西清楚）。"① 亚里士多德曾把自然解释为本性，一物的本性就是其自然的状态，一物按其本性活动就是其自然活动。在亚里士多德那里，arete 和 nature 的第二个含义的本义也是基本一致的。这就是德性（arete）的第一个层面——非人的自然物的德性即自然德性。

　　不过，苏格拉底已经开始扭转古希腊自然哲学的方向，他试图使哲学从追问自然的本体转向追寻德性本身。柏拉图尤其是亚里士多德秉承这一思想，开始把德性主要归结为人的内在的卓越或优秀，逐渐倾向于把德性主要限定在理智德性和道德德性上。亚里士多德以后，人们主要在道德意义上讨论德性的内涵。斯宾诺莎就把德性直接规定为人的本性，他说："就人的德性而言，就是指人的本质或本性，或人具有的可以产生一些只有根据他的本性的发作才可理解的行为的力量。"② 德国自然法学家罗门也明确指出："社会伦理和自然法的原则就是人的本质性自然。"③ 可见，亚里士多德以后的 arete 主要特指人的本质、本性、卓越、优秀，即人的德性。正因如此，亚里士多德以后，德性是人的第二天性得到广泛认可，"假定我们说某人是有德性的，我们把诸如与生俱来的、固定不变的品质之类的东西归之于他，这当然是荒唐可笑的"④。因此，雷德（Soran Reader）说，德性不是与生俱来的，而是至少通过训练得来的，"我们需

---

① 亚里士多德. 尼各马可伦理学. 廖申白，译. 北京：商务印书馆，2003：45.
② 西方伦理学名著选辑：上卷. 周辅成，编. 北京：商务印书馆，1964：625.
③ 海因里希·罗门. 自然法的观念史和哲学. 姚中秋，译. 上海：上海三联书店，2007：171.
④ Joel J. Kupperman. Virtue in Virtue Ethics. Journal of Ethics，2009，13（2）：243-255.

要德性如同燕子需要通过星体确定飞行方向的技术一样"①。这就是德性的第二个层面——人的德性。至此，自然和德性的表面联系已经触及了二者的内在联系。

二、自然和德性的内在联系

自然（nature）和德性（arete）的表面联系根源于自然和德性的内在联系：nature 如何"从本然中产生出其本质或本性"，即 nature 如何展现出其"本然"的 arete（德性）的问题。

从自然史的角度看，尽管一切物质和整个自然界都潜在地具有思维的可能性，但是迄今为止，就我们所知的范围而言，整个自然只有通过人才意识到自身，才能够支配自身，并借此成为自由的、独立的自然。换言之，从人的眼光来看，整个自然史可以视作为人的产生而预做准备的过程。诚如马克思所说："全部历史是为了使'人'成为感性意识的对象和使'人作为人'的需要成为需要而作准备的历史（发展的历史）。历史本身是自然史的即自然界生成为人这一过程的一个现实部分。"② 鉴于人和自然内在关系的这种哲学反思，海德格尔也认为，自然指称着人与他所不是和它本身所是的那个存在着的本质性联系，并非仅仅指人的躯体或种族，而是指人的整个本质。③ 人的本质是整个自然界的本质，它体现着人与人、人与社会、人与自然、人与其自身的自由自觉的德性。就是说，人是自然界一切潜在属性的本质体现，人的德性体现的恰好就是整个自然界的卓越或好（arete），即完整自然（自然和人）的德性。

因此，德性是自然界在其一切潜在属性实现的过程中体现出的卓越或好。自然界的德性或自然德性（如刀之锋利、马之善跑等）可以看作人的德性的预备，是德性的初级阶段，它体现的是感性自然的外在必然性，但它潜藏着趋向德性的高级阶段（人的德性）转化的可能性。人的身体德性如善跑、健康等和理智德性如精于计算、博闻强识等，则成为自然德性过

---

① Soran Reader. New Directions in Ethics: Naturalisms, Reasons and Virtue. Ethical Theory and Moral Practice, 2000 (3): 341-364.
② 马克思.1844年经济学哲学手稿.中央编译局，译.北京：人民出版社，2000：90.
③ 海德格尔.路标.孙周兴，译.北京：商务印书馆，2000：275.

渡到意志德性的桥梁。人的身体德性虽然大体上属于自然德性，但它并非纯粹的自然德性，因为它和理智、意志密不可分。人的理智德性虽然已经超越了自然德性，但它必须以意志德性为归宿和价值标准，否则，它也可能成为恶性。

这里必须明确的是，诚如黑格尔所言，思维和意志的区别就是理论态度和实践态度的区别。但我们不能设想，人一方面是思维，另一方面是意志。因为它们不是两种官能，意志是特殊的思维方式，即把自己转变为定在的思维。人不可能没有意志而进行理论的活动或思维，因为在思维时他就在活动。就是说，意志是决心要使自己变成有限性的能思维的理性，人唯有通过决断，才投入现实实践，因为不做出决定的意志不是现实的意志。这恰好体现出意志的根本规定——自由，"自由的东西就是意志。意志而没有自由，只是一句空话；同时，自由只有作为意志，作为主体，才是现实的"①。可见，和自然德性、理智德性不同的是，意志德性即意志的本质是自由。由于只有经过意志的判断、选择的行为才和道德相关，所以只有意志德性才是道德德性——自由，自由正是人之为人的特质和卓越所在，或者说，道德德性是人区别于任何其他事物的本质性标志。这样，自然通过人，人通过自由意志，就把自然德性、理智德性和道德德性连接起来，并把自然的本质或德性即自由充分地展示出来了。

换言之，"自由是从它的不自由那里发生出来"②。自然就是一个追求道德德性的自由历程，道德德性体现着自然的德性，也就是自然的内在必然性——自由。由于人本身就是自然界本质的体现者，因此，在人这里，理性意志与欲望和自然本身的斗争就体现着自然的德性——自由。这样，各种德性就在自然追求其内在的卓越即自由中相互贯通了（需要指出的是，这也确证了伦理学作为自由之学的实质就是德性论，因此本书开篇把德性排除出了基本的伦理路径）。因此，真正的自然德性就是基于自由的道德德性。人作为自然人和自由人的综合体，同时也是自然德性、理智德性和道德德性的综合体。但自然德性、理智德性只有出自道德德性或至少

---

① 黑格尔. 法哲学原理. 范扬，张企泰，译. 北京：商务印书馆，1982：12.
② 黑格尔. 历史哲学. 王造时，译. 上海：上海书店出版社，2001：381.

符合道德德性才具有道德价值。所以，虽然自然德性、理智德性与道德德性有一定联系，但前二者只是伦理学的参照系统，而非伦理学的主要研究对象。只有道德德性（自由）才是伦理学的真正研究对象。就是说，作为德性的自由属于价值范畴。不过，自由是一个歧义繁多的概念，要确定"何为自由"，就应当根据一个明确的普遍性的价值基准加以判断。否则，自然德性、理智德性、道德德性就失去了根基，应用德性论和个体德性论也就不复存在了。

三、人权是德性的一

自然和德性的表面联系、内在联系已经预制了人权是德性的一或价值基准。

如前所述，德性（arete）的本义是指任何事物的内在的特有的不同于他者的卓越或优秀。既然 nature 的完整含义是"从本然中产生出本质或本性"，人权即人的自然权利（natural rights），就是"从人的本然中产生出人的本质权利或人的本性权利"。所以，人权就是基于人之内在本质的权利，它体现着人与其他事物不同的特有本性即人的德性的某个层面。列奥·施特劳斯（Leo Strauss）之所以特别强调自然权利应回归古代的德性观念来理解，正是基于德性和人权的这种内在关系。

著名人权专家米尔恩（A. J. M. Milne）曾把普遍性的人权概括为：人权是"属于所有时代、所有地域的所有人的权利。这些权利只要是人就可拥有，而不管其民族、宗教、性别、社会地位、职业、财富、财产的差异或者伦理、文化、社会特性等任何其他方面的不同"[1]。人权是人之为人的价值确证，是人之为人共同享有的普遍性权利，因此是具有普遍性的德性。格劳秀斯（Hugo Grotius）曾说，人权和权利是人作为人这种理性动物所固有的道德本质，"由于它，一个人有资格正当地享有某些东西或正当地去做某些事情"[2]，"自然权利乃是正当理性的命令，它依据行为是

---

[1] A. J. M. Milne. Human Rights and Human Diversity: An Essay in the Philosophy of Human Rights. London: The Macmillan Press Ltd., 1986: 1.

[2] 西方伦理学名著选辑：上卷．周辅成，编．北京：商务印书馆，1964：580.

否与合理的自然相谐和,而断定为道德上的卑鄙,或道德上的必要"①。人的自然权利或人权就是标志和体现着人的整个本质即德性或自由的普遍性权利。

合而言之,人权作为一种普遍性的德性,其基本要求是人权主体享有或尊重人权。它至少应当具有三个层面的含义:(1)即使是尚未具备人权能力者如婴儿等,或丧失了人权能力者如重病者等,只要是自然人,都同样享有人权,这是人权的自然德性方面——仅仅因其是自然人就具有的德性或本质,如果被剥夺,就是其自然德性的丧失。(2)具有尊重人权能力的主体不仅仅因其是自然人而享有人权(自然德性),更为重要的是因其具有道德素质和自由意志而必须尊重人权——这是人权的道德德性方面,实际上也是每个道德主体的道德责任。一个不尊重人权的道德主体就是一个丧失了基本德性的主体。(3)自然德性的人权并不能自在存在,它必须以道德德性的人权为前提和根据。就此而言,假如有动物权利、生态权利,也应当属于自然德性的范畴,它们并不能自在存在,必须以道德德性的人权为前提和依据。在不尊重人权这个前提下,不但动物权利、生态权利等自然德性失去了存在的根据,而且任何道德德性包括勇敢、慷慨、仁慈、节制、求真等都是不道德的,都会转化为违背德性的恶性(行)。如从事法西斯的人体试验的人的求真、忠诚等在践踏人权的境遇中都成了恶性(行)。因此,人权具有相对于其他特有权利或义务责任的绝对优先地位,它有资格成为德性的底线和最基本的道德要求即价值基准。

至此,我们可以对古典德性的一和多的争论及其当代变式德性一致论和德性境遇论的论争做出明确回应:德性一致论的可取之处在于,它坚持必须有一个判断德性的价值标准,其错误在于把德性固定为一种静态的没有生命力的绝对至善,因为若据此至善判断多样性的德性现象,就不会有任何德性了。德性境遇论试图脱离德性一致论的独断的、虚幻的、高不可攀的至善标准,这是德性摆脱桎梏的关键一步,但它却否定德性共有的价值基准,混淆善恶价值,进而导致德性的泛滥甚至可能把恶性冒充为德性。如此一来,二者殊途同归地把传统德性推向黑暗的深渊的同时,又为

---

① 西方伦理学名著选辑:上卷.周辅成,编.北京:商务印书馆,1964:582。

传统德性孕育了新的出路：德性必须有一个价值基准——但绝不是高不可即的至善，而是每一个人都应当也能够践行的道德底线的价值基准；德性不是单一的，而是多样的——但绝不是我行我素的任性的德性，而是以普遍的价值基准（人权）为根据的德性。

具体说来，人权不是至善，而是具有普遍性的德性底线，它是德性的一或价值基准。在尊重和保障人权的前提下，德性具有多样性——如果把人权看作德性的第一个层面，这就是德性的第二个层面：以人权为价值基准的倾向、能力、技能、习性等才可能成为德性，诸如勇敢、诚实、仁慈、慷慨、智慧、明智等各种各样的德性只有以人权为价值基准，才配享有德性之美誉。相反，任何德性只要违背了人权这个价值基准，就转化为恶性。比如，冒险救人因其尊重生命权这个基本人权而是勇敢的德性，冒险杀人则因其践踏生命权而是恶性。人权这个价值基准，不仅为各种个体德性提供了判断标准，使传统德性论的模糊争论得以解决，更重要的是，为主要关注和每个人密切相关的伦理问题的应用德性论提供了基本的价值基准。诸如克隆人问题、环境生态问题、法治和善治问题、科学技术的价值取向问题等，都可以在人权这个价值基准的框架内得到论证，并根据一定的民主程序纳入立法、制度和实践之中。

这样一来，德性的多和一，或境遇德性的相对主义与统一德性的绝对主义之间的矛盾在应用德性视域内的人权价值基准上得以化解，应用德性论也因此得到确证。可见，一旦传统德性论以人权为价值基准，把个体和社会性问题结合起来，也就超越自身上升到了应用德性论。换言之，应用德性论并不是完全抛弃传统德性论，而是扬弃它，即把它提升到应用伦理学视域的应用德性的新境地。

四、祛弱权是德性的价值基准

现在的问题是，人权与祛弱权是什么关系？这就需要回答：人权的根据是什么？或者说，为什么存在人人享有的正当诉求（人权）？如前所论，坚韧性是人与人存在差异的根据，脆弱性是人与人平等的根据。因此，人权的本质在于祛弱权，祛弱权是人权的根本精神。或者说，人权是普遍权利的形式，祛弱权则是把形式（人权）和质料（脆弱性）融为一体的普遍权利。如果说人权是分析命题（具有普遍性却不能带来新的知识），特殊权利是综合命题（不具有普遍性但能带来新的知识），那么祛弱权则是先天综合命题，因为祛弱权是人人享有其脆弱性不受伤害（普遍质料）的普遍权利（普遍形式）。祛弱权作为德性论的道德底线，构成了伦理学全部论证和全部规范的价值基准，因为所有的伦理问题都与祛弱权的价值基准相关，所有伦理领域的争论都涉及祛弱权问题。如堕胎与生命权的冲突、克隆人与人权问题、弱势群体与强势群体的权益冲突、宗教信仰与人权的冲突、当代人与未来人之间的代际权益冲突、公众知情权与公民隐私权之间的矛盾、人工智能与人类劳作之间的冲突等等。因此，德性论的道德底线是更为具体的普遍的祛弱权。祛弱权之德性就是以祛弱权为价值基准的德性，其目的是维系个体的尊严和价值。如此一来，应用德性就提升为祛弱权德性。

值得强调的是，祛弱权的价值基准和公正的法律制度并不能保证高尚的纯洁德性（比如至善）的实现，但却能够坚守德性的底线法则，不至使人倒退到豺狼般的野蛮状态中去。如果失去了这个底线，且不说高尚的德性沦为空谈，人类基本的存在也难以得到有效保障。因此，运用正义的法律制度的伦理力量，秉持祛弱权底线，切实应对和人类密切相关的现实问题如生态问题、食品健康问题等，而不是沉醉于那些貌似科学、实则梦幻的虚拟问题如克隆技术是否会克隆出长生不老的克隆转忆人①等，是严防人性堕落的最切实的实践途径，它比乌托邦式的道德梦幻如至善至圣、千禧王国、最大幸福或最大快乐等更有价值和意义，这也是祛弱权之德性的实践特质。可见，以祛弱权为价值基准的德性论彰显了伦理主体目的，也呼唤祛弱权之正义论的出场。

不可否认，在祛弱权的普遍意义与人权实现的具体条件之间，存在着一种独特的紧张关系：在现实生活境遇中，诸如生命权、自由权、财产权、幸福权、健康权、信仰权、发展权、良好的生活环境权等都是受具体条件限制的人权即相对权利。尽管相对权利必须以祛弱权为根据，但祛弱权只能在相对权利中有限地、不完满地不断实现自我，却不能在相对权利

---

① 韩东屏．克隆转忆人：供人类思考的思考．北京：社会科学文献出版社，2005．

中绝对地完成自我。因此,如何实践应用德性,仅仅确证祛弱权、阐释祛弱权是不够的,还必须依靠以祛弱权为价值基准的正义的法律制度的坚强保障和有效规范,这是因为德性、正义和人权、祛弱权之间具有内在的联系。哲学家们也因此常常把它们联系起来。福斯特说:"正义也是一种德性,是一个国家为其公民的繁荣起作用的特性,也是一个共同体为其成员的发展做出贡献的特性。"① 罗尔斯在《正义论》中明确主张正义是社会制度的首要德性,认为一旦确定了人权和正义的法则,它们就应当被用来限定道德德性。② 显然,正义可以作为亚里士多德式的个体德性,也可以作为福斯特、罗尔斯所说的共同体或社会制度的德性,而其共同的价值基准是祛弱权。不过,只有在公正的法律制度中,一个公正的人才可能真正发挥其尊重法律制度和尊重祛弱权的作用。换言之,尽管祛弱权不是法律制度所赋予的权利,但它应该也必须通过公正的伦理秩序尤其是法律制度最终落实为具体个体的正当权利。如果说没有公正的法律制度,祛弱权就是一盏有油但不亮的灯的话,那么,如果没有祛弱权,公正的法律制度就是一盏无油而同样不亮的灯。只有二者相互支撑,才能点燃祛弱权德性之明灯,照亮光辉人性之大道。

---

① Susanne Foster. Justice Is a Virtue. Philosophia, 2004, 31 (3): 501-512.
② John Rawls. A Theory of Justice. Cambridge, Mass.: Harvard University Press, 1971: 192.

第十一章 祛弱权之正义论

正义是伦理学的重要论题，也是现实社会生活中必须解决而又难于解决的政治、经济、法律、制度等问题，尤其是制度问题。需要说明的是，为了避免不必要的语义分析或语言歧义，这里的"正义"与"公正"是意义完全相同的术语。直觉来看，正义的价值基准是祛弱权，而不是弱肉强食的丛林法则。祛弱权之正义论就是以祛弱权为价值基准的正义理论。

祛弱权正义论并非凭空而来，而是具有悠久深厚的正义论基础的。人类对正义的认识，大致经历了朴素经验阶段与哲学思考阶段。朴素经验的正义观可归结为两类：一类是强者视角的比例平等正义观，主要有功利正义观、等级正义观等；另一类是弱者视角的算术平等正义观，主要有平均正义观、报复正义观、人道正义观等。用亚里士多德的话说就是，"一部分人把公正等同于善良意志，而另一部分人认为公正就是强权"[1]。不过，各种朴素经验的正义观之间常常发生矛盾冲突，如平均正义观与等级正义观的冲突、功利正义观与人道正义观的冲突，等等。尤其令人费解的是，比例平等正义观与算术平等正义观之间的复杂关系。这就需要上升到哲学高度，探究正义的本质内涵和实践路径。古希腊思想家梭伦（Solon）、苏格拉底、柏拉图等都对正义进行过一定程度的思考。真正从哲学高度系统思考正义问题的是亚里士多德。可以说，亚里士多德的正义思想是古希腊正义论的典范，也是祛弱权正义论的古典基础。与亚里士多德的正义思想

---

[1] 亚里士多德. 政治学. 颜一，秦典华，译. 北京：中国人民大学出版社，2003：10.

密切相关，罗尔斯的平等优先正义论、诺齐克的权利优先正义论堪称祛弱权正义论的当代基础。在此基础上，祛弱权之正义论萌发、成长为直面平等与差异矛盾的、以祛弱权为价值基准的正义理论。

第一节 祛弱权正义的古典基础

亚里士多德的正义论是祛弱权正义的古典基础。亚里士多德在《尼各马可伦理学》开篇说道，每一种艺术和研究，每一种行为和选择，都以某种善为目的，善乃万物之目的。[1] 善是人类所追寻的价值目的，正义是人类追寻的善的目的之一。

亚里士多德认为，不公正的两种意义是违法与不平等，公正的两种意义"即守法与平等"[2]。不公正是不平等，公正就是不平等的适度——平等。也就是说，"在不平等与不平等之间就显然存在一个适度，这就是平等"[3]。可见，平等是亚里士多德正义论的核心理念。

一、两种平等

亚里士多德认为，不平等是动乱的根源，平等则应该是动乱的最终目的。在平民政体的城邦中，"平等被奉为至高无上的原则"[4]。平等是公正的应有之义，"公正被认为是，而且事实上也是平等，但并非是对所有人而言，而是对于彼此平等的人而言；不平等被认为是，而且事实上也是公正的，不过也不是对所有人而是对彼此不平等的人而言"[5]。这是因为任何城邦都由性质和数量两个方面构成，"所谓性质，我指的是自由、财富、教育和门第，所谓数量指的是人数上的优势"[6]。性质公正是比例公正的

---

[1] 亚里士多德. 尼各马可伦理学. 廖申白, 译注. 北京：商务印书馆, 2003：1-2.
[2] 亚里士多德. 尼各马可伦理学. 廖申白, 译注. 北京：商务印书馆, 2003：132.
[3] 亚里士多德. 尼各马可伦理学. 廖申白, 译注. 北京：商务印书馆, 2003：134.
[4] 亚里士多德. 政治学. 颜一, 秦典华, 译. 北京：中国人民大学出版社, 2003：100.
[5] 亚里士多德. 政治学. 颜一, 秦典华, 译. 北京：中国人民大学出版社, 2003：87.
[6] 亚里士多德. 政治学. 颜一, 秦典华, 译. 北京：中国人民大学出版社, 2003：141.

政治根据，数量公正是算术公正的政治基础。因此，他把平等分为两种形式，"平等有两种：数目上的平等与以价值或才德而定的平等"①。也就是算术平等、比例平等。

(一) 算术平等

算术平等指每一个人作为有理性的人所应当享有的平等，它是人人普遍享有的价值。亚里士多德说："我所说的数目上的平等是指在数量或大小方面与人相同或相等。"② 亚里士多德在"守法"的概念下引申了柏拉图的"不干涉"观念：正义意味着守法，违法便是不正义。守法是一个人对他人的某种善的关注态度。一个人守法对他人是一种善，使他人可以不受非法干涉地追求属于自己的善。法律把双方看成平等的，法官的使命就是努力达成平等，"平等是较多与较少的算术的中间"③，"公正就是平分，法官就是平分者"④。这是算术的平等。在矫正正义中，尤其需要算术平等，它体现为法律面前人人平等，人人遵从法律，是一种所有人做出公正事情的品质。

不过，算术平等并不是在所有领域都完全同等地对待每个人，因为人与人之间是有差别的。如果城邦实行陶片放逐法，把财富、权势等方面的能力出众者淘汰逐出城邦，这仅仅是为了个人私利，而非为了城邦公利。陶片放逐法否定差别，最终导致城邦的衰落，危及公利，也伤害私人利益。这就需要比例平等。

(二) 比例平等

亚里士多德最关注的正义形式是利益分配，特别是公共利益分配的正义。他说："一切科学和技术都以善为目的，所有之中最主要的科学尤其如此，政治学即是最主要的科学，政治上的善即是公正，也就是全体公民

---

① 亚里士多德. 政治学. 颜一，秦典华，译. 北京：中国人民大学出版社，2003：160.
② 亚里士多德. 政治学. 颜一，秦典华，译. 北京：中国人民大学出版社，2003：160.
③ 亚里士多德. 尼各马可伦理学. 廖申白，译注. 北京：商务印书馆，2003：138.
④ 亚里士多德. 尼各马可伦理学. 廖申白，译注. 北京：商务印书馆，2003：138.

的共同利益。"① 从某种意义上讲，公正就是谋求公共利益。陶片放逐法注重算术平等，否定比例平等，最终导致利益受损。公共利益既要注重算术平等，也要注重比例平等。

什么是比例平等？亚里士多德说："依据价值或才德的平等则指在比例上的平等。"② 比例平等是以个人的真价值为依据的平等。真价值主要是指天赋、财产、地位、出身等因素。比例平等就是在分配中，根据每个人具有的不同因素，给予不同的应得，是比率意义上的平等。亚里士多德认为，梭伦的正义即应得的思想要具体理解。具体正义与善的事物（比如荣誉、财物）的获得相关。比例平等的消极意义是不义地多得，因为不义地多得就是伤害他人的利益。此观念中包含着应得的尺度：不义地多得是所取超过应得。比例平等的积极意义是自己"取其应得"，对于他人"给其应得"。这种应得表现为几种不同形式，如分配正义、互惠正义等。在从公共资源中取个人之所得时，应按照人和人之间的贡献的比例来分配：贡献大就多得，贡献小就少得，贡献同样就同样得。这种比例平等是分配的正义。分配正义，指经济分配、政治权力的分配等，但主要是经济上的分配。亚里士多德强调："合比例的才是适度的，而公正就是合比例的。"③ 在分配正义的两种形式（算术平等、比例平等）中，真正体现正义的是比例平等。互惠正义也需要比例平等，即按照比率进行交换。

两种平等的理论奠定了"正义的本质是平等"的基本思想。但是，在实际生活中，两种平等的应用存在双重困境。

二、双重困境

亚里士多德认为，从理论上看，正义的问题似乎很清楚，不会产生任何不明确或困惑之处。但在实际分配活动中，应当依据何种原则进行分配才是正义的，依然困惑重重。

---

① 亚里士多德．政治学．颜一，秦典华，译．北京：中国人民大学出版社，2003：95.
② 亚里士多德．政治学．颜一，秦典华，译．北京：中国人民大学出版社，2003：160.
③ 亚里士多德．尼各马可伦理学．廖申白，译注．北京：商务印书馆，2003：136.

(一) 第一困境：两种平等形式如何选择

有人希望按算术平等进行分配，有人主张按比例平等进行分配，而且，各有各的道理。对此，亚里士多德举了一个生动的例子。有一个乐队，大家都是吹笛子的，当领队根据大家都是演奏者发给每个人一样的笛子（算术平等）时，吹得比较好的人就有意见。他们提出应当按演技的好坏分发不同质量的笛子，吹得好的人发给好笛子，吹得差的人发给差笛子（比例平等）。如果按比例分配，演技差的人有意见，他们认为，既然大家都是演奏者，为什么有人分好的，有人分差的呢？[①] 到底应当怎么办？亚里士多德的主要观点是根据各人吹笛子的技术水平予以分配，而不考虑肤色、体貌、财富、出身等因素。这就是比例平等优先于算术平等。不过，亚里士多德并没有给出有力的论证和根据。

这种情况的出现，主要是因为不同的人根据自身利益要求不同的分配形式。一般来说，出身、天赋等方面处于劣势的弱者希望根据算术平等的方式进行分配，即根据同是自由人的平等地位进行算术数量上的平等分配。每一个人，不管其出身、能力如何，都获得同等数量的所得，他们认为只有这样才是真正正义的分配。与此不同，出身、天赋等方面处于优势的强者，则要求按比例平等进行分配，因为他们认为自己在许多方面强于他人，贡献也强于他人，理所当然地应当多得。在亚里士多德看来，如果按照比例平等进行分配，那么能力弱、地位差的人就会造反；如果按照算术平等进行分配，那么能力强、地位高的人就会成为革命家。对于亚里士多德来说，这是平等问题上的第一困境。

针对第一困境（即两种分配形式如何选择），亚里士多德认为，两种分配形式都非常重要，"既应当在某些方面实行数目上的平等，又应当在另一些方面实行依据价值或才德的平等"[②]。不过，他更倾向于比例平等，认为在分配中根据每个人的真价值来进行分配，才是真正的平等。至于其

[①] 亚里士多德. 政治学. 颜一，秦典华，译. 北京：中国人民大学出版社，2003：96.
[②] 亚里士多德. 政治学. 颜一，秦典华，译. 北京：中国人民大学出版社，2003：161.

根据，他并未做更多的说明。①

（二）第二困境：应当根据何种价值进行分配

亚里士多德在平等问题上的第二困境是，即使大家都同意按比例平等的方式进行分配，也存在诸多问题。根本问题是，到底应当根据何种价值进行分配？也就是说，以出身、天赋、能力、财产中的哪一个要素作为标准进行分配？人们在这些方面的情况千差万别，每个人又都坚持根据有利于自己的方面进行分配。正义的平等无法实现，这是因为每个人各有所长，各有不同的利益追求。人们还可以提出其他多种多样的价值标准，如以付出的多少为依据，以投资的多少为依据，等等。面对这种情况，统治者或分配者确实很难做出一个为所有人所认同的决策。② 如何解决这些难题？亚里士多德并未做出深刻论证。他把这些困境提出来，留给后人研究思考解决。

第二节 祛弱权正义的当代基础

亚里士多德之后，正义问题依然是学者不断探讨的重大议题。对于正义的两大困境，特别是第二困境，几乎没有人提出过令人信服的解决办法。直到20世纪70年代，罗尔斯综合边沁、密尔等人的功利正义思想，把洛克、卢梭、康德等人的契约论改造提升为系统的正义论，主张平等优先，提出"作为公平的正义"的学说，对正义的两大困境问题做出了较好回应。随后，罗尔斯的同事诺齐克反思罗尔斯的正义理论，提出权利优先的正义论，对正义困境问题做出了不同角度的回应。平等优先的正义论、权利优先的正义论成为祛弱权正义的当代基础。

---

① 亚里士多德. 尼各马科伦理学. 苗力田，译. 北京：中国人民大学出版社，2003：92-117.

② 亚里士多德. 政治学. 颜一，秦典华，译. 北京：中国人民大学出版社，2003：210-213.

一、平等优先的正义论

罗尔斯秉持正当（right）优先于善（good）的伦理原则，从原初状态引出公平的正义，"原初状态（original position）是恰当的最初状态（initial situation），这种状态保证在其中达到的基本契约是公平的。这个事实引出了'作为公平的正义'这一名称"[1]。罗尔斯认为，正义原则是公开的，根据亚里士多德正义原则（和它的伴随效果），"在一个组织良好的社会中生活是一种极大的善"[2]。另外，"还有那条和康德式解释相联系的根据：公正的行为是我们作为自由平等的理性存在物乐于去做的行为"[3]。罗尔斯肯定亚里士多德的平等原则、比例原则，悬设无知之幕，建构平等优先的正义论。

（一）无知之幕

面对亚里士多德正义论的问题，罗尔斯认为，首先，正义的原则不是外在地加诸人们的，正义的原则是人们自由选择的结果，是人们通过协商，建立契约的结果。这种传统契约论的学说是他解决上述难题的基础。其次，如何才能保证人们对正义原则的选择是正当的。在亚里士多德那里，就是到底以何种价值为依据进行比例平等的分配的问题。罗尔斯的解决办法是：对亚里士多德在比例平等中所说的真价值，即出身、天赋等，采取否定的态度。天赋、出身等因素是一种自然的、客观的存在，就此而言，它们并不存在道德上的善恶问题。也就是说，不能对一个人的天赋好坏、家庭出身等进行道德评价，因为这些东西是由自然的、生理的因素决定的，不是必然的，而是偶然的。如果把它们作为分配依据是不正当的，或者说是不道德的、不公正的。尽管按照这些偶然因素进行分配是不正当

---

[1] 罗尔斯. 正义论. 何怀宏，何包钢，廖申白，译. 北京：中国社会科学出版社，1988：17.
[2] 罗尔斯. 正义论. 何怀宏，何包钢，廖申白，译. 北京：中国社会科学出版社，1988：574.
[3] 罗尔斯. 正义论. 何怀宏，何包钢，廖申白，译. 北京：中国社会科学出版社，1988：575.

的,然而在现实的社会生活中,人们的持有或分配确实和它们紧密相联。这种不平等的分配方式是一种客观实在,我们不可能完全改变它。罗尔斯的困难就是,如何在承认这些偶然因素参与到分配中去的情况下,找出一种办法,使这种不平等尽可能减少到最低限度,这种办法又可能为大家赞同。为此,罗尔斯悬设"无知之幕"作为其理论突破的契机。

无知之幕有着深远的思想渊源。古希腊的正义之神狄刻是宙斯同法律和正义女神忒弥斯之女。在希腊人的雕塑中,忒弥斯手执长剑和天平,眼上蒙布,以示不偏不倚地将善物分配给人类。这是罗尔斯"无知之幕"思想的雏形。从某种意义上讲,康德的绝对命令正是这种古典正义观念的哲学化。绝对命令就是排除有限的理性存在者,即人的各种殊相和差异,寻求奠定在自由意志基础上的具有普遍性的伦理形式,其质料是人为目的。康德的绝对命令略显抽象空洞,需要切实可行的实践力量。

罗尔斯的无知之幕,正是在古典正义和康德绝对命令的程序正义的基础上,试图把程序正义和实质正义结合起来。其核心内容是设定人们在最初选择正义原则时,对自己的天赋、出身等偶然因素处于一无所知的状态,也就是说,设想处于无知之幕这种自然状态下的人,除具有理性和正义的观念之外,对于自己的出身、天赋、能力等全然无知。假设人们处于无知状态,只是为了寻求正义的程序的基点,这并不等于在选择正义原则时不考虑它们,仅仅按正义的第一原则去行动。当寻求到这个基点之后,无知之幕向人们逐步乃至完全敞开。在此公平正义的基点上,具体考量人们各自的特殊差异和实际情况。

罗尔斯把康德的自律原则改造为平等理性的选择程序。"在康德的伦理学中无疑包含有无知之幕的概念"[1]。在选择过程中,人们具有同等权利,无关出身等差异因素,"这些条件和无知之幕结合起来,就决定了正义的原则将是那些关心自己利益的有理性的人们,在作为谁也不知道自己在社会和自然的偶然因素方面的利害情形的平等者的情况下都会同意的

---

[1] 罗尔斯. 正义论. 何怀宏,何包钢,廖申白,译. 北京:中国社会科学出版社,1988:140.

原则"①。无知之幕的假设是各方不知道特殊性的善的概念（他律的基础），而追求正当的普遍性（自律的基础），"假定各方不知道某些特殊事实"②。各方不知道其自然历史（地位、出身、天赋）、当下自身（善的观念、社会计划、特殊心理）、当下人类环境（社会政治、文明程度）等。"各方有可能知道的唯一特殊事实，就是他们的社会在受着正义环境的制约及其所具有的任何含义。"③ 悬设无知之幕，是为了避免人们在选择正义原则时各自从有利于自己的角度出发，也就是为了解决亚里士多德所遇到的问题。

在无知之幕下，虽然人们对自己的这些偶然因素的状况毫不知情，但是，对于所有的人来说，这些偶然因素总还是作为一种潜在的要素而存在。也就是说，每个人在天赋上都有可能高，也有可能低，可能是一位出身高贵者，也可能是一位出身低贱者。由于不知自己在现实生活中到底处于何种状况（其现实价值在于，设计制度之时不得考虑这些个人状况），在诸种潜在可能的情况下，选择正义原则时，不可能去选择有利于自己的方案，而是尽可能地寻求某种相对公平的正义原则。每个人甚至可能会从保守的立场出发，选择某种假定自己是处在弱者的情况下对自己最有利的原则。这正是古典正义蕴含的中道适度、不偏不倚、普遍公平精神的程序性实践。罗尔斯认为，只有这样，人们所选择的分配正义的原则才有可能相对来说是最公平的正义原则。

（二）平等优先

罗尔斯"公平的正义"的核心理念是平等原则、差异原则，以及两个原则的词典式顺序。

第一，算术平等的平等原则。平等原则是第一原则。罗尔斯认为，人

---

① 罗尔斯．正义论．何怀宏，何包钢，廖申白，译．北京：中国社会科学出版社，1988：19．
② 罗尔斯．正义论．何怀宏，何包钢，廖申白，译．北京：中国社会科学出版社，1988：136．
③ 罗尔斯．正义论．何怀宏，何包钢，廖申白，译．北京：中国社会科学出版社，1988：137．

人生而平等、自由，所有人"都应有一种平等的权利"①。因此，每个人对于一种平等的基本自由之体制，都拥有相同的不可剥夺的权利，而这种体制与适于所有人的同样自由体制是相容的，也就是他所说的自由的平等权利。他把这种权利设定为他的正义原则的第一原则。这种平等只是就自由的意义而言的，是每一个人作为自由的人所拥有的。这里坚持的是算术平等的正义原则。

第二，比例平等的差异原则。亚里士多德已经清醒地看到，在现实社会生活中，人们主要关心的是他们自己的利益。在用什么作为分配的实际标准的问题上，人们总是倾向于选择有利于自己的价值标准，尽力避免和抛弃对自己不利的价值标准。这就会导致亚里士多德所说的无法决策和实施的现实困境，即以什么"真价值"作为分配的实际标准。虽然罗尔斯更倾向于算术的平等，但是他认为，在现实生活中，由于物质相对匮乏，不可能完全实现算术平等原则。也就是说，上述真价值要实际参与到现实的分配中。为了解决这种现实的不平等，他提出比例平等的第二原则即差异原则：社会和经济不平等的原则是适合最少受惠者的最大利益，机会平等条件下职务和地位向所有人开放。② 或者说，社会和经济的不平等应该满足两个条件：一是它们所从属的公职和职位应该在公平的机会、平等的条件下向所有人开放；二是它们应该有利于社会之最不利成员的最大利益（差异原则）。

第三，两个原则的词典式顺序。罗尔斯认为，两个原则按照词典式顺序排列，基本理念是："所有的社会基本善——自由和机会、收入和财富及自尊的基础——都应被平等地分配，除非对一些或所有社会基本善的一种不平等分配有利于最不利者。"③ 罗尔斯的正义两原则试图解决亚里士多德的两大困境。

---

① 罗尔斯. 正义论. 何怀宏，何包钢，廖申白，译. 北京：中国社会科学出版社，1988：302.

② 罗尔斯. 正义论. 何怀宏，何包钢，廖申白，译. 北京：中国社会科学出版社，1988：574.

③ 罗尔斯. 正义论. 何怀宏，何包钢，廖申白，译. 北京：中国社会科学出版社，1988：303.

罗尔斯对亚里士多德的第一正义困境的解决办法是：两种分配方式都是必要的，但更根本的是前一种方式，或者说，更根本的是每个人所具有的自由的平等，这一原则具有优先性。他对亚里士多德第二正义困境的解决路径是：比例分配不可避免，由此可能造成实际上的不平等。至于根据真价值中的哪种价值作为分配标准，或者说，根据偶然因素中的哪种因素作为分配标准，这并不重要。重要的是，要保证那些由于这些偶然因素而处于弱者地位的人们同样受益，而且对他们可能的受益而言，是最大的受益。为了尽可能地做到公平，还应当坚持对弱者进行适当补偿的原则。这就是罗尔斯通过无知之幕寻求到的正义原则。

　　罗尔斯虽然力图考虑到算术平等和比例平等这两个方面，但是他更倾向于前者，也就是说他的立场更倾向于弱者。这是因为罗尔斯把个人天赋等因素看成社会的产物，看成偶然因素。就此而言，罗尔斯主张的是弱者优先的正义论。在罗尔斯提出他的正义论之后，很快就受到诺齐克等人的批评。

二、权利优先的正义论

　　罗尔斯和诺齐克都是哈佛大学的著名教授。在某种程度上，诺齐克的《无政府、国家和乌托邦》(1974)正是针对《正义论》(1971)有关问题而出版的著作。诺齐克不认同罗尔斯的平等原则，尤其反对其补偿弱者的观点。可以说，诺齐克的正义立场主要站在强者的一边，试图回到亚里士多德比例优先的正义观，主张强者优先的正义。

　　如果说罗尔斯从两个正义原则出发，注重平等优先，由此引出个人权利和义务，那么诺齐克则从权利优先出发，引出正义原则。诺齐克在《无政府、国家和乌托邦》前言中说："个人拥有权利，而且有一些事情是任何人或任何群体都不能对他们做的（否则就会侵犯他们的权利）。"[①] 诺齐克认定个人的天赋、出身、能力等偶然因素是个人权利，并强调这些因素在具体分配中的作用，主张应当根据比例平等进行分配，能力强、天赋

---

① 诺奇克. 无政府、国家和乌托邦. 姚大志，译. 北京：中国社会科学出版社，2008：前言1.

好、出身好的人应当多得，相反，则应当少得。

诺齐克对罗尔斯的反对主要集中在正义论的差异原则上，即集中在对弱者进行补偿的问题上。其主要理由是，政府不能干预个人的自由和权利，个人的天赋等偶然因素是个人的权利，应当成为分配的依据。权利优先原则要求最低限度国家（minimal state）不得危害个人的基本权利。[①] 最低限度国家把权利置于优先地位，不干预分配，更不应当通过税收等办法补偿弱者。诺齐克甚至认为罗尔斯所提出的政府对弱者的补偿没有正当理由，因为这会干预强者的个人权利，剥夺强者的持有，影响社会生产效率。一个人的能力强，他就应该多赚钱，政府不应该收强者的税弥补弱者。如果弱者什么都不干，强者就没有义务来养活他们。[②] 只有最低限度国家才能得到道德辩护，因为最低限度国家通过尊重权利尊重个人，"这种最低限度的国家把我们当做不可侵犯的个人，不可以被别人以某种方式用作手段、工具、器械或资源的个人；它把我们当做拥有个人权利的人，并带有由此构成的尊严"[③]。任何更多功能的国家若侵害个人权利，都不能得到道德辩护。可见，诺齐克更强调比例平等的差异原则，主张强者优先的正义。

诺齐克注重强者与效率的主张有一定道理，因为仅仅强调算术平等有可能走向平均主义，影响经济效率的提高。不过，过分强调比例平等，则可能过度拉大贫富差距和人的地位差距，最终会导致弱者的反抗，甚至爆发激烈的暴力冲突，使富人和强者遭到打击甚至重大损失。古今中外的奴隶起义、平民起义和贫富之间的暴力冲突的重要根源都在于片面重视比例平等。亚里士多德早已注意到了这个问题，罗尔斯的公平正义是对此问题的深刻洞察和理论反思。实际上，正义主要应是对弱者的保护和补偿，因为国家机器和分配制度等都掌握在强者手里，或者说掌握了国家机器的人

---

① 诺奇克. 无政府、国家和乌托邦. 姚大志, 译. 北京：中国社会科学出版社, 2008：32-35.

② 诺奇克. 无政府、国家和乌托邦. 姚大志, 译. 北京：中国社会科学出版社, 2008：226-237.

③ 诺奇克. 无政府、国家和乌托邦. 姚大志, 译. 北京：中国社会科学出版社, 2008：226-399.

相对于平民百姓是处在强者的地位的。如果肯定利己为我是一种普遍心理，强者必然偏向自我。所以，不需要理论论证和实践争取，按比例分配在现实中总是占据主导地位。如果没有算术公平的保障，比例平等只能是一种不公平。因此，比例平等应当以算术平等为前提。

三、祛弱权的出场

就正义思想而言，罗尔斯的正义论以及诺齐克等人围绕罗尔斯正义论的争论已经达到了某种程度的巅峰状态。但是，平等原则与差异原则，或者说算术平等与比例平等之间的矛盾依然没有解决。有鉴于此，祛弱权的出场乃大势所趋。主要根据有三个。

第一，如果只强调弱者优先的算术平等，就有可能走向平均主义。罗尔斯的两个正义原则的基点始终是关注弱者，他关心的始终是人类的共同利益，追求共同价值，注重算术平等优先于比例公平。极端平均主义并非正义，而是极端的不正义。这和罗尔斯所讲的民主法治的秩序社会中的算术公平截然相反。极端平均主义追求的价值是共同贫穷，以贫穷为荣，以富有为耻。如果以贫穷作为目的的话，这个社会是不公正的。共同贫穷并不能掩盖人与人之间的强弱差距，在共同贫穷的情况下，能力强的人更容易欺诈、剥夺那些能力弱的人，甚至残害他们的生命，会产生更多的不公正和罪恶，极端情况下可能出现千万无辜百姓死亡的恶果。仅仅强调人与人之间的平等，抹杀人与人之间的差距，会导致更大的不公正，而且会导致对弱者更大的伤害。

第二，如果像诺齐克那样仅仅强调强者优先的比例平等，则会导致贫富差距加大。当贫富差距加大到一定程度，弱者就会滋生仇富心理。贫富差距加大体现出了人与人的差距，却抹杀不了人与人的共同性。比如，一个亿万富翁和一个乞丐存在巨大的贫富差距，但乞丐是一个人，亿万富翁也是一个人。如果仅仅考虑效率功用，就会强制性地抹杀人之为人的共同性，就可能爆发恐怖袭击，也可能导致小范围的抢劫害命、大范围的暴力革命，甚至爆发人类历史上最惨烈的世界大战。在这种情况下，弱者与强者都可能遭受残酷伤害甚至死亡。

第三，算术平等与比例平等的矛盾不可能完全祛除，因为弱者与强者的矛盾是不可能完全根除的。一个基本的事实是，所有的人都不同，所有的人都平等，所有的人都强调人的差异，每一个人都是独立的、不可分割的，理性、天赋、财产、家庭、出身都不一样。可是，每一个人都是人，每一个人都是平等的。正义是围绕人与人之间的平等与差异展开的，这是公正的永恒主题。在真正的现实生活当中，绝对公正是不可能的。绝对公平是最大的不公平，因为只有人的平等和差异全部抹掉之后，才能做到绝对公平。也就是说，只有人类灭亡才能达到绝对公平，而人类灭亡则是最大的不公平。正义原则下的人与人之间的平等与差异的内在张力推动着一代又一代的人追求正义。只要人类永远存在，我们就会一直追求正义。可以说，人类存在的过程，就是永不停息地追求正义的过程。

或许正因如此，亚里士多德、罗尔斯、诺齐克等都非常重视平衡平等与差异基础上的算术平等、比例平等之间的关系，尽管他们对平等与差异各有偏重。

以平等为核心意义的正义理论把握了弱者和强者、平等原则和差异原则的主要因素。争论的焦点主要是弱者与强者何者优先？或平等原则与差异原则何者优先？既然如此，是否存在优先于弱者与强者或平等原则与差异原则的要素呢？由此，可以进一步追问，弱者和强者的共同基础是什么？或者，平等原则和差异原则的共同基础是什么？弱者和强者或平等原则和差异原则的共同基础都是人，人的共同基础是脆弱性。接下来的问题是，弱者和强者的共同价值基准是什么？或者，平等原则和差异原则的共同价值基准是什么？这就是祛弱权。至此，祛弱权之正义论呼之欲出。

第三节　祛弱权为价值基准之正义

正义理论只能解决原则问题。正义理论的具体实施，应当在尊重正义原则的前提下，根据实际情况做具体调节和平衡。解决或平衡算术平等与比例平等之间矛盾的问题，不但是解决强者和弱者（如富人和穷人、官员和平民）矛盾的重大理论及实践问题，而且更是解决每个人或所有人都是弱者的正当诉求问题，即祛弱权问题。

权利是对应得的或应享有的东西的要求，正义是权利的公平分配。以祛弱权作为正义的价值基准，可以有效解决算术平等和比例平等的冲突等公平问题。直觉而言，以祛弱权为价值基准之正义的基本原则是：祛弱权优先原则、特殊权利的合道德原则、化解权利冲突的商谈原则、德法统一的实践原则。

一、祛弱权优先原则

祛弱权优先的绝对命令，要求祛弱权优先于任何特殊权利，任何诉求必须在保护或促进祛弱权的底线基础上得到满足，任何特殊权利都必须在祛弱权优先原则的基础上得到保护。

值得注意的是，即使以弱者为正义的基础，但对弱者的补偿和关爱有一个原则，不得以此为借口侵犯强者的基本权利。祛弱权面前人人平等，强者和弱者的基本祛弱权都应当得到保护。剥夺富人全部财产甚至生命的做法，如所谓的劫富济贫等，是不正义的，因为强者也是脆弱者，而且这违背了基本的法律理念，也和《世界人权宣言》以及《国际法》的精神背道而驰。同样，强者不得以任何借口如出身、天赋、权势等侵害弱者或拒绝保护弱者。祛弱权是正义的基石，无论强者还是弱者，无论个人、社会、国家还是国际组织都应当以此为最基本的底线。否则，必须通过一定的法律制度程序使之承担相应的责任。这是算术平等的伦理诉求。

祛弱权是普遍性的一元道德法则，应该且能够规范所有人在全球化境遇中的行为。人人具有的共同权利的基础是祛弱权。算术平等优先转变为祛弱权优先，祛弱权优先原则是算术平等原则的扬弃。一个社会制度的公正应当首先考虑祛弱权的公正。比如，要建立一个化工厂，建立一个核电站，可能会危害一些人，究竟是赚钱优先，还是维护祛弱权优先呢？一个正义的制度应该优先考虑祛弱权不受伤害，任何利益都不得危害祛弱权，如果危害祛弱权，这些行为就应该停止。在祛弱权优先的情况下，也就是算术平等原则优先的情况下，再考虑比例平等的公正原则即特殊权利的合道德原则。

任何特殊权利必须以尊重祛弱权、保障祛弱权为根本法则，或者说，任何特殊权利都必须在祛弱权优先原则的前提下得到肯定，以任何借口蔑视祛弱权、践踏祛弱权的特殊权利都是不被允许的非正义要求。因此，祛弱权优先于特殊权利的原则已经涉及特殊权利的合道德原则。

二、特殊权利的合道德原则

任何特殊权利都应当是正当的权利，都必须以促进祛弱权为目的，任何违背祛弱权的特殊权利（尤其是集权）必须无条件地加以禁止。只有以尊重祛弱权为价值基准，比例平等（差异原则）才可能是合道德的正义。

人类既有普遍权利（祛弱权），又有特殊权利。医生有治病救人的特殊权利，教师有教书育人的特殊权利，学生有读书学习的特殊权利，公务员有从事相应工作的特殊权利，等等。这些特殊权利是某一部分人所拥有的权利，而非人人共同具有的权利。某一部分人或者某些人，甚至某一个人所具有的权利，相对于人类的普遍权利而言，可以被称为特殊权利。特殊权利是部分人或个别人在不危害普遍权利（祛弱权）的条件下享有或行使的权利。合道德的特殊权利以祛弱权为价值基准。比如，医生享有治病救人的权利，但不能危害祛弱权，只有这样，行使医生的权利才是公正的。相反，如果一个人的病本来可以治好，结果被医生越治越严重，这种特殊权利的行使就危害了祛弱权，是不公正的，必须拒斥这样的特殊权利。同理，权力（特殊权利）主体（如法官、总统等）行使公共权力应当坚守一个原则：不能危害祛弱权。如果权力危害祛弱权，这种权力就是不正当的并且必须受到法律制度的制裁。在社会生活中，违背公正的特殊权利的极端形式是极权。极权是权力的滥用，是对祛弱权的严重践踏。极权是不道德的，必须绝对地、无条件地予以剔除。质言之，真正的特殊权利是部分人或个别人以祛弱权为价值基准的正当诉求，是合道德的正当权利。

祛弱权优先的原则为特殊权利的正当性奠定了价值基础，正当的特殊权利为祛弱权的具体化提供了实践途径。在现实的各种权利（祛弱权与特殊权利、特殊权利与特殊权利之间）冲突中，情况极为复杂难解，这就需要确立化解权利冲突的商谈原则。

三、化解权利冲突的商谈原则

如果说禁止侵害祛弱权是正义的底线,那么,推进祛弱权的正义途径是以祛弱权为价值基准,通过民主商谈程序,化解各种权利冲突,保障祛弱权的实现。

祛弱权理念似乎是独断的、在先的(先于任何国家、制度、道德等)、无条件的。祛弱权理念必须付诸实践,不能停留在空谈上。祛弱权的普遍意义与实现祛弱权的具体条件之间存在一种独特的矛盾:祛弱权应当适用于所有人,而且没有任何附加条件。然而,现实非常复杂,有的人善恶不分,有的事模糊不明,善恶常常重叠交织,绝对的善恶分明几乎是不可能的。而且,每个人都有不同的想法,每个人都有不同的家庭出身、背景和能力。祛弱权(普遍权利)与特殊权利的冲突、特殊权利之间的冲突不可避免。化解权利冲突的关键是不能依靠独白式的独断专行,而应当建构以祛弱权为价值基准的、最大限度地降低不公正的民主商谈程序或缓冲路径。

民主商谈是基于人类双向理解的沟通实践程序。哈贝马斯认为,以前的社会研究总是跳不出单向理解模式,但人类的存在是以双向理解的沟通为起点的。每个个体的理性资质及其社会化都是在实践中生成,并在语言对话、主体之间构成的世界里发展的。道德在于主体之间的平等理解、交往和商谈,商谈原则的运用是对话式的而不是独白式的[①],如《世界人权宣言》就是民主商谈的典范成就。祛弱权的确认、实现以及权利冲突的化解必须是民主商谈的结果。没有民主商谈的实践程序,祛弱权和特殊权利只能停留在空洞的理念层面,甚至走向反面,还有可能导致专制集权。祛弱权是特殊权利的底线保障和价值基础,特殊权利是祛弱权的提升与社会公正的体现。二者都是人性自由的权利诉求,是权利的不同层面(普遍权利和特殊权利)。因此,在保障祛弱权的基础上,应当尽力实现特殊权利。当特殊权利与特殊权利之间发生冲突时,或比例平等与算术平等发生冲突

---

① 万俊人,主编.20世纪西方伦理学经典:第4卷.北京:中国人民大学出版社,2005:543.

时，最坏的途径是独断专行的伦理帝国主义，更好的途径则是尊重祛弱权的民主商谈。商谈原则作为实践理性的交往理性，秉持宽容的伦理精神，与祛弱权的普遍有效性相关联，通过生成、体现在主体间的对话活动中的商谈程序，达成权利冲突问题的某种共识，切实解决有关的权利冲突问题。

在祛弱权（平等）与特殊权利（差异）、特殊权利与特殊权利之间发生矛盾时，民主商谈以祛弱权为价值基准，能够最大限度地降低不公正，却不能保证所有人都认为是公正的。就是说，民主商谈的过程，可以逐渐抵近正义原则，而非达到绝对正义。与此同时，还要坚持德法统一的实践原则。

四、德法统一的实践原则

祛弱权既是道德权利，也是法律权利。道德范畴和法律范畴的权利只有在交往及实践中，才能通过法律赢得稳固保障，发挥真正的伦理力量。祛弱权优先，特殊权利合道德化，以及宽容精神的商谈程序所达成的权利共识的成果的保障问题，促使道德权利转向法律权利，秉持尊重道德与法律相统一的实践原则。

亚里士多德所说的一般意义上的正义——尊重法律，依然是正义的最为重要的途径和公共屏障。祛弱权最终需要通过伦理共同体的强制性的法律落实为个体的合道德的特殊权利。不管其纯粹道德内涵为何，祛弱权具有主体权利的结构特征，主体权利需要在强制的法律秩序中付诸实施。这里需要特别注意法律与道德在正义中的联系和差异，处理好二者与祛弱权的关系。现实的法律不可能完全达到公正的权利要求，"法律是一种外在的、客观的规范。……法律不是其自身的目的。它组织共同体为的是共同体的本质性目标，它把我的权利给予我，为的是让我之实现自己作为人的先天目的在社会中具有可能"[1]。法律是最为可靠的保证、实现祛弱权与合道德的特殊权利的有效途径。道德的有效功能在于论证和批判法律是否公正地保障祛弱权、合道德的特殊权利。法律规定的权利具有道德上的根

---

[1] 海因里希·罗门.自然法的观念史和哲学.姚中秋，译.上海：上海三联书店，2007：189.

据，法律权利的有效性只能从道德的观点加以论证。法律和道德相辅相成，是实现祛弱权的两种主要途径。与法律相比，道德是可以期望的理想途径，但却是不可指望的。与道德相比，法律是可以指望的现实途径，但法律本身却要依赖道德论证获得其合法性。因此，以道德为法律权利的理想性的批判武器，以法律为道德权利的现实性的保障武器，才是祛弱权和特殊权利（包括正当性权力）既可以期望，又可以指望的较佳途径。

以祛弱权为价值基准之正义，是人性本质的内在诉求和实践要求。

亚里士多德认为，"寻求正义的人即是在寻求中道"①。亚里士多德正义论的根本目的是探求人性至善的适度或中道，对亚里士多德而言，正义本质上是一种中道或适度。同理，罗尔斯平等优先的正义论、诺齐克权利优先的正义论成为祛弱权正义论的两大当代基础，根本原因在于他们把人作为正义的目的和根据，而不是相反。罗尔斯说："正义的词典式顺序上的优先性表现着康德所说的人的价值是超过一切其他价值的。"② 罗尔斯的"无知之幕"其实就是通过排除人的特殊性、具体性和个性等不同的部分，试图探究一种具有普遍性的价值基准作为公正的价值基础。诺齐克也认为："对行为的边界约束反映了康德主义的根本原则：个人是目的，而不仅仅是手段；没有他们的同意，他们不能被牺牲或被用来达到其他目的。个人是神圣不可侵犯的。"③ 从总体上看，亚里士多德、罗尔斯、诺齐克等思想家的正义论属于强者与弱者对立的正义模式。然而，在强者与弱者对立的预设条件下，不可能把握算术平等和比例平等的平衡或适度。只有扬弃强者与弱者对立的正义模式，立足把握强者与弱者的共同性（二者都是绝对的脆弱者），才能寻求算术平等与比例平等的适度或平衡的价值基准即祛弱权。

人与人既有共同性，又有差异性。祛弱权正义以祛弱权为价值基准，既考虑每个人的普遍权利，也考虑每个人的特殊天赋和特殊贡献，同时采

---

① 亚里士多德. 政治学. 颜一，秦典华，译. 北京：中国人民大学出版社，2003：111.
② 罗尔斯. 正义论. 何怀宏，何包钢，廖申白，译. 北京：中国社会科学出版社，1988：590.
③ 诺奇克. 无政府、国家和乌托邦. 姚大志，译. 北京：中国社会科学出版社，2008：37.

取民主商谈的公正程序和法律以确保实践顺利进行，避免停滞不前的僵化状态，切实推动人类正义事业奋力前行。人类的浩浩青史，在某种程度上就是人类永不停息地寻求以祛弱权为价值基准的正义之路的不朽进程。

结　语

祛弱权伦理植根于人的本性，与人类历史相始终。在谈到生殖工程干预的善恶问题时，德国著名生命伦理学家拜尔茨说："任何这类干预都包含着涉及我们自身和我们后代的决定；不仅他们是否该活，而且他们应该怎样活，都是由我们决定的。……我们后代的生命质量和生存机会主要取决于我们进行操纵时所依据的价值。当然，我们知识的可靠性和完整性、我们技术的作用范围和完全性也起着非常重要的作用；但是，一步一步地向前推进使得这些科学技术问题是可以解决的。在此前提下，纳入我们决定中的价值立刻就成了一个中心问题。"① 其实，所有的伦理问题亦是如此。伦理价值不仅仅是道德的绝对命令，也不仅仅是道德相对主义的多元价值，更不是道德虚无主义的无价值、无立场的狐疑不决。这个价值应当具有普遍性，而且能够直面现实的各种具体的伦理冲突并为之提供化解冲突的价值基准。或者说，它应当是一元价值与多元价值有机统一的伦理实践规则。祛弱权就是这样的价值。

我们知道，康德曾经试图寻求一种道德绝对命令或道德律。在《实践理性批判》的结尾，康德深刻地写道："有两样东西，人们越是经常持久地对之凝神思索，它们就越是使内心充满常新而日益的惊奇和敬畏：我头上的星空和我心中的道德律。"② 这是因为道德律"向我展示了一种不依赖于动物性，甚至不依赖于整个感性世界的生活，这些至少都是可以从我

---

① 库尔特·拜尔茨. 基因伦理学. 马怀琪, 译. 北京：华夏出版社, 2001：185.
② 康德. 实践理性批判. 邓晓芒, 译. 北京：人民出版社, 2003：220.

凭借这个法则而存有的合目的性使命中得到核准的,这种使命不受此生的条件和界限的局限,而是进向无限的"①。当康德试图寻求类似自然规律的道德规律时,他把人类的坚韧性几乎发挥到了极致。类似自然规律的道德规律之内涵如谢林所说:"自由应该是必然,必然应该是自由。"② 如此一来,人类的脆弱性就被遮蔽在自由规律的绝对命令之内。其实,康德也意识到诸如懒惰之类的禀赋之恶是人类难以摒弃的宿命,他甚至明确地把脆弱规定为人的本性之趋恶的倾向。③ 可见,寻求伦理价值必须正视人类的脆弱性这一基本的经验事实。

出于对人类脆弱性的考虑,拜尔茨不无忧虑地说:"在未来改良人类的计划中,有关目标的确定方面也会出现困难;倘若是围绕未来的人应该更好地适应不断提高的科学-技术文明之要求这一点,那么对我们的后代在明天的世界上必须具备的素质就应当有所预见。可是,只要看一看未来之规划者部分荒诞不经的错误预测,就会知道,在实现这一意图时,失策的可能性该有多大。"④ 是故,伦理学应当以研究人的脆弱性为基点,以祛弱权为价值基准,确证人的伦理地位和权利。为此,祛弱权伦理从探索伦理学实践中具有权利冲突性质的重大现实问题入手,从伦理的内在逻辑中挖掘祛弱权的深层意蕴,阐明祛弱权的内涵、逻辑,确立祛弱权在伦理中的价值基础地位,进而反思祛弱权的伦理应用等相互纠葛的学术难题,并积极探求其发展、德性、制度目的。

探索祛弱权在伦理冲突中的应用,也是祛弱权本身不断经受洗礼、验证乃至深化的过程。我们从祛弱权的全新视角反思、审视伦理领域的重大现实问题,把握祛弱权视域的其他伦理权利如生育权、食物权、健康权与死亡权等之间的关系,在祛弱权的基础上把生育伦理、食物伦理、身体伦理、死亡伦理、人造生命伦理作为伦理基本问题,并在研究祛弱权伦理目的的过程中不断修正、丰富、完善祛弱权的丰厚内涵。祛弱权伦理体系可能为伦理的研究提供一种新的尝试、新的方法,也可能为相关问题如人造

---

① 康德. 实践理性批判. 邓晓芒, 译. 北京: 人民出版社, 2003: 220.
② 谢林. 先验唯心论体系. 梁志学, 石泉, 译. 北京: 商务印书馆, 1976: 275.
③ 康德论上帝与宗教. 李秋零, 编译. 北京: 中国人民大学出版社, 2004: 305.
④ 库尔特·拜尔茨. 基因伦理学. 马怀琪, 译. 北京: 华夏出版社, 2001: 93.

生命、生殖技术、安乐死、食品科技、身体健康、人工智能、医患冲突、医疗改革等方面的立法提供新的哲学论证和法理依据。

　　祛弱权与自由和真理是一致的，也是自由和真理的价值基准。一般而言，自由是真理的本质。海德格尔说："真理的本质乃是自由。"① 自由也是伦理的本质。或者说，真理的本质不仅仅是知道真，也不仅仅是知道善，而且是应当并能够实践真和善，把真和善落实到此在的经验生存与生命过程之中。自由的具体经验形式之一就是人人具有的正当诉求或人权，祛弱权正是自由的先验本质在生命伦理领域的具体诉求和经验路径的价值根据，也是真理本质在生命伦理领域内的实践要求。或许正因如此，祛弱权具有崇高的地位。德沃金曾主张权利是"王牌"（trumps），他认为真正的权利高于一切，即使以牺牲公共利益为代价也要实现权利。② 值得重视的是，包括祛弱权在内的各种权利需要正义的社会制度予以保障。罗尔斯说："正义否认为了其他人享有更大的善而丧失某些人的自由是正当的。……因此，在一个公平的社会里，基本自由是理所当然的，正义所保障的权利绝不屈从于政治交易或社会利益的算计。"③ 祛弱权的保障需要正义的社会制度为实体支撑，也需要伦理主体承担相应的责任。牛津大学的格里芬（James Griffin）说："如果知道权利的内容，就因此知道相应的义务内容。"④ 祛弱权的内容需要相应的义务或责任。人们具有祛弱权，也有责任提供祛弱权的相应保障。每一个人都具有祛弱权，每一个人都有责任保障祛弱权。值得注意的是，这并不是弱者与强者的关系，而是人与人之间的关系，因为每一个人都是脆弱性和坚韧性的统一体，每一个人都是弱者和强者的统一体。

　　至此，祛弱权伦理研究好像基本完成了，这也似乎预示着即将开启新的伦理进程。或许，那将是与祛弱权伦理相对应的增强权伦理——科技伦

---

① 海德格尔. 路标. 孙周兴，译. 北京：商务印书馆，2000：214.
② Ronald Dworkin. Taking Rights Seriously. Cambridge, Mass.: Harvard University Press, 1977: xi.
③ John Rawls. A Theory of Justice. Cambridge, Mass.: Harvard University Press, 1971: 4.
④ James Griffin. On Human Rights. Oxford: Oxford University Press, 2008: 108.

理治理的辉煌历程。

　　科技伦理的系统探索既是理论研究的需要，也是国家战略和人类社会的需求。众所周知，科技伦理是应用伦理的重要组成部分。近年来，习近平总书记和党中央高度重视科技伦理治理工作，并对此作出战略部署。2019年10月，中国国家科技伦理委员会成立。2021年，中国人民大学哲学院申报的"应用伦理"专业硕士学位授权点获准增列。2021年12月，国务院学位委员会办公室发布《博士、硕士学位授予和人才培养学科专业目录（征求意见稿）》，据此目录，"应用伦理"将成为哲学门类中的一个新学科，中国人民大学哲学院将是第一个"应用伦理"专业学位授权点。2022年3月20日中共中央办公厅、国务院办公厅印发《关于加强科技伦理治理的意见》，文件指出："将科技伦理教育作为相关专业学科本专科生、研究生教育的重要内容，鼓励高等学校开设科技伦理教育相关课程，教育青年学生树立正确的科技伦理意识，遵守科技伦理要求。"2022年3月22日，教育部在清华大学召开会议，正式启动高校科技伦理教育专项工作。教育部高等教育司司长吴岩在《在高校科技伦理教育专项工作启动会上的讲话》中指出，启动高校科技伦理教育专项工作，"是一件大事，从某种意义上来说对高等教育发展还是一件天大的事"。科技伦理教育专项工作的正式启动，迫切需要深入全面地研究科技伦理治理问题。那么，科技伦理治理的价值基准是什么呢？是祛弱权还是增强权？或许，科技伦理治理应当以祛弱权为价值基准，以增强权为伦理目的。这是一项需要长期研究的重大系统工程，或许这也正是祛弱权伦理的未来图景。

　　而今，在完成祛弱权伦理研究的基础上，在西南大学伦理学本科生、硕士生、博士生、博士后、中青年教师所组成的全新学术共同体的切磋商谈中，在重庆市应用伦理学研究生导师团队的共同努力下，增强权伦理——科技伦理治理的研究业已提上议事日程。我们热切期盼增强权伦理——科技伦理治理的系列成果早日问世。

参考文献

中文文献

1. 《十三经注疏》,上海:上海古籍出版社,2007。
2. 《诸子集成》,北京:中华书局,2006。
3. 《孟子译注》,杨伯峻译注,北京:中华书局,1960。
4. 《张载集》,北京:中华书局,1978。
5. 《二程集》,北京:中华书局,2004。
6. 《朱子语类》,北京:中华书局,1986。
7. 《王阳明全集》,上海:上海古籍出版社,1992。
8. 《读四书大全说》,北京:中华书局,1975。
9. 《戴震集》,上海:上海古籍出版社,1980。
10. 《章太炎全集》,上海:上海人民出版社,2018。
11. 《饮冰室合集》,北京:中华书局,2015。
12. 《谭嗣同全集》,天津:天津古籍出版社,2016。
13. 《龚自珍全集》,杭州:浙江古籍出版社,2017。
14. 《严复全集》,福州:福建教育出版社,2014。
15. 《陈独秀文集》,北京:人民出版社,2013。
16. 蔡元培:《中国伦理学史》,北京:东方出版社,1996。
17. 蔡元培:《中国伦理学史》,南昌:江西教育出版社,2018。
18. 张岱年:《中国哲学大纲》,北京:中国社会科学出版社,1982。
19. 张岱年:《中国伦理思想研究》,南京:江苏教育出版社,2005。

20.《罗国杰文集》,北京:中国人民大学出版社,2016。
21. 罗国杰:《传统伦理与现代社会》,北京:中国人民大学出版社,2012。
22. 罗国杰:《中国传统道德》,北京:中国人民大学出版社,2012。
23. 罗国杰:《中国伦理思想史》(上下卷),北京:中国人民大学出版社,2008。
24. 朱贻庭:《中国传统伦理思想史》,上海:华东师范大学出版社,2012。
25. 宋希仁:《西方伦理思想史》,北京:中国人民大学出版社,2010。
26. 甘绍平:《人权伦理学》,北京:中国发展出版社,2009。
27. 甘绍平:《应用伦理学前沿问题研究》,南昌:江西人民出版社,2002。
28. 甘绍平:《伦理学的当代建构》,北京:中国发展出版社,2015。
29. 甘绍平、余涌主编:《应用伦理学教程》,北京:中国社会科学出版社,2008。
30. 孙春晨:《伦理新视点——转型时期的社会伦理与道德》,北京:中国社会科学出版社,1997。
31. 沈善洪、王凤贤:《中国伦理思想史》(上中下),北京:人民出版社,2005。
32. 樊浩:《伦理道德的精神哲学形态》,北京:中国社会科学出版社,2019。
33. 樊浩:《伦理精神的价值生态》,北京:中国社会科学出版社,2019。
34. 樊浩:《道德形而上学体系的精神哲学基础》,北京:中国社会科学出版社,2006。
35. 樊浩:《中国伦理道德报告》,北京:中国社会科学出版社,2012。
36. 江畅:《西方德性思想史》(古代卷),北京:人民出版社,2016。
37. 江畅:《西方德性思想史》(近代卷),北京:人民出版社,2017。
38. 江畅:《西方德性思想史概论》,北京:人民出版社,2017。
39. 李建华、周谨平、袁超:《当代中国伦理学》,北京:中国社会科学出版社，2020。

40. 王小锡：《中国伦理学70年》，南京：江苏人民出版社，2020。

41. 陈少峰：《中国伦理学史新编》，北京：北京大学出版社，2013。

42. 李幼蒸：《儒学解释学：重构中国伦理思想史》（上下卷），北京：中国人民大学出版社，2009。

43. 王泽应：《中华民族道德生活史》（先秦卷），上海：东方出版中心，2014。

44. 高恒天：《中华民族道德生活史》（秦汉卷），上海：东方出版中心，2014。

45. 邓名瑛：《中华民族道德生活史》（魏晋南北朝卷），上海：东方出版中心，2015。

46. 唐凯麟、张怀承：《中华民族道德生活史》（隋唐卷），上海：东方出版中心，2015。

47. 王泽应、唐凯麟：《中华民族道德生活史》（宋元卷），上海：东方出版中心，2015。

48. 彭定光：《中华民族道德生活史》（明清卷），上海：东方出版中心，2015。

49. 李培超、李彬：《中华民族道德生活史》（近代卷），上海：东方出版中心，2015。

50. 李培超、李彬：《中华民族道德生活史》（现代卷），上海：东方出版中心，2014。

51. 邱仁宗：《生命伦理学》，北京：中国人民大学出版社，2010。

52. 王延光主编：《中西方遗传伦理的理论与实践》，北京：中国社会科学出版社，2011。

53. 朱伟：《生命伦理中的知情同意》，上海：复旦大学出版社，2009。

54. 罗秉祥、陈强立、张颖：《生命伦理学的中国哲学思考》，北京：中国人民大学出版社，2013。

55. 李恩昌等：《中国医学伦理学与生命伦理学发展研究》，西安：世界图书出版公司，2015。

56. 马中良、袁晓君、孙强玲编著：《当代生命伦理学：生命科技发展与伦理学的碰撞》，上海：上海大学出版社，2015。

57. 王荣发、朱建婷：《新生命伦理学》，上海：华东理工大学出版社，2011。

58. 吴能表：《生命伦理学》，重庆：西南师范大学出版社，2008。

59. 程新宇：《生命伦理学前沿问题研究》，武汉：华中科技大学出版社，2012。

60. 库尔特·拜尔茨：《基因伦理学》，马怀琪译，北京：华夏出版社，2001。

61. 格雷戈里·E. 彭斯：《医学伦理学经典案例》，聂精保、胡林英译，长沙：湖南科技出版社，2010。

62. 斯宾诺莎：《伦理学·知性改进论》，贺麟译，上海：上海人民出版社，2009。

63. 埃尔温·薛定谔：《生命是什么？——活细胞的物理观》，张卜天译，北京：商务印书馆，2014。

64. 阿克顿：《自由与权力》，侯健、范亚峰译，北京：商务印书馆，2001。

65. 博登海默：《法理学：法律哲学与法律方法》，邓正来译，北京：中国政法大学出版社，1999。

66. 戴斯·贾丁斯：《环境伦理学》，林官明、杨爱民译，北京：北京大学出版社，2002。

67. 《福柯集》，杜小真编选，上海：上海远东出版社，2002。

68. 富勒：《法律的道德性》，郑戈译，北京：商务印书馆，2005。

69. 费希特：《伦理学体系》，梁志学、李理译，北京：商务印书馆，2007。

70. 胡塞尔：《欧洲科学的危机与超越论的现象学》，王炳文译，北京：商务印书馆，2001。

71. 海因里希·罗门：《自然法的观念史和哲学》，姚中秋译，上海：上海三联书店，2007。

72. 黑格尔：《小逻辑》，贺麟译，北京：商务印书馆，1980。

73. 黑格尔：《法哲学原理》，范扬、张企泰译，北京：商务印书馆，1961。

74.黑格尔：《历史哲学》，王造时译，上海：上海书店出版社，2001。

75.《哈贝马斯精粹》，曹卫东选译，南京：南京大学出版社，2004。

76.哈贝马斯：《在事实与规范之间》，童世骏译，北京：三联书店，2003。

77.《海德格尔选集》下，孙周兴选编，上海：上海三联书店，1996。

78.海德格尔：《存在与时间》，陈嘉映、王庆节译，北京：三联书店，1999。

79.海德格尔：《路标》，孙周兴译，北京：商务印书馆，2000。

80.韩跃红主编：《护卫生命的尊严——现代生物技术中的伦理问题研究》，北京：人民出版社，2005。

81.伽达默尔：《真理与方法》上卷，洪汉鼎译，上海：上海译文出版社，2004。

82.卡尔·雅斯贝斯：《时代的精神状况》，王德峰译，上海：上海译文出版社，2008。

83.康德：《道德形而上学原理》，苗力田译，上海：上海人民出版社，1986。

84.康德：《法的形而上学原理》，沈叔平译，北京：商务印书馆，1991。

85.康德：《判断力批判》，邓晓芒译，北京：人民出版社，2002。

86.《康德论上帝与宗教》，李秋零编译，北京：中国人民大学出版社，2004。

87.《康德著作全集》第6卷，李秋零主编，北京：中国人民大学出版社，2007。

88.《康德著作全集》第7卷，李秋零主编，北京：中国人民大学出版社，2008。

89.康德：《实践理性批判》，邓晓芒译，北京：人民出版社，2003。

90.列奥·施特劳斯：《自然权利与历史》，彭刚译，北京：三联书店，2003。

91.列维纳斯：《总体与无限》，朱刚译，北京：北京大学出版社，2016。

92. 卢风：《应用伦理学——现代生活方式的哲学反思》，北京：中央编译出版社，2004。

93. 罗纳德·德沃金等：《认真对待人权》，朱伟一等译，桂林：广西师范大学出版社，2003。

94. 罗纳德·德沃金：《认真对待权利》，信春鹰、吴玉章译，上海：上海三联书店，2008。

95. 《马克思恩格斯全集》第3卷，北京：人民出版社，1960。

96. 《马克思恩格斯全集》第40卷，北京：人民出版社，1982。

97. 马克思：《1844年经济学－哲学手稿》，刘丕坤译，北京：人民出版社，1979。

98. 马克思：《1844年经济学哲学手稿》，中央编译局译，北京：人民出版社，2000。

99. 马克斯·韦伯：《社会科学方法论》，朱红文等译，北京：中国人民大学出版社，1992。

100. 梅因：《古代法》，沈景一译，北京：商务印书馆，1959。

101. 齐格蒙特·鲍曼：《后现代伦理学》，张成岗译，南京：江苏人民出版社，2003。

102. 任丑：《黑格尔的伦理有机体思想》，重庆：重庆出版社，2007。

103. 任丑：《人权应用伦理学》，北京：中国发展出版社，2014。

104. 任丑：《伦理学体系》，北京：科学出版社，2016。

105. 任丑：《道德哲学理论与应用》，重庆：西南师范大学出版社，2016。

106. 任丑：《应用伦理学》，北京：科学出版社，2020。

107. 任丑：《生命伦理学体系》，北京：社会科学文献出版社，2021。

108. 任丑：《人类伦理思想发微》，重庆：西南师范大学出版社，2022。

109. 石里克：《伦理学问题》，孙美堂译，北京：华夏出版社，2001。

110. 萨特：《他人就是地狱》，周煦良等译，西安：陕西师范大学出版社，2003。

111. 萨特：《存在与虚无》，陈宣良等译，北京：三联书店，2007。

112. 汤姆·L. 彼彻姆：《哲学的伦理学》，雷克勤等译，北京：中国社会科学出版社，1990。

113. 汤姆·比彻姆、詹姆士·邱卓思：《生命医学伦理原则》，李伦等译，北京：北京大学出版社，2014。

114. 威廉·韩思：《伦理学：美国治学法》，孟悦译，北京：社会科学文献出版社，1994。

115. 王伟等主编：《中国伦理学百科全书·应用伦理学卷》，长春：吉林人民出版社，1993。

116. 万俊人主编：《20世纪西方伦理学经典》（Ⅳ），北京：中国人民大学出版社，2005。

117. 《西方哲学原著选读》（上下卷），北京大学哲学系外国哲学史教研室编译，北京：商务印书馆，1981，1982。

118. 夏勇：《人权概念起源》，北京：中国社会科学出版社，2007。

119. 谢地坤主编：《西方哲学史》第七卷，南京：江苏人民出版社，2005。

120. 休谟：《人性论》（上下册），关文运译，北京：商务印书馆，1980。

121. 亚里士多德：《尼各马可伦理学》，廖申白译，北京：商务印书馆，2003。

122. 杨通进：《环境伦理：全球话语 中国视野》，重庆：重庆出版社，2007。

123. 余涌：《道德权利研究》，北京：中央编译出版社，2001。

124. 张传有：《道德的人世智慧》，北京：人民出版社，2012。

125. 郑明哲：《道德力量的来源：基于生命哲学的阐释》，广州：世界图书出版广东有限公司，2013。

126. 周辅成编：《西方伦理学名著选辑》上下卷，北京：商务印书馆，1964，1987。

127. 周辅成编：《从文艺复兴到十九世纪资产阶级哲学家政治家思想家有关人道主义人性论言论选辑》，北京：商务印书馆，1966。

外文文献

1. Aaron Zimmerman, *Moral Epistemology*, London and New York: Routledge, 2010.

2. Aristotle, *The Nicomachean Ethics*, translated by David Ross, revised by Lesley Brown, Oxford: Oxford University Press, 2009.

3. Adela Cortina, "Legislation, Law and Ethics", *Ethical Theory and Moral Practice*, 2000 (3).

4. A. J. M. Milne, *Human Rights and Human Diversity: An Essay in the Philosophy of Human Rights*, London: The Macmillan Press Ltd., 1986.

5. Alasdair MacIntyre, *After Virtue*, London: Duckworth, 1981.

6. Alasdair MacIntyre, *A Short History of Ethics*, Padstow: T. J. Press Ltd., 1984.

7. Alasdair MacIntyre, *Dependent Rational Animals: Why Human Beings Need the Virtues*, Chicago: Carus Publishing Company, 1999.

8. Alan R. White, *Rights*, Oxford: Oxford University Press, 1984.

9. Andrew Williams, *EU Human Rights Policies*, Oxford: Oxford University Press, 2004.

10. Andrew Sayer, *Why Things Matter to People: Social Science, Values and Ethical Life*, Cambridge: Cambridge University Press, 2011.

11. B. Pascal, *Pascal's Pensées*, London: Everyman's Library, 1956.

12. B. Orend, *Human Rights: Concept and Context*, Perterborough: Broadview Press, 2002.

13. Ben Mepham (ed), *Food Ethics*, London: Routledge, 1996.

14. Bruce Fleming, *Sexual Ethics: Liberal vs. Conservative*, New York: University of America Inc., 2004.

15. Charles E. Harris, Michael S. Pritchard, Michael J. Rabins, *Engineering Ethics: Concepts and Cases*, California: Wadsworth/Thomson Learning, 2000.

16. Charles Darwin, *Autobiography*, New York: Norton, 1969.

17. Charles Darwin, *The Origin of Species*, London: Penguin

Books, 1968.

18. Christian Coff, *The Taste for Ethics: An Ethic of Food Consumption*, translated by Edward Broadbridge, Dordrecht: Springer, 2006.

19. David Hume, *A Treatise of Human Nature*, Oxford: Oxford University Press, 1978.

20. Deryck Beyleveld and Reger Brownsword, "Human Dignity, Human Rights and the Human Genome", in *Working Papers, Research Projects*, Vol. III, Copenhagen: Centre for Ethics and Law, 1998.

21. David N. Weisstub (ed.), *Autonomy and Human Rights in Health Care*, Dordrecht: Springer, 2008.

22. Dominic McGoldrick, *Human Rights and Religions: The Islamic Headscarf Debate*, Oxford: Hart Publishing, 2006.

23. Eberhard Schockenhoff, *Natural Law and Human Dignity: Universal Ethics in a Historical World*, translated by Brian McNeil, Washington, D.C.: The Catholic University of America Press, 2003.

24. Edward Stein, *The Mismeasure of Desire: The Science, Theory, and Ethics of Sexual Orientation*, Oxford: Oxford University Press, 2001.

25. É. Durkheim, *Moral Education*, translated by E. K. Wilson and H. Schnurer, New York: Free Press, 1973.

26. Ellen Frankel Paul, Fred D. Miller, Jr., and Jeffrey Paul (eds.), *Natural Rights Liberalism from Locke to Nozick*, Cambridge: Cambridge University Press, 2005.

27. Emmanuel Levinas, *Totality and Infinity: An Essay on Exteriority*, translated by Alphonso Lingis, The Hague/Boston/London: Martinus Nijhoff Publishers, 1979.

28. Emmannuel Levinas, *Otherwise Than Being*, translated by Alphonso Lingis, Pittsburgh: Duquesne University Press, 1998.

29. Enrico Pattaro (ed.), *A Treatise of Legal Philosophy and General Jurisprudence: The Law and the Right*, Vol. 1, Berlin: Springer, 2005.

30. F. Klug, *Values for a Godless Age: The Story of the UK's New Bill of Rights*, London: Penguin, 2000.

31. G. E. Moore, *Principia Ethica*, Cambridge: Cambridge University Press, 1993.

32. G. W. F. Hegel, *Elements of the Philosophy of Right*, translated by H. B. Nisbet, Cambridge: Cambridge University Press, 1991.

33. Geoffrey Gorer, See Erich Fromm, *Escape from Freedom*, New York: Farrar and Rinehart, 1941.

34. Gregory E. Pence (ed.), *The Ethics of Food: A Readers for the Twenty-First Century*, Lanham, New York: Rowman & Littlefield Publishers Inc., 2002.

35. H. A. L. Fisher, *A History of Europe*, Vol. I: *Ancient and Medieval*, London: Edward Arnold, 1943.

36. H. Tristram Engelhardt, *The Foundations of Bioethics*, 2nd edition, Oxford: Oxford University Press, 1995.

37. Hannah Arendt, *Between Past and Future: Eight Exercises in Political Thought*, New York: Penguin, 1978.

38. Hannah Arendt, *On Violence*, New York: Harcourt, Brace and World, 1970.

39. Hans Jonas, *The Imperative of Responsibility: In Search of an Ethics for the Technological Age*, translated by Hans Jonas with David Herr, Chicago & London: Chicago University Press, 1984.

40. H. L. A. Hart, *Essays in Jurisprudence and Philosophy*, Oxford: Clarendon Press, 1983.

41. H. L. A. Hart, *The Concept of Law*, Oxford: Oxford University Press, 1961.

42. H. L. A. Hart, *Law, Liberty and Morality*, Oxford: Oxford University Press, 1963.

43. H. Tristram Engelhardt, *The Foundations of Bioethics*, Oxford: Oxford University Press, 1986.

44. H. Tristram Engelhardt (ed.), *Global Bioethics: The Collapse of Consensus*, Salem, Mass.: M & M Scrivener Press, 2006.

45. Ian Brownlie (ed.), *Basic Documents on Human Rights*, Oxford: Oxford University Press, 1981.

46. Immanuel Kant, *Foundations of the Metaphysics of Morals*, translated by Lewis White Beck, Beijing: China Social Sciences Publishing House, 1999.

47. Immanuel Kant, *Anthropology, History, and Education*, translated by Mary Gregor, et al., Cambridge: Cambridge University Press, 2007.

48. Immanuel Kant, *Religion within the Boundaries of Mere Reasons and Other Wrings*, translated by Allen Wood and George Di Givanni, Cambridge: Cambridge University Press, 1998.

49. Immanuel Kant, *Critique of Judgment*, translated by James Creed Meredith, Oxford: Oxford University Press, 2007.

50. Jack Mahoney, *The Challenge of Human Rights: Origin, Development, and Significance*, Malden: Blackwell Publishing Ltd., 2007.

51. James Griffin, *On Human Rights*, Oxford: Oxford University Press, 2008.

52. James Rachels, *The Elements of Moral Philosophy*, New York: McGraw-Hill, 1993.

53. James W. Nickel, *Making Sense of Human Rights: Philosophical Reflections on the Universal Declaration of Human Rights*, California: University of California Press, Ltd., 1987.

54. Jacob Dahl Rendtorff and Peter Kemp (eds.), *Basic Ethical Principles in European Bioethics and Biolaw*, Vol. I, Guissona (Catalunya-Spain): Impremta Barnola, 2000.

55. Jennifer and Søren Holm (eds.), *Ethics Law and Society*, Vol. I, Gateshead: Athenaeum Press Ltd., 2005.

56. Jeremy Waldron (ed.), *Nonsense upon Stilts: Bentham, Burke and Marx on the Right of Man*, London: Duckworth, 1987.

57. Jean-Jacques Rousseau, *The Social Contract*, Harmondsworth: Penguin Books, 1968.

58. J. Finnis, *Natural Law and Natural Rights*, Oxford: Oxford University Press, 1980.

59. J. L. Mackie, "Can There Be a Right-based Moral Theory?" in *Studies in Ethical Theory* (Midwest Studies in Philosophy, Vol. III), edited by Peter A. French, Theodore E. Uehling, Jr., and Howard K. Wettstein, Minneapolis: University of Minnesota Press, 1978.

60. J. L. Mackie, *Ethics: Inventing Right and Wrong*, Harmondsworth: Penguin Books, 1977.

61. J. L. Mackie, "Rights, Utility, and Universalization", in *Utility and Rights*, edited by R. G. Frey, Minneapolis: University of Minnesota Press, 1984.

62. J. L. Mackie, "Rights, Utility, and External Costs", in *Persons and Values: Selected Papers*, Vol. II, edited by Joan Makie and Penelope Makie, Oxford: Clarendon Press, 1985.

63. John Rawls, *A Theory of Justice*, Cambridge, Mass.: Harvard University Press, 1971.

64. Joel Feinberg, *Rights, Justice, and the Bounds of Liberty: Essays in Social Philosophy*, Princeton: Princeton University Press, 1980.

65. John Stuart Mill, *On Liberty*, Harmondsworth: Penguin Books, 1974.

66. John Stuart Mill, *On Liberty & Utilitarianlism*, New York: Bantam Dell, 2008.

67. Jonathan Ives, Michael Dunn, Alan Cribb (eds.), *Empirical Bioethics: Practical and Theoretical Perspectives*, Cambridge: Cambridge University Press, 2016.

68. J. Speak (ed.), *A Dictionary of Philosophy*, Basingstoke: Pan Reference, 1979.

69. J. Waldron (ed.), *Nonsense upon Stilts*, London: Duckworth, 1987.

70. Jacques Derrida, *The Gift of Death*, translated by David Wills, Chicago: University of Chicago Press, 1999.

71. J. Smith & O. Cecil, "The Longest Run: Public Engineers and Planning in France", *The American Historical Review*, 1990, 95.

72. Karl R. Popper, *The Open Society and Its Enemies*, Vol. I, Princeton, N. J.: Princeton University Press, 1977.

73. Leo Strauss, *Natural Right and History*, Chicago: The University of Chicago Press, 1953.

74. Lon L. Fuller, *The Morality of Law*, New Haven: Yale University Press, 1969.

75. Martha C. Nussbaum, *The Fragility of Goodness: Luck and Ethics in Greek Tragedy and Philosophy*, Cambridge: Cambridge University Press, 2001.

76. Michael L. Morgen, *Discovering Levinas*, Cambridge: Cambridge University Press, 2007.

77. Michel Foucault, *Ethics: Subjectivity and Truth*, edited by Paul Rabinow, translated by Robert Hualey, et al., London: The Penguin Group, 1997.

78. Michel Foucault, *The History of Suality*, Vol. 3, translated by Robert Hurley, New York: Random House Inc., 1986.

79. M. Weber, *Economy and Society: An Outline of Interpretive Sociology*, translated by E. Fischoff, et al., Berkeley: University of California Press, 1978.

80. M. Merleau-Ponty, *Phenomenology of Perception*, translated by Colin Smith, London: Routledge & Kegan Paul Ltd., 1962.

81. N. Bobbio, *The Age of Rights*, translated by Allan Cameron, Cambridge: Polity Press, 1996.

82. Nigel Simmonds, *Law As a Moral Idea*, Oxford: Oxford University Press, 2007.

83. O. Neill, *A Question of Trust: The BBC Reith Lectures 2002*,

Cambridge: Cambridge University Press, 2002.

84. Peter Dews, *The Idea of Evil*, Malden: Blackwell Publishing, 2008.

85. Raymond E. Spier (ed.), *Science and Technology Ethics*, London and New York: Routledge, 2002.

86. Richard Dawkins, *The Selfish Gene*, Oxford: Oxford University Press, 1989.

87. Richard Weikart, *From Darwin to Hitler: Evolutionary Ethics, Eugenics, and Racism in Germany*, New York: Palgrave Macmillan, 2004.

88. Richard Mervyn Hare, *The Language of Morals*, Oxford: Oxford University Press, 1964.

89. Richard Mervyn Hare, *Freedom and Reason*, Oxford: Oxford University Press, 1977.

90. Richard Kraut, *What Is Good and Why: The Ethics of Well-being*, Cambridge, Mass.: Harvard University Press, 2007.

91. Rita Charon, Martha Montello (eds.), *Stories Matter: The Role of Narrative in Medical Ethics*, London and New York: Routledge, 2002.

92. Ronald Dworkin, *Taking Rights Seriously*, Cambridge, Mass.: Harvard University Press, 1978.

93. Ronald Dworkin, *Life's Dominion*, London: Harper Collins, 1993.

94. Ronald Dworkin, *Law's Empire*, Cambridge, Mass.: Harvard University Press, 1986.

95. Roderick Frazier Nash, *The Rights of Nature: A History of Environmental Ethics*, Madison, Wisconsin: The University of Wisconsin Press, 1996.

96. Roger Cotterre, "Common Law Approaches to the Relationship between Law and Morality", *Ethical Theory and Moral Practice*, 2000 (3).

97. Mike W. Martin, Roland Schinzinger. *Ethics in Engineering*, 3rd edition, Boston: McGraw-Hill Companies, Inc., 1996.

98. Samuel Stoljar, *An Analysis of Rights*, London: The Macmillan

Press Ltd., 1984.

99. Samuel Todes, *Body and World*, Massachusetts and London: The MIT Press, 2001.

100. Saint Thomas Aquinas, *Summa Theologica*, translated by the Fathers of the English Dominican Province, Maryland: Christian Classics, 1911.

101. Shadia B. Drury, *Terror and Civilization: Christianity, Politics, and the Western Psyche*, New York: Palgrave Macmillan, 2004.

102. Scott M. James, *An Introduction to Evolutionary Ethics*, Chichester: John Wiley & Sons Ltd., 2011.

103. *Theories of Rights*, edited by Jeremy Waldron, Oxford: Oxford University Press, 1984.

104. *The Philosophy of John Stuart Mill*, edited by Marshall Cohen, New York: Modern Library, 1961.

105. Terence Irwin, *The Development of Ethics: A Historical and Critical Study*, Vol. I, Oxford: Oxford University Press, 2007.

106. Terry L. Price, *Understanding Ethical Failures in Leadership*, Cambridge: Cambridge University Press, 2006.

107. Theodor Adorno, *Negative Dialectics*, translated by D. Ashton, London: Routledge, 1973.

108. Thomas Pogge, *World Poverty and Human Rights*, Massachusetts: Polity Press, 2002.

109. Tom L. Beauchamp, *Philosophical Ethics: An Introduction to Moral Philosophy*, New York: McGraw-Hill Book Company, 1982.

110. Zygmunt Bauman, *Postmodern Ethics*, New Jersey: Wiley-Blackwell, 1993.

后　记

祛弱权伦理体系是我多年学术思考的凝练和总结。自2007年进入中国社会科学院应用伦理研究中心哲学博士后流动站以来，我在探究应用伦理之时，开始接触脆弱性伦理问题，并思考祛弱权的论证。屈指算来，祛弱权伦理体系的思考和最终成型已历十七个春秋。

2009年，我提出并论证祛弱权的两篇论文发表在《世界哲学》（2009年第6期）、《理论与现代化》（2009年第3期）。2019年，我又在《中国社会科学报》（2019-05-21，国家社科基金专栏）、《中国科学报》（2019-10-09，学术版）发表祛弱权的相关论文。2019年10月18日至20日，我参加了中国社会科学院应用伦理研究中心主办、汕头大学马克思主义学院承办的"2019年第七届全国人权与伦理学论坛"。论坛报告会上，我向专家们汇报了建构祛弱权伦理体系的有关设想。这一设想得到甘绍平、孙春晨、龚群、成海鹰等学者的悉心指点。与会期间，有幸结识中国人民大学出版社的杨宗元先生。2020年6月16日，杨宗元先生告知我，中国人民大学出版社拟申请国家出版基金项目"当代中国社会道德理论与实践研究丛书·第二辑"。在杨宗元先生的提携关照下，我的书稿得以参加该项目申报。2021年4月1日，杨宗元先生告知我该项目已正式立项。这真是个令我喜出望外的大好消息。值此《祛弱权伦理体系》行将面世之际，谨向各位专家致以崇高敬意，谨向关心支持本书的师友同道表示衷心感谢！

当今世界，国际形势动荡不安，多地民生陷入困境，祛弱权伦理理念及其实践显得日益迫切、愈加重要。其实，老子早就看到了弱与强的辩证关系，所谓"守柔曰强"（《老子》第五十二章），更为重要的是，他振聋发聩地提出柔弱胜刚强的非凡思想，"天下之至柔，驰骋天下之至坚"（《老子》第四十三章），"柔弱胜刚强"（《老子》第三十六章）。虽然老子的这一思想还不是祛弱权，但是它对于祛弱权的理解却具有重要的理论价值和现实意义。无论人类社会处在常态的和平发展时期还是非常态的战火灾难阶段，处理各种伦理问题都应当以祛弱权为价值基准，以人性尊严和人类繁荣发展为伦理目的。

曾子曰："士不可以不弘毅，任重而道远。仁以为己任，不亦重乎？死而后已，不亦远乎？"（《论语·泰伯》）行文至此，重温曾子之言，不禁心潮澎湃，百感交集。

乱曰：疫情消逝战火生，艰难困苦哀民情。殚精竭虑寻大道，勠力同心开太平。

是为后记。

任丑

2024 年 5 月 10 日

渝州悠然斋

图书在版编目（CIP）数据

祛弱权伦理体系/任丑著. -- 北京：中国人民大学出版社，2024.8. --（当代中国社会道德理论与实践研究丛书/吴付来主编）. -- ISBN 978-7-300-33073-0

Ⅰ.B82-092

中国国家版本馆 CIP 数据核字第 2024EA7088 号

国家出版基金项目
当代中国社会道德理论与实践研究丛书·第二辑
主编　吴付来
祛弱权伦理体系
任丑　著
Quruoquan Lunli Tixi

出版发行	中国人民大学出版社			
社　　址	北京中关村大街 31 号		邮政编码	100080
电　　话	010-62511242（总编室）		010-62511770（质管部）	
	010-82501766（邮购部）		010-62514148（门市部）	
	010-62515195（发行公司）		010-62515275（盗版举报）	
网　　址	http://www.crup.com.cn			
经　　销	新华书店			
印　　刷	涿州市星河印刷有限公司			
开　　本	720 mm×1000 mm　1/16		版　次	2024 年 8 月第 1 版
印　　张	22 插页 3		印　次	2024 年 8 月第 1 次印刷
字　　数	330 000		定　价	108.00 元

版权所有　侵权必究　　印装差错　负责调换